# 绿色植保理念下
# 农业病虫害防治策略研究

张　敏　张　兵　李桂芬　主编

北方联合出版传媒（集团）股份有限公司
辽宁科学技术出版社

**图书在版编目（CIP）数据**

绿色植保理念下农业病虫害防治策略研究 / 张敏，张兵，李桂芬主编. — 沈阳：辽宁科学技术出版社，2024.2
ISBN 978-7-5591-3395-3

Ⅰ. ①绿⋯　Ⅱ. ①张⋯　②张⋯　③李⋯　Ⅲ. ①作物—病虫害防治　Ⅳ. ①S435

中国国家版本馆 CIP 数据核字（2024）第 022520 号

出版发行：辽宁科学技术出版社
　　　　　（地址：沈阳市和平区十一纬路 25 号　邮编：110003）
印 刷 者：辽宁鼎籍数码科技有限公司
经 销 者：各地新华书店
幅面尺寸：185mm×260mm
印　　张：16
字　　数：320 千字
出版时间：2024 年 2 月第 1 版
印刷时间：2024 年 2 月第 1 次印刷
责任编辑：孙　东　于　芳
责任校对：李亮亮　王玉宝

书　　号：ISBN 978-7-5591-3395-3
定　　价：88.00 元

# 编委会

前言

　　人们物质生活质量日益提升，对于食品方面的关注也愈加强烈，要求食品质量应符合相关标准，同时更倾向于购买无公害农产品。可见，农作物种植应迎合市场需求，坚持绿色植保理念，采用绿色防控手段保证农作物健康成长，创造优越的种植生长环境，减少病虫害干扰。

　　现阶段，农业发展更倾向于现代化模式，这种模式的特点是兼顾农作物品质和生产产量。尤其当前大众的健康意识越来越强，人们越来越青睐绿色无公害的食物。所以，种植阶段需要加强对化学药剂的使用量控制，逐步养成绿色植保理念。绿色植保理念是指对种植植物采取绿色方式进行保护，打造一个有助于农作物健康生长的绿色生态环境，不论控制病虫害还是农业生产过程，都需要控制并缩减农药用量，避免农作物中残留大量化学成分，减少环境污染。在农业生产过程中，防控有害生物入侵，避免这些有害生物影响农作物生长是最为重要的一个环节，有害生物防控伴随着农业生产整个过程。作为农业生产管理者（政府）与经营者，必须加强对有害生物防控的重视度。

　　有害生物危害的有害效应较多，被列为非常严重的自然危害之一。相关部门统计数据显示，有害生物的危害频率与损失量占据自然灾害榜首，远超气候危害。从本质上看，防治有害生物危害其实是让人类与自然界打交道。过去人们对于农产品防治问题采取过多的化学手段进行处理，其结果就是导致农产品残留大量化学药剂，人畜频繁中毒，甚至影响到正常的农业生态环境，环境污染问题日益严重。尽管高毒农药可以将农作物的天敌杀死，但是也会让这些害虫逐步产生抗药性，继续肆虐农田，如此一来便会引发恶性循环：农药量加大—自然生态破坏严重度提升—有害生物更为猖獗。最终人类也不能幸免于难，人类健康出现问题——农药超标破坏人体免疫力，从而引发各类癌症和畸形问题；生存环境受到严重污染和破坏。这无疑是我们每个人都不愿目睹的不和谐景象，植保专家认为，通过破坏自然生态系统的方式进行植物保护，这种方法属于"黑色植保"。创建和谐社会是当前我国人民的主要任务，而对于植保工作者而言，实现和谐植保是每个植保工作者的目标。和谐植保包括两个部分：一是，自然生态系统与植保措施之间和谐相处；二是，植保工作社会系统的和谐。所以，有必要支持绿色植保方法，尽可能避免并禁止黑色植保现象的发生。

鉴于此，本书围绕"绿色植保理念下农业病虫害防治策略"这一主题，由浅入深地阐述了我国植物保护的方针和方法、植保发展方向展望、绿色植保理念，系统地论述了农业病害、农业虫害、农业病虫害绿色防控技术，深入探究了绿色植保理念下主要农作物、主要蔬菜、果树的病虫害识别与防治策略，以期为读者理解与践行绿色植保理念下农业病虫害的防治提供有价值的参考和借鉴。本书内容翔实、条理清晰、逻辑合理，注重理论性与实践性的结合，适用于广大种植户、从事农业技术推广的技术人员、农药企业和农药销售人员等阅读。

本书共五章，其中第一主编张敏（沂南县农业技术推广中心），负责第一章、第三章第一节至第二节、第四章内容编写，计10万字；第二主编张兵（罗西街道办事处农业综合服务中心），负责第二章、第三章第三节至第四节内容编写，计10万字；第三主编李桂芬（沂水县黄山铺镇农业综合服务中心），负责第三章第五节至第八节、第五章内容编写，计10万字；副主编：袁中科、肖永兰、李凤侠、冯明光、徐怀海、程金伍、宋立项、徐国菊、范爱杰、井士军、张建成，编委：段玉法、王伟、李守梅、谭冠军、王佳艳、吴士宝、胡玉霞、石礼俊、高晓燕、朱钦烈、周凌云、徐维生、王彩花共同负责全书统稿。

本书写作过程中借鉴了各国学者最新文献资料，但因为本书篇幅的限制，不能全部列举和分析。对此笔者要对文献作者表示由衷的感谢，本书创作内容因笔者自身水平有限，难免会出现一些瑕疵和不足，希望各位读者与同行积极指正，笔者将虚心听取各位的意见，感谢各位的支持和厚爱。

# 目 录

# 第一章　植物保护与绿色植保

## 第一节　有害生物综合防治

### 一、有害生物综合防治的定义与特点

#### (一) 有害生物综合防治的定义

有害生物综合防治是一种科学的管理体系，主要针对影响农作物生长的有害生物。有害生物综合防治应以整个农业生态系统为出发点，在了解环境与有害生物彼此间的影响关系后，要合理利用自然控制因素，基于实际环境情况，灵活调整相应措施，科学有效控制有害生物数量，使其局限于经济受害容忍范畴，最终实现理想化的生态效益、经济效益及社会效益。

#### (二) 有害生物综合防治的特点

从理论上看，有害生物综合防治主要表现出三个特点：

(1) 有害生物综合防治的指导原则是生态学原则，它是在灭变论、信息论、系统论三大理论基础上衍生而来的。在农业生态系统当中，病虫害也是其中一部分，只有生物与非生物环境和谐共处，才能够保证农业稳定生产，达到高产标准，打造理想的农业生态系统，为环境资源提供有效保护。病虫害防治工作应以农业生态系统整体为立足点，选择的防治措施应充分考虑生态系统问题，保证其稳定性与平衡性，并不只是单一针对病虫害本身进行思考。

(2) 任何防治措施都有利弊，寻找万能的防治措施显然是不现实的，不管哪种防治措施都有其优点和不足。所以，制定有害生物综合防治策略时，应重点关注自然控制因素，灵活协调各种措施，充分发挥各自的优势，从而实现自然控制与人为防治措施的有机协调。

(3) 有害生物综合防治的作用是管理和控制，并非彻底消灭有害生物，主要目的是控制有害生物种群数量，使其低于经济受害规定水平。

## 二、有害生物综合防治的原则

### (一) 综合防治的策略原则

关于有害生物综合防治策略原则，我国所制定的内容与国际相关原则基本一致。简而言之，综合防治的策略原则为最大限度展现出自然因素的控制效用，合理应用化学防治策略，实现自然因素与防治手段的有机结合。联合国粮农组织曾组建有害生物综合防治专家小组，专门负责调研有害生物综合防治工作，专家小组认为应积极采取有效措施应对有害生物：从有害生物生存环境入手予以保护和控制，可以采取栽培技术管理措施，如使用抗性品种等；采取生物防治措施，如增殖自然天敌、引进天敌等。在有害生物发生领域采取上述防治措施，充分展现自然因素对有害生物的抑制作用，以此长期抑制有害生物种群数量，使其始终保持低密度状态。相比之下，在田间人工饲养天敌、释放性诱剂、实行微生物防治与化学防治等措施只限于短时间救急，暂时抑制有害生物数量，并不能长时间使用，这些方法起不到稳定抑制有害生物的效用。由此可知，综合防治需要合理应用不同类型的防治措施，坚持各类防治措施协调应用的策略原则。

综合防治实践过程需要严格遵循这一策略原则，实践证明灵活使用不同类型的防治措施确实能够起到良好的防治效果。目前，我国部分农作物(如棉花、水稻等农作物)防治示范区建设基本完善，建成了区域性综合防治技术体系，实际经济效益显著。

关于水稻主产区的综合防治策略，是以水稻作物生长为目标，以整个稻田生态系统为出发点，科学调节水稻—病虫害—天敌间的关联关系，制定行之有效的技术体系——"选择抗性品种种植，注重栽培与保健管理，打击病虫生存环境，合理使用药物，为病虫天敌提供有效保护"。

关于棉花病虫害的综合防治措施，不同区域棉区所具备的特点并不相同，主要是指棉花的补偿能力、耕作制度存在差异。对于长江中下游棉区以及黄河流域棉区的不同情况，建议需要匹配适合的技术手段，展现出自然控制因子的积极作用，如合理轮作、种植抗性品种、间套作等。鼓励丰富棉田生物多样性，充分利用病虫害的天敌进行防治，必要时可以适当增加药物予以控制。

通过上述措施进一步提升了综合示范区的产量和品质，减少了不必要的农药用量，有效控制了生产成本，扩大了有益生物，减少了农作物以及土壤中的毒害物质，实际效益显著，包括生态效益、经济效益及社会效益等。

基于棉花与水稻的成功防治经验，我国对其他农作物也建立了综合防治示范点，如苹果、玉米、小麦、柑橘等，陆续建立了无公害蔬菜生产基地，实现零污染的综合防治技术，努力摸索、积累更多防治经验，有力保证了蔬菜商品的品质和数量，同时为绿色无公害蔬菜生产打下扎实的基础。

### (二) 综合防治的组配原则

每种防治方法有利有弊，这意味着这些防治方法或多或少都存在一定不足，并没有真正万能且完美的防治方法。此外，综合防治不是简单拼凑各种防治方法，也不能直接拿来方法罗列叠加；正确的综合防治措施是参照实际情况进行科学分析与评估，协调使用、组装与配合，充分发挥每种防治方法的优势作用，实现彼此的有效互补；基于各类防治方法固有特点，参照国内病虫害情况与相应的防治体系现状，严格遵守综合防治技术体系的基本原则进行调配。

一是落实好植物检疫工作，坚决杜绝人为传播有害生物，避免这些有害生物肆意蔓延，危害农作物生长，对于这类行为必须依法控制与惩处。

二是基于农业防治积极培育、推广抗虫农作物以及抗病农作物品种，加强农作物保健栽培工作。综合防治的主要目的是预防农业病虫害，提高农业生产的经济性和安全性。

三是提高生物防治工作的积极性，合理利用病虫害的天敌作用。加大生物农药的开发与推广力度，扩大生物防治比重。

四是正确使用毒性低、效用高、残留少的化学农药，化解生物防治与化学防治的矛盾，取长补短，合理协调，提高有害生物控制的有效性、经济性、安全性和及时性。

五是参照不同农作物特点，及时采取适合的机械防治或物理防治法，努力控制成本、提高效率并扩大规模。

### (三) 综合防治方案的制订原则

综合防治需要制订一个详细、科学、合理且高效的实施方案，但是这样一个理想的方案显然不能短时间设计完成，还需要充分了解农业生态系统所具有的特点，掌握不同部分之间的影响关系，唯有如此才能够保证方案的高效性与可行性。通常综合防治方案需要遵循下列几项原则。

一是提高调查的深入性，明确地方有害生物具体种类与种群数量，了解田间农作物生物群落组成结构。了解后即可掌握主要防治目标与兼治目标，明确需要保护的天敌类群。

二是对防治与兼治目标进行科学分析，包括目标对象的环境因素、生物学特性以及其所带来的影响作用，还包括和农作物物候有关联的生态学与生物学问题，通过对上述问题分析找出有害生物种群数量变动情况，明晰变动规律和防治的适合时间。

三是了解防治、兼治目标与各类生物之间的影响关系，具体包括天敌生物与寄主农作物之间存在的影响关系，有害生物危害损失程度与种群密度之间的影响关系，兼顾社会、经济等因素考量，制定符合农作物实际情况的防治指标。

四是一方面考虑防治与兼治目标的防治技术，另一方面坚守综合防治策略原则，对系统防治措施进行科学调整。

五是严格遵守综合防治方案规定的程序落实，按部就班地完成试验、示范、检验、推广等流程，整理、分析反馈信息，不断改进和优化。

现如今，有害生物综合防治相关理论与实践活动依旧处于持续探索的阶段，需要紧跟时代潮流，灵活创新，进一步提升综合防治水平。

需要注意的是，综合防治基本指导思想的目的是控制有害生物种群数量，使其不会影响农作物正常生长，不会带来严重的经济损失，并不是彻底消除有害生物。现如今这一观点已经获得大部分植保工作者认可，但是部分群众对此理解并不到位，还需要进一步宣传和推广。

系统论观点认为，综合防治系统具有层次性，不管从农作物生产管理系统上看，还是基于农业生态系统的分析，综合防治都属于其中的一个子系统，彼此之间关系密切。所以，处理综合防治问题需要引入科学且具有体系化的方法与理论，切实增强综合防治技术，综合宏观与微观，整体把握系统，进行灵活调控，设计模拟模型，采用系统分析法加快综合防治优质发展。在新时代环境下，中国人的碗里盛放的应是本国人生产的粮食，这一点应是所有人的共识。未来，我们必须提升思想认知水平，积极创新植保技术，共同致力于有害生物综合防治工作快速发展。

## 第二节　我国植物保护的方针和方法

### 一、"预防为主，综合防治"的植保方针

所谓预防为主，就是实事求是地根据我国具体情况，针对一定区域农作物的主要病、虫、草、鼠害等，在需要和可能的范围内，优先选择安排起预防作用的防治措施或方法，防患于未然，必要时才补充应用其他的防治方法。预防是必要的，也是最主要的手段。

所谓综合防治，是指人类对病、虫、草、鼠害等农业有害生物进行科学管理进

而保护农作物的一种技术体系。综合防治是本着预防为主的指导思想和经济、有效、安全、简易的原则，从农业生产的全局和农业生态系统的整体出发，根据有害生物和环境之间的相互关系，充分发挥自然控制因素的作用，因地制宜、因时制宜，协调应用必要的防治措施，扬长避短、相辅相成，将有害生物的种群数量与危害程度控制在允许的经济损害水平以下，达到保护农作物健康生长发育的目的，获得高产、优质的农产品和相对合理甚至最佳的经济、生态及社会效益。简而言之，综合防治就是把多种可行的和必要的技术措施合理地协调运用，有效控制有害生物，保护农作物，增产增收，并尽可能地保护环境，减少污染及其他副作用。

纵观我国的植保发展，随着农业生产、植保科学和有害生物防治实践的几经演变或发展，强调"预防"是一贯的指导思想。时代在变，措施在变，唯有不变的是指导思想。我国较早就提出"以防为主，防治结合"的植保方针，强调的就是以防为主，治以补防的不足。

## 二、植物保护必须坚持三个基本观点

根据综合防治概念的发展，植物保护必须把握两个基本关系，即农业生产的全局观点与农业生态系统的关系；各项防治技术措施的辩证观点与综合防治的关系。经济学观点，这是综合防治的核心点；安全观点与环境保护观点是综合防治的难点。归根结底就是坚持生态学、经济学、社会学这三个观点。

### (一) 生态学观点

有害生物综合防治以生态学原理为依据，从农业生态系统的整体考虑，研究有害生物与系统内其他生态因素间的相互关系及对有害生物种群动态的综合影响。加强或创造对有害生物的不利因素，避免或减少对有害生物的有利因素，维护生态平衡并使生态平衡向有利于人类的方向发展。植物保护必须注重生态效益。

### (二) 经济学观点

有害生物综合防治本身是人类的一项经济管理活动。其目的并不是要求消灭有害生物，而是要求把有害生物种群数量控制在允许的造成农作物经济损害的水平以下，即强调防治成本与防治增益之间的关系，所采取的综合防治措施必须根据经济效益加以确定。制定一个科学、经济、两全其美的防治指标作为进行防治决策的标准，很大程度上就是从经济效益的观点考虑的，当然还有其他一些重要因素也应考虑在内。植物保护必须追求经济效益。

### (三) 社会学观点

农业生态系统本身就是一个开放系统，它与社会有着广泛而密切的联系。系统的输入对其结构和功能会产生效应，系统的输出同样也会产生效应，而诸多的效应中无论当前的还是长远的均有着社会效应，最重要的是应对环境质量优化起到保护作用。因为这涉及对人类健康和收益的保证。环境保护的观点不仅具有生态和经济特性，还具有鲜明的社会特性。综合防治措施的制定与实施，综合防治技术管理体系的建立与完善，既受社会因素的制约，又会产生对社会的反馈效应。植物保护必须讲究社会效益。

### 三、植物保护的基本方法

植物保护的基本方法一般分为五大类：植物检疫、农业防治法、生物防治法、化学防治法、物理及机械防治法。

### (一) 植物检疫

植物检疫是为防止危险性病、虫、杂草随着种子、苗木、农产品的调运和交流从一个地方传播到另一个地方，依照国家或地方制定的植物检疫法规，采取的对调运的种子、苗木、农产品的疫病、害虫及杂草等有害生物进行检疫检验和监督管理的措施，以杜绝危险性病、虫、杂草传入、传出及蔓延危害。植物检疫是植物保护工作的一个重要方面，但又与植物保护的其他防治措施不同，其特点是从宏观整体上预防一切有害生物的传入、定植与扩展，因此，世界上有些国家没有把植物检疫与植物保护并列。

### (二) 农业防治法

农业防治法结合了一系列农业栽培技术措施，有目的地改变或者调整某些环节，创造有利于农作物生长发育，而不利于病、虫、杂草发生发展的环境条件，从而抑制或控制病、虫、草害。其内容包括选育和利用抗病虫农作物良种、调整农作物布局、播种期、合理轮作倒茬和间作套种、深耕泥土、合理密植、加强田间管理、科学施肥用水、清洁田园、适时收获、植物抗性的利用等。其特点是无须为防治有害生物而增加额外成本，无杀伤自然天敌、造成有害生物产生抗药性以及污染环境等不良副作用，可以随着农作物生产的不断进行而经常保持对有害生物的抑制，其效果是累积的，一般具有预防作用。

### (三) 生物防治法

生物防治法是利用某些有益的生物或生物的代谢物来防治病、虫、草害的方法，主要包括以虫治虫、以虫除草及以菌治菌、治虫、除草三种。

以虫治虫：保护并利用当地自然天敌、人工饲养释放天敌或从外地引进天敌。例如：蜘蛛、瓢虫、草蛉、寄生蜂、捕食螨等有益天敌，可有效地控制某些害虫。

以虫除草：利用某些专食性植物昆虫可以有效食除杂草。

以菌治菌、治虫、除草：利用某些微生物如真菌、细菌、病毒、放线菌及其代谢产物，包括生物农药来防治病虫、草害，如治病的井冈霉素、春雷霉素，治虫的苏云金杆菌、白僵菌、青虫菌，防除寄生性杂草菟丝子的真菌除草剂鲁保1号等。

生物防治的特点是不污染环境，对人畜和其他生物安全，防治作用比较持久，易于同其他植物保护措施协调配合，节约资源和能源等。它已成为防治有害生物的一项重要技术措施。

### (四) 化学防治法

化学防治法是利用化学药剂来防治农作物病、虫、草害的防治方法。其优点是防治对象广，防治效果高、速度快，使用简便，受区域性限制小。其缺点是容易导致有害生物产生抗药性，杀伤天敌、破坏生态平衡，引起环境污染及人畜中毒等。化学防治是综合防治体系的重要组成部分，目前乃至今后相当长时期仍然是防治有害生物的重要手段，关键在于安全、科学、合理使用化学农药，扬长避短。

化学防治是植物保护的主要措施之一。特别是在有害生物大量发生甚至暴发，而其他防治方法又不能立即显示效果的情况下，它能够在短时间内很快将有害生物种群或种群密度控制在经济损害允许水平以下，防治效果显著，且很少受到地域和季节的限制。化学农药可以进行工业化生产，品种和剂型多，作用机理和方式多，运输方便，使用方法灵活多样，能够满足对多种有害生物防治的需要。

化学农药的广泛、大量和长期使用，确实已给人畜、家禽安全及生态环境和农田生态系统带来了不良影响，同时导致有害生物逐渐产生抗药性，这些问题的产生，除了与一些农药的高毒性、高残留有关外，没有科学、合理用药，施药技术水平不高也是主要原因。由于在施药过程中，仅有少量农药击中有害生物靶标，而大量农药散落在环境中，农药的利用率不高。因此，改进施药技术，以求把农药准确地送达到生物靶标，已成为化学防治研究的重要课题。此外，由于各种有害生物的生命活动都可因为某些生物化学反应受到干扰而发生变化，加强资源共享、应用生命科学的最新成就指导农药品种和剂型的研发，也将是化学防治研究和应用的新方向。

### （五）物理及机械防治法

物理及机械防治法就是利用各种物理因素、机械设备及现代化工具来防治农作物病、虫、草害的方法，包括阻隔、诱捕、诱集、诱杀、人工捕杀、机械捕杀，以及声、光、电、温度、湿度、放射能、红外线辐射和激光等技术的利用，其特点是效果稳定、迅速、明显。但除人工和使用器械、机具捕杀，以及自然界物理因子（如高、低温等）的利用较简便易行外，目前其他方法仍然存在防治效果及技术应用上的局限性，有的技术手段还未完全成熟。因此，需要和其他防治方法综合运用，并随着现代生物物理学、分子遗传学、电子计算机技术、生物信息技术、生物工程技术和有关设备装置的不断发展而进一步完善。

## 第三节　植保发展方向展望

为了确保农业的持续稳定增长，必须大力加强植物保护科学技术的研究与应用，并逐步实现对农业有害生物的稳定控制和持续治理。

### 一、坚持植保方针，提高综合治理水平

"预防为主，综合防治"，是我们必须长期坚持的植保方针，是植保工作发展的准绳。实行宏观与微观相结合，坚持科技兴农，紧密依靠技术进步和科技创新，进一步研究和揭示主要病、虫、草害成灾的发生。发展规律与机制，因地制宜、有的放矢地制定科学的综合治理策略，加强病虫监测与预报、预警，综合运用生物工程技术、电子信息技术、计算机与云计算技术等现代科学技术手段，灵活运用系统工程技术、生态防治技术、农作物育种技术、植物检疫、科学用药及各种高新技术，为现代农业的发展及时提供准确、高效、安全、经济、实用的持续控害措施。

积极推进国家农业控害重点实验室和工程技术中心建设，着重于害虫行为、病原菌遗传、转基因工程、科学育种及病虫与农作物互作的机理研究，特别是要注重学科的应用基础研究。同时，要加大力度，建设以病虫生物防治、抗虫育种与鉴定、抗病育种与鉴定、害虫抗药性监测为重点的研究中心，力争多出成果，服务生产。此外，还要按生态区划，在全国范围内选择建设研究基地，用于长期开展有害生物综合防治的田间试验，以监测、研究和示范检验为主，并与重点实验室和工程技术中心等紧密结合和配套，实行信息互通、资源共享。

## 二、对植保对象，坚持抓重点、抓难点

植保工作的核心就是病虫防治，防灾减灾。农业生物灾害与水灾、旱灾等自然灾害一样，无情地给农业和农民造成巨大的经济损失。实现虫口夺粮、减损增产，已是当前粮食稳定增产最具潜力、最为直接、最为有效的重要措施。

农业面源污染是影响农业生态环境的重大隐患，其中农药就是一个重要的面源污染源。现在食品安全事故报道得越来越多，不是说现在的食品不如以前安全，而是我们现在对食品安全的要求提高了，监管更严了，标准更高了。事实上，当前大量高毒农药已退出市场舞台，现在使用的农药毒性比以前要小得多，农药生产性中毒事故也比以前少得多。选择使用高效、低毒、低残留农药，方法科学，防控效果更好，安全性更高，既可保障农业生产安全，又可保障农产品质量安全，更可以保障农业生态环境安全。

因此，对于植保对象，我们必须坚持抓重点、抓难点。以主要农作物及有害生物为中心的农田生物生态系统为治理对象，提出以特定生态区为服务对象的主要有害生物综合防治体系，通过强化专业化统防统治组织服务，通过各种科学防治技术的集成与配套应用，把主要有害生物相对稳定地持续保持在较低的种群密度上，实行可控、可防、可治措施，将其他次要危害控制在允许经济损失水平以下，推进生态文明建设，实现生态、经济、社会发展的良性循环。

# 第四节　绿色植保理念

## 一、绿色植保概述

绿色植保，是在 2006 年全国植保工作会议上提出"公共植保、绿色植保"理念的基础上，根据"预防为主、综合防治"的植保方针，结合现阶段植物保护的现实需要和可采用的技术措施形成的一个技术性概念。其内涵就是按照"绿色植保"理念，采用农业防治、物理防治、生物防治、生态调控以及科学、合理、安全使用农药的技术，达到有效控制农作物病虫害，确保农作物生产安全、农产品质量安全和农业生态环境安全，促进农业增产、增收的目的。

从整体上来看，绿色植保是指从农业生态系统整体出发，以农业防治为基础，积极保护和利用自然"天敌"，有效"恶化"病虫的生存环境和生存条件，有效提高农作物抗病虫的能力，在"迫不得已"时科学合理使用化学农药，将病虫危害损失降到最低程度。

　　绿色植保是持续有效控制农作物病虫灾害,保障农业生产安全的重要手段。其主要标志是物理防治、生物防治、生态控制等无害化防控技术得到充分应用,化学农药使用量明显减少,农作物病虫害得到持续控制。根本要求是在保障农业生产安全的同时,更加注重农产品质量安全,更加注重保护生物多样性,更加注重减少环境污染,促进人与自然和谐发展。推进绿色植保是建设现代植保的内在要求和重要内容,对持续控制病虫灾害,保障农业生产安全,促进标准化生产,提升农产品质量安全水平,降低农药使用风险,保护生态环境,提高农产品市场竞争力,促进农民持续增收意义重大。

　　目前应用最广泛的技术有理化诱控技术、生物防治技术、生态调控技术、科学用药技术等。

## 二、绿色植保背景

　　农药的使用可以追溯到公元前1500—前1000年,人类通过燃烧含有天然药物的植物来驱赶害虫,从公元前1000年用硫黄熏蒸驱虫开始,化学药剂在驱虫、杀虫中"崭露头角"。但农药大规模发展的历史,可大致以20世纪40年代进行划分:40年代以前为以天然药物及无机化合物农药为主的"天然和无机药物时代";40年代以后开始进入"有机合成农药时代"。随着化学农药在农业上的广泛应用,农作物病虫害防治主要依赖化学防治措施,以大量使用化学农药为主的化学防治,虽然在农作物病虫害防治方面"功不可没",但在有效控制病虫害危害、减少损失的同时,带来了病虫抗药性逐年上升、病虫暴发概率增大、农产品质量下降等一系列"令人头痛"的问题。

　　由于各种问题的相继和持续出现,我国农业主管部门提出:以科学发展观为指导,深入贯彻"公共植保"和"绿色植保"理念,以"防灾减损、提质增效、保障安全"为目标,以一贯的务实作风和高度责任感认真履行工作职责,扎实做好病虫灾害监测预警和防治指导公共服务,加快推进专业化防治和绿色植保,控制病虫危害,减少化学农药使用量,保障农业增产增收和农产品质量安全。绿色植保技术是促进标准化生产,提升农产品安全质量、安全水平的必然要求。全国农业部门要把绿色植保作为转变农业发展方式的重要途径。于是,绿色植保便"适机而生""应运而生"。

## 三、我国绿色植保取得的成效

　　近年来,我国各级农业植保部门全面树立"科学植保、公共植保、绿色植保"理念,围绕建设现代植保、服务现代农业,努力开创绿色植保工作新局面,切实提高我国植保工作水平。在举国上下大力倡导绿色植保理念的引领下，各地积极探索、大胆创新、努力实践，农作物病虫害绿色植保工作取得了明显进展，为提高产品的质量安全水平、增强农产品市场竞争力发挥了重要作用。绿色植保取得了显著成效，表现为以下六点。

一是绿色植保的理念得到了各级政府部门的重视和社会各界普遍认同。

二是初步形成了上下联动、横向协作、产学研用合力推进绿色植保的工作氛围。

三是绿色植保技术研究与应用取得明显进展，理化诱控、免疫诱抗、生物防治、生态控制和科学用药等绿色植保关键技术不断丰富完善，初步形成了一批适应不同区域的防控技术模式。

四是初步形成了政府项目资金扶持、社会各方广泛参与、生产基地为主体的绿色植保推进局面。

五是呈现出绿色植保推广应用面积逐年扩大、应用作物逐年增多、技术影响力逐年上升的良好发展格局。

六是形成各级植保部门、农药生产企业、药械生产企业、专业化统防统治服务组织防控体系。

# 第二章　农业病虫害绿色防控技术

## 第一节　农作物病害的类型与危害

### 一、农作物病害概述

#### (一) 农作物病害的概念

在一定外界环境条件的影响下，农作物在生长、发育、储藏、运输过程中，受生物或非生物因子的作用，在生理上、形态上偏离了本身固有的由遗传因子控制的正常生理活动，发生了一系列的病理变化。这种变化不是机械的，使农作物脱离了正常生长发育状态，表现出各种不正常的特征，从而降低了农作物及产品对人类的经济价值。这种现象就叫作农作物病害。

对农作物病害概念的理解可以从以下六方面去理解。

(1) 农作物病害指病原物的侵染或不利的环境条件所引起的不正常和有害的农作物生理变化过程和症状。

(2) 农作物在生长发育过程中受到生物因子或 (和) 非生物因子的影响，使正常的新陈代谢过程受到干扰和破坏，导致农作物生长偏离正常轨迹，最终影响到农作物的繁衍和生息等，称为农作物病害。

(3) 农作物在其生命过程中受寄生物侵害或不良环境影响，在生理、细胞和组织结构上发生一系列病理变化的过程，致使外部形态不正常，引起产量降低、品质变劣或生态环境遭到破坏的现象。

(4) 农作物由于致病因素 (生物和非生物因素等) 的作用，正常的生理和生化功能受到干扰，生长和发育受到影响，因而在生理或组织结构上出现多种病理变化，表现各种不正常状态即病态，甚至死亡，这种现象称为农作物病害。

(5) 当农作物生理程序的正常功能发生有害的偏离时，称为农作物病害。

(6) 农作物病害是能量利用的生理程序中发生一种或数种有规律的连续过程的改变，以致寄主的能量代谢丧失协调。

### (二) 农作物病害的界定

一般来讲，农作物病害概念的界定可根据以下特点。

(1) 农作物病害是根据农作物外观的异常与正常相对而言的。健康相当于正常，病态相当于异常。

(2) 农作物病害与机械创伤不同。其区别在于农作物病害有一个生理病变过程，而机械创伤往往是瞬间发生的。

(3) 农作物病害必须具有经济损失观点。一些没有经济损失的病害不属于病害的范畴。如茭白实际上是黑粉菌侵染而形成的；美丽的郁金香杂色花是病毒侵染所致；韭黄是遮光栽培所致。上述不但没有经济损失，而且提高了经济价值，故不属病害范畴。

## 二、农作物病害的类型

农作物的病害种类很多，引起农作物病害发生的因素也很多，包括非生物和生物因素在内，统称为病原。通常根据病原生物的种类分为真菌病害、细菌病害、病毒病害、线虫病害以及寄生性种子植物引致的病害等。根据病原物的传播途径分为气传病害、土传病害、种传病害、虫传病害等。根据表现的症状类型分为花叶病、斑点病、溃疡病、腐烂病、枯萎病、疫病、癌肿病等。根据农作物的发病部位分为根部病害、叶部病害、茎秆病害、花器病害、果实病害等。根据被害农作物的类别分为大田作物病害、经济作物病害、蔬菜病害、果树病害、观赏植物病害、药用植物病害等。根据病害流行特点分为单年流行病和积年流行病。根据病原物生活史分为单循环病害、多循环病害。以上不同的分类方法，都有各自的聚集和交集，但通常根据病原的种类把病害分成非侵染性病害 (由非生物引起) 和侵染性病害 (由生物引起) 两大类。通常植物病理学都着重研究后者，但在病害诊断中，首先要区分这两类病原性质完全不同的病害。

### (一) 非侵染性病害

农作物的非侵染性病害，是由不适宜的环境条件持续作用所引起的，通常不具有病症，不具有传染性，所以也叫作非传染性病害或生理病害。这类病害常见的有以下几种。

1. 营养元素缺乏所致的缺素症

植物生长需要16种必需的营养元素，其中碳、氢、氧来源于空气和水，其他13种矿物质元素氮、磷、钾、硫、钙、镁、硼、铁、铜、锌、锰、钼、氯来源于土壤肥料。通常氮、磷、钾称为大量营养元素，它们的含量占作物干重的百分之几至百分之几十；钙、硫、镁称为中量营养元素，这些营养元素占农作物干重的千分之几至千分之几十；铁、硼、锰、铜、锌、钼、氯称为微量营养元素，这7种营养元素在植物体内含量极少，只占农作物干重的百万分之几至千分之几。16种农作物营养元素都是农作物必需的，尽管不同农作物体中各种营养元素的含量差别很大，即使同种农作物，亦因不同器官、不同年龄、不同环境条件，甚至因在一天内的不同时间亦有差异，但必需的营养元素在农作物体内不论数量多少都是同等重要的，任何一种营养元素的特殊功能都不能被其他元素所代替。所以，无论哪种元素缺乏都会对植物生长造成危害并引起特有的缺素症；同样，某种元素过量也会对植物生长造成危害，因为一种元素过量就意味着其他元素短缺。

2. 水分不足或过量所引起的旱害和涝害以及渍害

土壤水分不足，会引起植物叶尖、叶缘或叶脉间组织的枯黄。极干旱的情况下会引起植物萎蔫枯死。土壤中水分过多，土隙间空气被排斥而造成农作物根部的窒息状态，使根变色、凋萎和腐烂。此外，水分供应的剧烈变化有时会造成更大的危害。渍害又称湿害，是指连续降雨或低洼，土壤水分过多，地下水位高，土壤水饱和区侵及根系密集层，使根系长期缺氧，造成植株生长发育不良而减产。湿害多发生在气温较低的春季。

3. 低温所致的冻害、寒害和高温所致的日灼病害

温度会影响农作物各方面的生命活动。农作物的生长有它的最低、最高和最适的温度范围。温度高低超出植物生长所需范围，就会引起不同程度的损害。而且在自然界中，高温常常与干旱结合，干热风会造成禾谷类农作物青干旱熟，影响产量。

4. 肥料使用不合理和工厂排出的废水、废气所造成的药害和毒害

如稻田内由于淹水和大量有机肥料的发酵作用，常呈缺氧状态，根部因窒息而受到损伤。在工厂集中的地区，由于燃烧大量煤炭，空气中含有相当多的二氧化硫气体，使禾谷类农作物的叶尖变红或变黄，最后变成枯草色或白色。工厂排出的有害废液（如铜、锌、锰、硫酸、硝酸等），往往也会改变土壤酸度和这些化合物在土壤中的浓度，使农作物发生中毒作用。

5. 农药的药害

在使用农药的过程中，往往由于种种原因，导致对农作物的生长发育、产量、品质产生不利的影响，使其丧失原有的色、香、味，降低品质造成减产，这就是所说的农药药害。药害的存在与发生在一定程度上威胁着农业生产的发展，作为农药生产和销售企业，在推广农药前有必要对药剂的特点、作用机理及农药药害产生的相关知识进行了解，降低农药药害的发生概率。

根据农药药害发生快慢，可分为急性型药害、慢性型药害和残留型药害三种。

（1）急性型药害。

急性型药害具有发生快、症状明显、肉眼可见的特点。一般在施药后几小时到几天内就可出现症状。在农作物叶片上表现为出现斑点、焦边、枯边、穿孔、焦灼、卷曲、畸形、枯萎、黄化、厚叶、枯黄、落叶失绿或白化等；在植株整体上表现为生长迟缓、植株矮小、茎秆扭曲、全株枯死。其具体部位受害症状表现为以下几点。

①根部受害：表现为根部短粗肥大，根毛稀少，根皮变黄或变厚发脆、腐烂等。

②种子受害：表现为种子不能发芽或发芽迟缓等，这种药害多是由于过量使用农药或使用农药进行种子处理不当所致。

③植株受害：表现为落花、落蕾，果实畸形、变小，出现斑点、褐果、锈果、落果等。

（2）慢性型药害。

慢性型药害在施药后症状不能立即表现出来，具有一定的潜伏性。其特点是发生缓慢，有的症状不明显，多在长时间内表现出生长缓慢、发育不良、开花结果延迟、落果增多、产量降低、品质变劣等。

（3）残留型药害。

残留型这种药害的特点是施药后，当季农作物不发生药害，而残留在土壤中的药剂对下茬较敏感的农作物易产生药害。如玉米田使用西玛津除草剂后，往往对下茬的油菜、豆类等农作物产生药害，这种药害多在种子发芽阶段显现。轻者，根尖、芽梢等部位变褐或腐烂，影响正常生长；重者，烂种烂芽，降低出苗率或完全不出苗。

### （二）侵染性病害

农作物侵染性病害是农作物在一定的环境条件下受到病原物的侵袭而引起的。一般都具有不同的病症和病状，农作物之间和田块之间可以相互传染，所以又称传染性病害。同时，在发病植株上还可以检查到致病的病原物。如果病原物属于菌类，则叫病原菌。引起侵染性病害的病原物有真菌、细菌、病毒、线虫和寄生性种子植物等。

侵染性病害和非侵染性病害有很密切的关系。非侵染性病害的危害性，不仅在于它本身可以导致农作物的生长发育不良，甚至死亡，而且由于它削弱了植株的生长势和抗病力，因而容易诱发其他侵染性病原的侵害，使农作物受害加重造成更大的损失。此外，农作物发生了侵染性病害后，也会降低对不良环境条件的抵抗力，如许多果树在发生一些叶斑病害引起早期落叶之后，往往容易遭受冻害和霜害。由此可见，一切客观事物没有彼此孤立，互不依赖，而是互相联系，互为影响。

### （三）病原物的传播

无论由农作物体外越冬、越夏的病原物引起，还是由农作物生长季节中已发病的寄主农作物上的病原物引起的农作物发病，都必须经过传播。所以，病原物的传播是侵染循环中各环节间相互联系的纽带，切断传播途径也是打断侵染循环，防治病害的关键。各种病原物的传播方式是不同的，很多真菌具有把自己的孢子放射出去的能力；也有一些细菌和真菌产生的游动孢子，则可用"游泳"的方式转移位置，但依靠病原物主动传播的力量是有限的，一般都还要依靠自然媒介或人类活动把它们送到较远距离的植物体上。

1. 自然传播

（1）风力传播。

由于很多真菌的孢子既小又轻，便于飞散，所以绝大多数真菌的孢子是依赖风传播的。风力传播的距离一般是比较远的。因此，防治借风力远距离传播的病害，方法比较复杂，除了注意消灭当地的侵染来源以外，还要防止外地传入的侵染，有时还要组织大面积的联防，才能取得较好的防治效果。

（2）雨水传播。

多数细菌病害能溢泌菌脓，如稻白叶枯病、大白菜角斑病，以及一些真菌能产生带有胶黏物质的孢子（许多炭疽病菌），都需要借雨露的淋洗或雨滴的飞溅使病菌散开而传播。存在于土壤中的病原物（如稻纹枯病、蔬菜细菌性软腐病等）可借灌溉水从病田串灌至无病田，进行较远距离的传播。雨水传播的距离一般都比较近。因此，对这类病害的防治，只要消灭当地的发病来源或防止它们的侵染，就能取得一定的效果。

（3）昆虫及其他动物传播。

许多农作物病毒都是依靠昆虫传播的，如黑尾叶蝉传播稻普通矮缩病，桃蚜、萝卜蚜传播油菜花叶病毒，虫体又是病毒越冬繁殖的场所。此外，在昆虫的活动过程中，可黏附携带一些真菌孢子或细菌等病原物而传播，并可危害农作物造成伤口，有助于病原物的侵入。因此，消灭带毒昆虫就能起到防病的作用。

2. 鸟兽线虫等活动传播

其他鸟兽、线虫等的活动也可以偶然地传播各种病原物或经常地传播个别的病原物。

3. 人为传播

人类在各种农业操作活动的过程中，常常帮助了病原物的传播（如引种或调运带病种子、苗木或其他繁殖材料，以及带有病原物的农作物产品和包装器材），都能使病原物不受自然条件和地理条件的限制而做远距离的传播，造成病区的扩大和新病区的形成。植物检疫的作用就是限制这种人为的传播，避免将危害很大的病害带到无病地区。

一般农事活动（如施肥、灌溉、播种、移栽、整枝、嫁接、脱粒等）也可传播病原物。因此，在操作过程中，加以注意，避免传播，在防治上也有重要意义。

### 三、农作物病害的症状

各种农作物病害都有一定症状，归纳起来有以下类型。

#### （一）病状类型

主要有变色、坏死、腐烂、萎蔫和畸形等类型。

#### （二）病征类型

1. 霉状物感病。

霉状物感病在病部产生各种霉层，它的颜色、质地和结构等变化较大，如霜霉、绵霉、绿霉、青霉、灰霉、黑霉、红霉等。

2. 粉状物感病。

粉状物感病在病部产生白色或黑色粉状物，白色粉状物多在病部表面产生；黑色粉状物多在植物器官或组织被破坏后产生。

3. 锈粉状物感病。

锈粉状物感病在病部表面形成一堆一堆的小疱状物，破裂后散出白色或铁锈色的粉状物。

4. 粒状物感病。

粒状物感病在病部产生大小形状及着生情况差异很大的颗粒状物。有的是针尖大小的黑色小粒，不易与组织分离，有的是形状、大小、颜色不同的颗粒。

5. 根状菌素感病。

根状菌素感病在受病农作物的根部（或块根）以及附近的土壤中产生紫色的线索状物。

6. 菌脓感病。

菌脓感病在病部产生胶黏的脓状物，干燥后形成白色的薄膜或黄褐色的胶粒。

这是细菌性病害特有的特征。

一般来说，由于不同病原对农作物的影响不同，表现的症状也不同。非侵染性病害在病部找不到病原物；病毒病害在病部外表也看不到病原物；细菌病害在病部形成菌脓；真菌病害在病部可以找到霉状、粉状物、锈粉状物、粒状物或根状菌索等病原物。所以可以根据症状对病害做出初步诊断，但是病害的症状并不是固定不变的，如同一病害在初期和后期表现的症状不同。又如，在潮湿、干旱以及其他不同环境因素或栽培条件影响下，表现的症状也不同。这种情况叫作病害的变型性。有时不同的病原物却可以表现相同的症状，称为症状的同型性。此外，同一病原物在不同寄主上或在同一寄主的不同器官上也会产生不同的症状，称为症状的多型性。因此，在诊断一种病害时，有时只凭症状是不够的，还必须进一步了解病害在田间发生发展的情况。

## 四、农作物病害的诊断

### （一）侵染性病害与非侵染性病害的区别

1. 非侵染性病害

非侵染性病害的诊断要通过田间观察、考察环境、栽培管理检查病部表面有无病征来确定。具有如下特点。

（1）病株在田间的分布具有规律性，一般比较均匀，往往是大面积呈片、面发生。没有先出现中心病株，没有从点到面扩展的过程。

（2）症状具有特异性。

①除了高温热灼等能引起局部病变外，病株常表现全株性发病，如缺素症、水害等。

②株间不互相传染。

③病株只表现病状，无病征。病状类型有变色、枯死、落花落果、畸形和生长不良等。

④病害发生与环境条件、栽培管理措施密切相关。

2. 侵染性病害

由病原物对植物侵染造成，因可传染，又叫传染性病害。植物病害的原因叫病原，寄生物病原叫病原物，植物病原真菌和细菌叫病原菌。病原物主要包括真菌、细菌、病毒、线虫和寄生性种子植物五大类，俗称五大类病原物。

3. 非侵染性病害和侵染性病害的相互关系

非侵染性病害加重侵染性病害的发生，造成伤口，如苹果腐烂病；同时，侵染性病害的发生会降低植物对不良环境条件的抵抗力，导致非侵染病害的发生。

### (二) 侵染性病害的诊断

1. 真菌性病害

真菌性病害的类型繁多，引起的病害症状也千变万化。但凡属真菌性病害，无论发生在什么部位，症状表现如何，在潮湿的条件下都有菌丝、孢子产生，这是诊断病害是否属于真菌病害的主要依据。真菌性病害必然具备以下两个特征。

(1) 病斑的形状。一定有病斑存在于植株的各个部位。病斑形状有圆形、椭圆形、多角形、轮纹形或不定形。

(2) 病斑的颜色。病斑上一定有不同颜色的霉状物或粉状物，颜色有白、黑、红、灰、褐等。例如黄瓜白粉病，叶上病斑处出现白色粉状物；再如瓜类与番茄灰霉病，受害叶片、残花及果实上出现灰色霉状物。

2. 细菌性病害

细菌性病害主要表现为坏死与腐烂，萎蔫与畸形。细菌性病害没有菌丝、孢子，病斑表面没有霉状物，但有菌脓 (除根癌病菌) 溢出，病斑表面光滑，这是诊断细菌性病害的主要依据。从外部形态上来看，细菌性病害有以下四方面的特征。

(1) 叶片病斑无霉状物或粉状物。长不长毛是真菌性病害与细菌性病害的重要区别。黄瓜细菌性角斑病与霜霉病症状相似，叶片都出现多角形病斑，容易混淆，湿时病斑上长有黑色的霉，而角斑病则没有。

(2) 根茎腐烂出现黏液，并发出臭味。有臭味为细菌性病害的重要特征。

(3) 果实溃疡或疮痂，果面有小突起。例如番茄溃疡病。

(4) 根部青枯，根尖端维管束变成褐色。例如花生青枯病。

3. 病毒性病害

病毒性病害在多数情况下以系统侵染的方式侵害农作物，并使受害植株发生系统症状，产生矮化、丛枝、畸形溃疡等特殊症状。病毒性病害有三种外部表现。

(1) 花叶，表现为叶片皱缩，有黄绿相间的花斑。黄色的花叶特别鲜艳，绿色的花叶为深绿色。黄色部位都往下凹，绿色部位往上凸。

(2) 厥叶，表现为叶片细长，叶脉上冲，重者呈线状。

(3) 卷叶，表现为叶片扭曲，向内弯卷。

### (三) 非侵染病害的诊断

非侵染性病害在群体间发生比较集中，发病面积大而且均匀，没有由点到面的扩展过程，发病时间比较一致，发病部位大致相同。如日灼病都发生在果、枝干的向阳面，除日灼、药害是局部病害外，通常植株表现为全株性发病，如缺素病、旱害、涝害、药害等。

1. 症状观察

用肉眼和放大镜观察病株上发病部位及病部的形态大小、颜色、气味、质地、有无病症等外部症状，非侵染性病害只有病状而无病症，必要时可切取发病部位组织，表面消毒后，置于保温（25℃～28℃）条件下诱发。如经24～48小时仍无病症发生，可初步确定该病不是真菌或细菌引起的病害，而属于非侵染性病害或病毒病害。

2. 显微镜检

将新鲜或剥离表皮的发病部位组织切片并加以染色处理，在显微镜下检查有无病原物及病毒所致的组织病变（包括内含体），即可提出非侵染性病害的可能性。

3. 环境分析

非侵染性病害由不适宜环境引起，因此应注意病害发生与地势、土质、肥料及与当年气象条件的关系，栽培管理措施、排灌、喷药是否适当，城市工厂三废是否引起植物中毒等。对以上几点都做分析研究，才能在复杂的环境因素中找出主要的致病因素。

4. 病原鉴定

确定非侵染性病害后，应进一步对非侵染性病害的病原进行鉴定。

（1）化学诊断。主要用于缺素症与盐碱危害等诊断。通常是对病株组织或土壤进行化学分析，测定其成分、含量，并与正常值相比，查明过多或过少的成分，确定病原。

（2）人工诱发。根据初步分析的可疑原因，人为提供类似发病条件，诱发病害，观察表现的症状是否相同。此法适于温度（湿度）不适宜、元素过多或过少、药物中毒等病害。

（3）指示植物鉴定。这种方法适用于鉴定缺素症病原。当提出可疑因子后，可选择容易缺乏该元素，症状表现明显、稳定的植物，种植在疑为缺乏该元素的园林植物附近，观察其症状反应，借以鉴定园林植物是否患有该元素缺乏症。

（4）排除病因。采取治疗措施排除病因。如怀疑是缺素症可在土壤中增施所缺元素或对病株喷洒、注射、灌根治疗。根腐病若是由于土壤水分过多引起的，可以开沟排水，降低地下水位以促进植物根系生长。如果病害减轻或恢复健康，说明病原诊断正确。

### (四) 作物病害诊断时应注意的问题

(1) 不同的病原可导致相似的症状。例如，叶稻瘟和稻胡麻叶斑病的初期病斑不易区分；萎蔫性病害可由真菌、细菌、线虫等病原引起。

(2) 相同的病原在同一寄主植物的不同生育期，不同的发病部位，表现不同的症状。例如，红麻炭疽病在苗期危害幼茎，表现猝倒，而在成株期危害茎、叶和蒴果，表现斑点型。

(3) 相同的病原在不同的寄主植物上，表现的症状也不相同。例如，十字花科病毒病在白菜上呈花叶，在萝卜上呈畸形叶。

(4) 环境条件可影响病害的症状，腐烂病类型在气候潮湿时表现湿腐症状，气候干燥时表现干腐症状。

(5) 缺素症、黄化症等生理性病害与病毒病、类菌原体、类立克次氏体引起的症状类似。

(6) 农药药害引起的叶斑、叶枯、叶缘焦枯与真菌性病害，农药根部受害青枯与根腐病、细菌性青枯病，激素中毒的不同症状与病毒病等，容易混淆和误诊。

(7) 在病部的坏死组织上，若有腐生菌，容易混淆和误诊。

(8) 农作物的环境伤害，如小麦缩二脲中毒、蔬菜农作物缩二脲中毒与病毒病、青枯病、根腐病容易混淆。

## 五、农作物病害的防治

### (一) 综合防治的指导思想

在农作物病害系统中，由于寄主植物和病原物在外界条件 (包括人为因素在内) 影响下的相互作用出现了寄生现象，引起农作物病害，那么人们防治病害，就是要处理好植物病理系统中各种因素之间的相互关系和作用，使农作物不发生病害，或使病害所造成的危害性降到最低程度。

农作物各种病害的性质不同，防治的重点也要有所不同。

1. 侵染性病害的防治

(1) 消除病害的侵染来源。

(2) 增强寄生的抗病性，保护它不受病原物的侵染。

(3) 创造有利于寄主，不利于病原物的环境条件。

2. 非侵染性病害的防治

(1) 改善环境条件。

（2）消除不利因素。

（3）增强寄主抗病性。

不同地区、时间等发生的农作物病害情况也不同，对农作物病害防治的目的要求也需要根据情况不同提出不同的要求。所以，进行防治措施设计要根据病害性质、不同病害的发生发展规律，不同的地区和时间等因素来考虑，不同的病害有不同的防治方法，同时要注意同一类型的病害（如花生青枯病、辣椒青枯病等），它们之间也有很多共同的地方。因此，一种防治措施往往对多种病害都有效，在拟定防治计划时可以互相借鉴。

病害的防治要认真执行"预防为主，综合防治"的植保方针，预防为主就是要正确处理植物病理系统中各种因素的相互关系，在病害发生之前采取措施，把病害消灭在未发前或初发阶段，从而达到只需较少或不需投入额外的人力、物力就能有效防治病害的目的，在目前的条件下，预防病害发生仍然是主要的。综合防治指的是在进行防治时要做到因时、因地、因病害的种类，因地制宜地协调运用必要的防治措施，以达到最佳的防治效果。这是当前和今后病害防治的必然趋势，主要体现在下列几方面。

（1）从农业生产的全局或农业生态的总体观点出发，以预防为主，创造不利于病虫害发生，有利于有益生物生长发育的条件。

（2）建立在单项防治措施的基础上，搞好综合防治，但不是各种防治措施的相加，也不是措施越多就越好。要因地、因时、因病、因地制宜地协调运用必要的预防措施，以达到最好防效。

（3）综合防治措施要经济、安全、有效。

### （二）农作物病害防治新措施

#### 1. 诱导抗性

根据不同的信号传递途径和功能谱，已经研究发现了包括系统获得性抗性和诱导系统抗性等许多不同类型的诱导抗性。这些抗性可通过多种生物和非生物的因子诱导植物产生。诱导抗性被认为具有广谱性和持续性，大多数诱导因子可以控制病害的效果达到20%～85%。由于诱导抗性是一种寄主反应，其表达受到环境、基因型、农作物营养以及诱导植物的程度等因素的影响。尽管这一领域的研究在过去的几年取得了很大的进展，但是，对于诱导抗性表达作用的影响等方面的理解还很有限。近年来，已有些试图开展在实践中如何正确使用诱导抗性进行农作物保护的研究。

#### 2. 农作物病害的生态防治

　　农作物病害是因植物所处的生物因素和非生物因素相互作用的生态系统失衡所致，病害的生态治理就在于通过相关措施（包括必要的绿色化学措施）促进和调控各种生物因素（寄主植物、病原生物、非致病微生物）与非生物因素（环境因素）的生态平衡，将病原生物种群数量及其危害程度控制在三大效益允许的阈值之内，确保植物生态系统群体健康。生态防治技术就是根据这一原理来防治植物病害的，它对生态环境安全，能使植物健康生长，因而越来越受到人们的重视，将逐步成为防治植物病害的重要手段之一。但该技术的应用在近期内还存在一些问题（如使用单一的生态防治技术难以取得显著防效），各种技术应综合运用；尚未被广大农民接受，导致这些技术在短期内无法代替化学农药的使用。因此，有关部门应采取各项措施解决这一问题，正确引导和鼓励广大农民使用生态防治技术来治理植物病害，以利于保护生态环境，推动绿色可持续农业的发展。

　　3. 生物防治及微生物代谢产物

　　植物病害生物防治，是利用有益微生物和微生物代谢产物对农作物病害进行有效防治的技术与方法。我国在生物农药资源筛选评价体系、基因工程、发酵代谢工程等方面取得进展并研制出多种高效植物病害生物防治药物。

　　在过去的几十年中，经过多方面的研究和发展，微生物代谢产物的应用范围已经被拓宽。已经将投入应用好多年的微生物代谢产物直接作为杀菌剂应用，同时很多时候将其作为新型杀菌剂的前导分子来应用。灭稻瘟素、多氧菌素、有效菌素、硝吡咯菌素、甲氧基丙烯酸酯类就是微生物代谢产物作为前导分子或杀菌剂的最重要的例子。微生物代谢产物也被用作诱导植物产生植物诱导抗性的激发子。植物在生长中会通过它们的代谢产物等多种机制来助长根际细菌，这常被应用于植物对抗害虫和病菌的农作物保护的诱导作用中。

　　4. 壳聚糖对农作物病害的作用

　　世界范围内的研发机构以壳聚糖（壳寡糖）作为有机改良剂在植物病害治理效果上进行研究，并取得了重要的成果。壳寡糖对植物生长、种子发芽率、农作物根系生长均具有显著促进作用，还对农作物品质有明显改善，产量亦能提高，是一种天然的植物生长调节剂；壳寡糖不仅对植物病原菌、人畜疾病病原菌有很好的抑制作用，而且对真菌（如青霉菌、灰霉菌、黑霉菌、褐腐菌等）引起的果实病害均具有显著的抑制效果。壳聚糖在农业方面特别是作为杀菌剂在防治植物病害领域的研究，包括壳聚糖对病原菌的抑制机理、规律及应用效果研究的进展和趋势。壳聚糖是一种用途十分广泛的具有生物活性的高分子化合物，在抑制农作物病害方面具有较好作用。壳聚糖可以作为土壤改良剂防治土传病害、用作种衣剂防治种传病害、用于果蔬保鲜控制收获后病害，还可作为植物生长调节剂、植物病害诱抗剂促进植物生长、诱导提高植物的广谱抗病性。壳聚糖抑制植物病害具有多重机制。

5.植物源活性成分

植物的次生代谢是植物在长期进化过程中与环境因素相互作用的结果，植物次生代谢产物在植物协调与环境的关系、提高生存竞争能力和自身保护能力等方面起着重要的作用。植物中的萜类、黄酮类、生物碱、挥发油等物质多为植物次生代谢物质，这些物质使植物在病原微生物的侵染过程中能够对侵染进行有效的化学防御。研究植物次生代谢物质在植物病害中的防治机理，改善植物中有效成分的提取工艺，将提取后的植物药渣制成有机复合药肥，重新再利用，可大大降低成本，是植物源农药的研制与开发的一条新路。

6.植物内生菌

植物内生菌分布广，种类多，目前，几乎存在于所有已研究过的陆生及水生植物中，全世界至少已在80个属290多种禾本科植物中发现内生真菌，在各种农作物及经济作物中发现的内生细菌已超过120种。感染内生菌的植物宿主往往具有生长快速、抗逆境、抗病害、抗动物危害等优势，比未感染内生菌的植株更具生存竞争力。植物内生菌的防病机理主要表现在通过产生抗生素类、水解酶类、植物生长调节剂和生物碱类物质，与病原菌竞争营养物质，增强宿主植物的抵抗力以及诱导植物产生系统抗性等途径抑制病原菌生长。

## 第二节　农作物害虫的类型与危害

### 一、作物害虫概述

#### （一）害虫的概念

危害农作物的昆虫和螨类，统称危害虫。也就是说，在农业生产过程中，凡是取食农作物营养器官，对农作物生长发育带来不良影响，使农作物产量降低、品质下降的昆虫（包括螨类），统称为农作物害虫。昆虫属于节肢动物门，昆虫纲；螨类属于节肢动物门，蛛形纲。由它们引起的各种农作物伤害称为农作物虫害。昆虫纲不但是节肢动物门中最大的纲，也是动物界中最大的纲，其种类多，数量大，分布广。全世界已知动物已超过150万种，其中昆虫就有100万种以上，占到2/3。农作物害虫种类繁多，分布极广，每种作物上都有一种甚至多种害虫危害，如危害水稻的有螟虫、稻苞虫、稻飞虱、稻叶蝉、稻蓟马、稻纵卷叶螟、褐边螟，危害棉花的有小地老虎、棉蚜、棉红蜘蛛、棉铃虫、红铃虫、二点叶蝉，危害小麦的有黏虫、麦长管蚜、麦圆蜘蛛、小麦吸浆虫，危害油菜的有菜蚜、潜叶蝇，等等，这些害虫常给农业生产带来巨大损失。也有些昆虫对人类是有益的，如家蚕可以吐丝，蜜蜂可以酿蜜传粉，白蜡虫能分泌白蜡，寄生蜂、寄生蝇、蜻蜓、螳螂、步行虫等能寄生和捕食害虫等。

### (二) 昆虫与农作物和人类的关系

1. 有益的一面

(1) 捕食或寄生性天敌。如七星瓢虫、寄生蜂等。

(2) 授粉昆虫。显花植物中有 85% 的种类依靠虫媒传粉，如蜜蜂、熊蜂等。

(3) 腐食性昆虫。对分解植物残体和促进生态循环等具有重要作用（大自然的清洁工）。

(4) 某些昆虫，如蚕为人类生产大量的工业原料。如蚕丝、紫胶等。

(5) 入药。如冬虫夏草——鳞翅目昆虫被真菌寄生后产生的子实体，可保肺益肾，化痰止咳。

(6) 作为科学研究的材料。如果蝇。

(7) 其他。丽蝇可清除伤口腐肉，以蜜蜂螫刺来医治关节炎。

2. 有害的一面

(1) 直接危害栽培植物。例如，我国的水稻害虫有 385 种，棉花害虫 310 余种，苹果害虫 340 余种等；仓储害虫 224 种。它们的存在会降低产量，影响品质。

(2) 间接危害。昆虫可传播植物病毒。在已知的 249 种植物病毒中，仅蚜虫能传播的病毒就占 159 种。还有飞虱、叶蝉等，也可传播植物病毒。

(3) 卫生害虫对人类有危害。

(4) 建筑物可受白蚁的损害。

### (三) 虫害发生的基本特征

(1) 种类繁多。全世界现发现昆虫约 120 万种，是动物界中最大的一个种群。

(2) 分布广泛。从高山到高空，从居室到田野，从陆地到水中以至深海，处处都有昆虫的分布。

(3) 繁殖迅速。如在干旱高温年份，蚜虫在黑龙江省一年就可以繁殖 16 代以上，并且可以进行无性繁殖，即孤雌生殖，短时间内可形成巨大的群体。

(4) 适应性强。各种环境都能通过进化逐渐适应，食性复杂。

(5) 规律复杂。随着种植业结构的调整以及生态环境的破坏，气象灾害频发，有害生物的发生规律发生了很大变化，变得越来越没有规律，这给防治带来一定困难。

（6）防治困难。如水稻二化螟的防治，玉米田玉米螟的防治，都会因为水田的有水环境以及玉米螟防治适期玉米植株高大，给防治带来很大困难。

## 二、农作物害虫的类型

### （一）根据害虫的口器形状和取食方式分类

根据害虫的口器形状和取食方式可分为刺吸式口器害虫和咀嚼式口器害虫，如蚜虫和蝗虫。在防治过程中，对刺吸式口器害虫应选择具有内吸传导型杀虫剂，而对咀嚼式口器害虫应选择胃毒型杀虫剂。

### （二）根据害虫的活动场所和取食部位分类

根据害虫的活动场所及取食部位可分为地下害虫和地上害虫。在防治过程中，地下害虫多采用毒土法、灌根或种衣剂拌种防治，地上害虫多采用喷雾法防治。

### （三）根据害虫的形态特征和活动方式分类

根据害虫的形态特征和活动方式可分为鳞翅目害虫、鞘翅目害虫、半翅目害虫、同翅目害虫等。

### （四）根据害虫能否在当地越冬分类

根据害虫能否在当地越冬可分为常发性害虫和突发性害虫。常发性害虫在当地年年发生，根据环境、气候及栽培条件变化，年际间发生程度变化不大，如玉米螟。突发性害虫，有时也称迁飞性害虫，发生轻重与当地条件关系不密切，年际间发生程度差别巨大，如草地螟。

### （五）根据害虫虫态之间的变化程度分类

根据害虫虫态之间的变化程度可分为全变态昆虫和不全变态昆虫。全变态昆虫的成虫、卵、幼虫、蛹四种虫态俱全，不全变态往往只有三种虫态，如蚜虫、蝗虫就是不全变态昆虫。

### （六）根据昆虫对食物的选择分类

根据昆虫对食物的选择可分为植食性昆虫、肉食性昆虫、腐食性昆虫，绝大多数植食性昆虫是农业害虫，而肉食性昆虫多以其他昆虫为食物，所以大多是害虫的天敌，人们多称之为益虫，如草蛉、蜻蜓、瓢虫、赤眼蜂等。腐食性昆虫一般不以有生命植物为食，大多以腐败后的植物为食，对农作物无害并有疏松土壤的作用，如屎壳郎、蚯蚓等。

### (七) 根据繁殖方式不同分类

根据繁殖方式可分为有性繁殖、无性繁殖等。有性繁殖是最常见的繁殖方式，绝大多数昆虫都是以有性繁殖方式繁殖。无性繁殖方式最常见的害虫就是蚜虫，在中原地区该虫在盛发期都采用孤雌生殖，即雌性大蚜虫直接可以生小蚜虫，而且是胎生。

### (八) 根据危害方式和取食部位不同分类

根据危害方式和取食部位可分为潜叶性害虫、钻蛀性害虫、潜根性害虫等。如潜叶蝇是潜叶性害虫、玉米螟是钻蛀性害虫、根蛆是潜根性害虫。

### (九) 根据生态对策分类

根据生态对策可划分为 k 类害虫、r 类害虫和中间类型害虫。

1. k 类害虫

k 类害虫具有稳定的生境，它们的世代时间 (T) 与生境保持有利的时间长度 (H) 的比值很小 (T/H 小)，所以它们的进化方向是使它们的种群保持在平衡水平上，以及不断地增加种间竞争能力。但当种群密度明显下降到平衡水平以下时，不大可能迅速地恢复，甚至可能灭绝。它们个体大、寿命长，表现为低的潜在增长率、低的死亡率、高的竞争力，以及对每个后代"投资"巨大。典型的 k 类害虫有苹果落蛾、舌蝇等。

2. r 类害虫

r 类害虫是不断地侵占暂时性生境的种类，T/H 值较大，它们在任何种群密度下都遭到选择。它们的对策基本上是随机的"突然暴发"和"猛烈崩溃"。迁移是这类种群的重要特征，甚至每代都能发生。它们个体小，数量多，寿命短，繁殖率高，死亡率一般也较高。典型的 r 类害虫有飞虱、蚜虫、红蜘蛛、小地老虎等。

3. 中间类型害虫

中间类害虫既吃根和营养叶，也吃产品，但能被天敌很好地调节，故采用生物防治和耕作防治对其进行双重调节可以收到较好的效果。按照推论，利用化学农药来防治这类害虫很可能会造成泛滥成灾。

## 三、农作物害虫的危害

### (一) 间接危害

1. 传播农作物病害

昆虫与诱发植物病害的病原物都是农业生态系的成员，两者关系极为密切。昆虫嚼食植物，病原物寄生于植物，二者危害对象相同，在自然界中，一般虫害严重的地块，病害也往往严重。

植食性昆虫，咬食植物的根、茎、叶、花、果实和种子，除直接造成危害，降低产量、品质外，更重要的是给植物造成了大量的伤口，这些伤口即成为部分病原物侵入的门户，绝大部分细菌病害和部分真菌病害都是从伤口侵入的。

昆虫与病害更密切的关系表现在昆虫是病原物的传播者。很多病毒都是通过媒介昆虫的刺吸式口器给植物造成微小伤口，并把病毒直接送入细胞的。如蚜虫可传播大麦、小麦的黄矮病，玉米矮花叶病，马铃薯病毒病，油菜花叶病，甜菜黄化病，烟草花叶病等。飞虱可传播小麦丛矮病、玉米粗缩病等。叶蝉可传播水稻普通矮缩病、水稻黄矮病、玉米条纹矮缩病等。新发现的病原物类菌质体、类立克次氏体等也可通过刺吸式昆虫传播。少数咀嚼式口器的昆虫也可传播某些病原物，如菜青虫的幼虫在咬食白菜时，就可把软腐细菌从病株传给健株。此外，昆虫还是病原物的越冬场所或初侵染来源。如传播病毒的叶蝉和飞虱类，病毒可在其体内增殖，一旦获毒，则终生传毒，甚至可经过卵传给下一代。又如，传播水稻普通矮缩病毒的黑尾叶蝉，病毒可经过卵传导。这些带毒的昆虫，在农作物或杂草根部度过冬天后，成为来年的初侵染源。

2. 污染作物产品，加重和引发农作物病害发生

昆虫对农作物果实的咀嚼、咬食、钻蛀，排出大量的虫粪，污染产成品，影响食用价值和品质，造成无法食用或浪费。由于害虫对农作物的咬食，严重缩弱农作物的生长势和生长量，降低农作物的抗逆能力，更容易引发各种农作物病害。

### (二) 直接危害

1. 食叶害虫

昆虫以植物体的花、茎、叶、根、果实和汁液为食，而使植物受到伤害。如瓜蓟马危害瓜类的花器。食叶害虫大多取食树木及草坪叶片，猖獗时能将叶片吃光，削弱树势，并为天牛、小蠹虫等蛀干害虫侵入提供适宜条件，既影响植物的正常生长，又降低植物的美化功能和观赏价值。此类害虫主要有鳞翅目的袋蛾、刺蛾、大

蚕蛾、尺蛾、螟蛾、枯叶蛾、舟蛾、美国白蛾、国槐尺蛾、凤蝶类，鞘翅目的叶甲，膜翅目的叶蜂等。

**2.刺吸式害虫及螨类**

刺吸式害虫是园林植物害虫中较大的一个类群。它们个体小，发生初期往往受害状不明显，易被人们忽视，但数量极多，常群居于嫩枝、叶、芽、花蕾和果实上，汲取植物汁液，掠夺其营养，造成枝叶及花卷曲，甚至整株枯萎或死亡。同时诱发煤污病，有时害虫本身是病毒病的传播媒介。此类害虫主要有蚜虫类、介壳虫类、粉虱类、木虱类、叶蝉类、蝽象类、蓟马类、叶螨类等。

**3.蛀食性害虫**

蛀食性害虫生活隐蔽，天敌种类少，个体适应性强，是园林植物的一类毁灭性害虫。它们以幼虫蛀食树木枝干，不仅使输导组织受到破坏而引起植物死亡，而且会在木质部内形成纵横交错的虫道，降低木材的经济价值。此类害虫主要有鳞翅目的木蠹蛾科、透翅蛾科，鞘翅目的天牛科、小蠹科、吉丁甲科、象甲科，膜翅目的树蜂科，等翅目的白蚁等。

**4.地下害虫**

地下害虫主要栖息于土壤中，取食刚发芽的种子、苗木的幼根、嫩茎及叶部幼芽，给苗木带来很大危害，严重时造成缺苗、断垄等。此类害虫种类繁多，主要有直翅目的蝼蛄、蟋蟀，鳞翅目的小地老虎，鞘翅目的蛴螬、金针虫。

## 四、虫害防治的基本原则

农作物虫害防治应遵循如下原则。

(1)"预防为主，综合防治"，因地因时因害虫制宜，力求不同害虫兼治，确保"治早、治小、治了"。

(2)能用农业措施或物理措施防治的，不用化学防治。

(3)能用生物农药或仿生制剂的，不用化学农药。

(4)能用低毒低倍农药的，不用高毒高倍农药。

(5)循环交替用药，防止产生抗性；搞好预测预报，及时发现虫害并预测最佳防治时机。

## 五、虫害防治的主要方法

虫害防治历史悠久，在长期防治实践的过程中以及在各类防治技术的研究发展中，一些传统的防治方法有了新的内容，一些近代的防治方法也逐步形成。按照各类防治方法性质和作用，通常可分为五类，即植物检疫、农业防治法、生物防治法、化学防治法和物理机械防治法。有的防治技术如植物抗虫性的利用、昆虫激素的利用以及不育技术等也均有其自身的特点，也很难将其划为某一类别，这里结合有关部分做一简要概述。

### (一) 植物检疫

植物检疫是国家以法律手段，制定出一整套完善的法令规定，由专门机构执行，对受检疫的植物和植物产品控制其传入和带出以及在国内的传播，是控制有害生物传播蔓延的一项根本性措施，有的也称为法规防治。

植物检疫可包括以下两方面的内容。

(1) 防止将危险性病、虫、杂草随同植物及植物产品 (如种子、苗木、块茎、块根、植物产品的包装材料等) 由国外传入和由国内传出。即防止国与国之间危险性病、虫、杂草的传播蔓延。这称为对外检疫。

(2) 当危险性病、虫、杂草已由国外传入或在国内局部地区发生，将其限制、封锁在一定范围内，防止传播蔓延到未发生的地区，并采取积极措施，力争彻底肃清。这称为对内检疫。

### (二) 农业防治法

农业防治法是在认识和掌握害虫、农作物和环境条件三者之间相互关系的基础上，结合整个农事操作过程中的各种具体措施，有目的地创造有利于农作物的生长发育而不利于害虫发生的农田环境，达到直接消灭或抑制害虫的目的。

农业栽培技术控制害虫种群数量和危害程度的有下列方式。

(1) 通过压低害虫基数来控制种群发生数量。害虫种群发生的数量总是在一定的虫源数量基础上发展起来的，在相同的环境条件下，发生基数的大小，必然会影响种群数量增长的快慢。

(2) 通过影响害虫的繁殖控制其种群数量。害虫的种群数量很大程度上取决于它的繁殖率，包括生存率、性比、生殖力和繁殖速度等。

(3) 通过影响害虫天敌控制害虫种群数量。棉田播种油菜，繁殖菜蚜，招来天敌，又通过天敌有效地控制棉蚜的危害。

(4) 通过影响农作物长势减轻农作物受害程度。农作物栽培管理条件好，农作物生长势强，可提高抗虫耐虫能力，以减轻危害损失。

(5) 直接影响害虫的种群数量。通过农业技术改变害虫的生活条件和机械杀伤，达到控制害虫种群数量的目的。

### （三）生物防治法

生物防治法是利用生物有机体或它的代谢产物来控制有害生物的方法。可用生物有机体包括寄生性天敌、捕食性天敌、昆虫病原微生物、昆虫的不育性及昆虫性外激素、内激素等。

1. 生物防治的特点

生物防治的优缺点表现在以下几方面。

（1）优点：对人畜安全；不杀伤天敌及其他生物；不污染环境；持效期长；资源丰富。

（2）缺点：作用缓慢；范围窄；受气候条件影响大；从试验到应用所需时间长。

2. 生物防治的主要内容

（1）食虫昆虫的利用。

食虫昆虫又可以分为捕食性和寄生性两大类。一类是捕食性昆虫，有18个目，近200个科。最常见的有蜻蜓、螳螂、草蛉、蜻类、食虫虻、食蚜蝇、步甲、瓢虫等，它们都能捕食多种害虫，有些已在生产上应用。另一类是寄生性昆虫，有5个目，97个科。最主要的有寄生蜂和寄生蝇类，如茧蜂、小蜂、赤眼蜂等已在生产上应用，并取得良好效果。

（2）病原微生物的应用。

病原微生物能侵染昆虫引起死亡，常见的有真菌、细菌和病毒。目前应用较为广泛的有白僵菌、苏云金杆菌、核多角体病毒等。

（3）其他有益生物的利用。

一是蜘蛛类的利用。二是脊椎动物的利用，有鸟类、两栖类、哺乳类等。

（4）生物农药的利用。

随着人们对环保和健康的关注及生态发展理念的需要，高效、高毒的有机磷农药的使用在各国都受到不同程度的限制。采用高效、低毒、低残留的生物农药是今后的发展方向，所以生物农药的发展前景广阔。预计近几年会保持一个相对平稳、快速的发展态势。

生物农药指利用生物活体或其代谢产物对害虫、病菌、杂草、线虫、鼠类等有害生物进行防治的一类农药制剂，或者是通过仿生合成具有特异作用的农药制剂。我国生物农药按照其成分和来源可分为微生物活体农药、微生物代谢产物农药、植物源农药、动物源农药四个部分。按照防治对象可分为杀虫剂、杀菌剂、除草剂、杀螨剂、杀鼠剂、植物生长调节剂等，如80亿个/毫升地衣芽孢杆菌水剂就是微生物活体杀菌剂。我国生物农药发展现状、存在问题与正确施用技术如下。

①我国生物农药发展取得了较大成就。

我国对真菌制剂的研究、开发已有20多年的历史，其中以白僵菌、绿僵菌为主。尽管还未成功开发出白僵菌制剂产品，但应用白僵菌防治松毛虫和玉米螟等害虫的农作物种植面积达1亿亩以上。木霉菌已开发成功，取得登记注册，用于防治蔬菜灰霉病，效果理想，具有广阔的应用前景。在病毒杀虫剂的研究中，防治蔬菜害虫的多个病毒产品已实现商品化，其中利用生物工程技术获得的基因修饰及含有增效蛋白因子的病毒株系已处于开发生产阶段，从而使昆虫病毒产品的杀虫谱更广，防治效果更好。如棉铃虫核多角体病毒已有多家企业登记注册，进入工业化生产。线虫和微孢子杀虫剂起步虽晚，但在解决了工厂化批量生产工艺和应用技术的基础上，产品已达到实用化程度。

近年来，对拮抗细菌生防制剂的研究趋于活跃，主要用于防治植物土传病害，主要解决瓜类生产中病害顽症—枯萎病的防治问题，地衣芽孢杆菌含量80亿个/毫升的水剂就属这类产品，用来防治瓜类枯萎病具有较明显的效果，并能较大幅度地提高产量，增产幅度高达20％左右，得到了广大用户、农业专家和农技推广人员的一致好评。该产品属高新技术农药新品种，具有广谱、高效、无公害等特点。

②多因素阻碍生物农药发展。

生物农药是由生物发酵后经特殊工艺处理制作而成，是对特定害虫具有特效、安全性极高的农药。然而在实际推广中，却显得步履维艰。目前，生物农药无论是品种还是销售量，都只占很小的比例。其主要原因有以下几点。

价格偏高。一方面由于生物农药是一项尖端技术，开发成本高，它的价格比一般化学农药高；另一方面，目前国内一些生物农药生产企业，存在规模小、设备差、缺乏资金和技术落后等难题，加上微生物农药多为发酵制作，生产工艺导致成本偏高。农民对生物农药有认可不认购的做法。

认识程度低。农民使用化学农药时间久了，对化学农药有了一定的依赖性，而对新型农药还没有真正接受。多数农民最关心的还是时效性，化学农药见效快，而生物农药需要几天才能看到效果，因此，生物农药的推广和使用就比较艰难。事实上，使用生物农药并不一定不划算。衡量一种农药的价格，并不能只看单价，还要看整体的使用效果。有时候数千克化学农药的使用效果和几十克生物农药的效果是一样的。相比之下，单价昂贵的生物农药也就很划算了。

生物农药发展慢。生物农药本身的发展缓慢也导致了推广的困难。与发达国家相比，我国市场上的生物农药品种还太少，其中主要的原因是推广周期过长，从开发到推广利用至少需要六七年时间。另外，目前生物农药的品种也不齐全，在农药中所占比例还不到10％。

③掌握正确施用技术。

在使用新型生物农药时要掌握如下要点：一是温度。生物农药喷施的适宜温度在20℃以上。因为生物农药的活性成分是蛋白质晶体和有生命的芽孢，低温条件下芽孢繁殖速度极慢，蛋白质晶体也不易发生作用。试验表明：在25℃～30℃条件下施用生物农药，其药效比在10℃～15℃时施用高2倍左右。二是湿度。使用生物农药，环境湿度越高，药效就越高，只有在高湿条件下药效才能得到充分发挥，其原因是生物农药细菌的芽孢不耐干燥的环境条件。因此，喷施细菌粉剂宜在早晚有露水的时候进行，以利于菌剂能较好地黏在农作物的茎叶上，并促进芽孢繁殖，增加与害虫接触的机会，提高防治效果。生产上，也可在干旱地区施药后继续适量喷雾，人为制造高湿环境来提高药效。三是要避免阳光。阳光中的紫外线对芽孢有杀伤作用，阳光直接照射30分钟，芽孢可死亡50%，照射1小时则死亡率高达80%。因为紫外线的辐射对蛋白质晶体也有变形降效作用，所以使用生物农药宜选择下午4时以后或阴天全天进行。

### (四) 物理机械防治法

物理机械防治法是利用各种物理因子 (如光、热、电、声、温湿度等) 对害虫的影响作用，并根据害虫的反应规律防治有害生物的方法。近代物理技术为这类防治法增加了更多的内容。机械防治法则是指使用包括人工在内的应用器械或动力机具的各种防治措施。

掌握害虫的生物学特性，利用各种物理因子对害虫生长、发育、繁殖和行为活动的影响作用，采取物理或机械的防治措施内容有以下方面。

(1) 直接捕杀。根据害虫的栖息地位或活动习性，可直接用人工或用简单器械捕杀。例如，人工采卵、摘除虫果、捕打群集性害虫、打落或震落假死习性的害虫如金龟子等后捕杀等。

(2) 诱集或诱杀。主要是利用害虫的某种趋性或其他特性，如对潜藏、产卵、越冬等环境条件的要求，采取适当的方法诱集或诱杀。

### (五) 化学防治法

利用化学药剂防治害虫的方法称为化学防治法。

1. 化学防治的优点

(1) 高效。用少量的化学杀虫剂可收到良好的杀虫效果。

(2) 使用方便，投资少。

(3) 速效。蚜虫4～5天/代，几秒至几分钟即可杀死。

（4）杀虫广谱。几乎所有的害虫全可利用杀虫剂来防治。

（5）杀虫剂可以大规模工业化生产，远距离运输，且可长期保存。

2. 化学防治的缺点

（1）长期广泛使用农药，易造成害虫产生抗性。

（2）引起环境污染和人畜中毒。

（3）广谱性杀虫剂在杀死害虫的同时，也杀死天敌，造成主要害虫的再猖獗和次要害虫上升为主要害虫。

3. 化学防治在虫害综合防治中的地位

化学防治在虫害综合防治中的地位不高，其原因是以下3点。

（1）综合防治强调的是自然控制。能自然控制的，达不到危害水平的，则不需要人工防治，所以自然防治是第一位。

（2）结合自然控制，应用抗虫品种等农业技术或生物防治，它们与自然控制不发生矛盾，可以协调起来，这些在虫害综合防治中居第二位。

（3）在上述方法效果不理想，不能控制虫害的情况下，不能坐视害虫严重危害而不治，只有应用化学防治或生物防治。

### （六）虫害综合治理

我国生态学家马世骏教授对虫害综合治理下的定义是：从生物与环境关系的整体观点出发，本着预防为主的指导思想和安全、有效、经济、简易的原则，因地因时制宜，合理运用农业、生物、化学、物理的方法，以及其他有效的生态手段，把害虫控制在不足以产生危害的水平，以达到保护人畜健康和增产的目的。

1. 虫害综合防治三层次

虫害综合防治的概念与内容，涉及对综合防治的层次水平和阶段性发展要求。国内外在这方面的实践表明，可以将综合防治分为三个层次阶段。

（1）以单一防治对象为内容的综合防治。例如，地下害虫的综合防治、黏虫的综合防治、袋蟆虫的综合防治等。

（2）以农作物为主体的多种防治对象的综合防治。例如，水稻病虫害的综合防治、棉花病虫害的综合防治等。目前，国内外的综合防治实践都已开始或进入这一个层次阶段。

（3）以农作物生态区域为基本单元的多种农作物、多种防治对象的综合防治。目前，虽然还没有卓有成效的实例，但是随着农业生产的发展，已经提出对这一层次的要求。我国人口众多，平均耕地面积甚少，多种形式的多熟种植制度广泛推行，因此，如何适应这一情况的综合防治研究是极为重要的。

2. 虫害综合治理的特点

（1）虫害综合治理并不要求彻底消灭害虫，而是允许害虫在受害密度以下的水平继续存在。

（2）虫害综合治理强调分析害虫危害的经济水平与防治费用的关系。

（3）虫害综合治理强调各种防治方法的相互配合，尽量采用农业防治、生物防治等措施，而不单独采用化学防治。

（4）虫害综合治理应高度重视自然控制因素的作用。

（5）虫害综合治理应以生态系统为管理单位。

3. 虫害综合治理方案的设计

农业虫害综合防治方案，应以建立最优的农业生态体系为出发点，一方面要利用自然控制；一方面要根据需要和可能，协调各项防治措施，把害虫控制在危害允许水平以下。虫害综合治理方案的设计应遵循以下几点。

（1）根据当地农业生态系的结构循环的特点，在分析该区域各种生物和非生物各因素相互关系的基础上，特别是以耕作制度、农作物布局生境适度等特点作为重要依据设计方案。

（2）根据主要危害的优势种群和关键时期。

（3）根据农作物与害虫的物候期。

（4）在掌握当地主要害虫和天敌种群发生型的基础上进行准确预测预报。

（5）在搞清单项措施有效作用的基础上，尽可能采取具有兼治效能的措施。

# 第三节　农业防治与生态调控

## 一、农业防治

### （一）农业防治的概念

农业防治是指为防治农作物病、虫、草害所采取农业技术综合措施，调整和改善农作物的生长环境，以增强农作物对病、虫、草害的抵抗力，创造不利于病原物、害虫和杂草生长发育或传播的条件，以控制、避免或减轻病、虫、草的危害。主要措施有选用抗病、虫品种，调整品种布局，选留健康种苗，轮作，深耕灭茬，调节播种期，合理施肥，及时灌溉排水，适度整枝打杈，搞好田园卫生和安全运输贮藏等。农业防治如能同物理、化学防治等配合进行，可取得更好的效果。

### (二) 耕作栽培措施的利用

农作物是农业生态系统的中心; 有害生物是生态系统的重要组成成分, 并以农作物为其生存发展的基本条件。一切耕作栽培措施都会对农作物和有害生物产生影响。农业防治措施的重要内容之一就是根据农业生态系统各环境因素相互作用的规律, 选用适当的耕作、栽培措施使其既有利于农作物的生长发育, 又能抑制有害生物的发生和危害。具体措施主要有以下几方面。

1. 轮作

对寄主范围狭窄、食性单一的有害生物, 轮作可恶化其营养条件和生存环境, 或切断其生命活动过程的某一环节。如大豆食心虫仅为害大豆, 采用大豆与禾谷类农作物轮作, 就能防治其为害。对一些土传病害和专性寄主或腐生性不强的病原物, 轮作也是有效的防治方法之一。此外, 轮作还能促进有颉颃作用的微生物活动, 抑制病原物的生长、繁殖。水旱轮作 (如稻麦、稻棉轮作) 对麦红吸浆虫、棉花枯萎病以及不耐旱或不耐水的杂草等有害生物尤其具有良好的防治效果。

2. 间、套作

合理选择不同农作物实行间作或套作, 辅以良好的栽培管理措施, 也是防治害虫的途径。如麦、棉间作可使棉蚜的天敌 (如瓢虫等) 顺利转移到棉田, 从而抑制棉蚜的发展, 并可由于小麦的屏障作用而阻碍有翅棉蚜的迁飞扩展。高矮秆农作物的配合也不利于喜温湿和郁闭条件的有害生物发育繁殖。但如间、套作不合理或田间管理不好, 则反会促进病、虫、杂草等有害生物为害。

3. 农作物布局

合理的农作物布局, 如有计划地集中种植某些品种, 使其易于受害的生育阶段与病虫发生侵染的盛期相配合, 可诱集歼灭有害生物, 减轻大面积为害。在一定范围内采用一熟或多熟种植, 调整春、夏播面积的比例, 均可控制有害生物的发生消长。如适当压缩春播玉米面积, 可使玉米螟食料和栖息条件恶化, 从而减低早期虫源基数等。但如农作物和品种的布局不合理, 则会为多种有害生物提供各自需要的寄主植物, 从而形成全年的食物链或侵染循环条件, 使寄主范围广的有害生物获得更充分的食料。如桃、梨混栽, 有利于梨小食心虫转移为害; 不同成熟期的水稻品种混种于邻近田块, 有利于水稻病虫害的侵染或转移; 两种具有共同病原的农作物连作, 有利于病害的传播蔓延等。此外, 种植制度或品种布局的改变还会影响有害生物的生活史、发生代数、侵染循环的过程和流行。如单季稻改为双季稻, 或一熟制改为多熟制, 不仅可增加稻螟虫的年世代数, 还会影响螟虫优势种的变化, 必须特别重视。

4. 耕翻整地

耕翻整地和改变土壤环境，可使生活在土壤中和以土壤、农作物根茬为越冬场所的有害生物经日晒、干燥、冷冻、深埋或被天敌捕食等而被治除。冬耕、春耕或结合灌水常是有效的防治措施。对生活史短、发生代数少、寄主专一、越冬场所集中的病虫，防治效果尤为显著。中耕则可防除田间杂草。

5. 播种

在播种方面，可采取措施包括调节播种期、密度、深度等。调节播种期，可使农作物易受害的生育阶段避开病虫发生侵染盛期。如中国华北地区适当推迟大白菜的播种期，可减轻孤丁病的发生；适当推迟冬小麦的播种期，可减少丛矮病的发生等。此外，适当的播种深度、密度和方法，结合种子、苗木的精选和药剂处理等，可促使苗齐、苗壮，影响田间小气候，从而控制苗期有害生物为害。

6. 田间管理

田间管理包括水分调节、合理施肥及清洁田园等措施。灌溉可使害虫处于缺氧状况下，窒息死亡；采用高垄栽培大白菜，可减少白菜软腐病的发生；稻田适时晒田，有助于防治飞虱、叶蝉、纹枯病、稻瘟病；施用腐熟有机肥，可杀灭肥料中的病原物、虫卵和杂草种子；合理施用氮、磷、钾肥，可减轻病、虫为害程度，如增施磷肥可减轻小麦锈病等。但氮肥过多易致农作物生长柔嫩，田间郁闭阴湿利于病虫害发生，而钾肥过少，则易加重水稻期胡麻斑病等。此外，清洁田园对病虫防治也有重要作用。

7. 收获

收获的时期、方法、工具以及收获后的处理，也与病虫防治密切相关。如大豆食心虫、豆荚螟，均以幼虫脱荚入土越冬，若收获不及时，或收获后将农作物堆放田间，就有利于幼虫越冬繁衍。用联合收割机收获小麦，常易使野荞麦和燕麦线虫病的植株混入，而为害小麦。

**(三) 植物抗性的利用**

农作物对病、虫的抗性是植物一种可遗传的生物学特性。通常在同一条件下，抗性品种受病、虫为害的程度较非抗性品种轻或不受害。植物抗病性的研究内容主要包括抗病性的分类、抗性机制、环境条件对抗病性的影响、病原物致病性与其变异、抗性遗传规律，以及抗病育种的技术等。植物的抗虫性根据抗性机制可分为三个主要类型。

1. 排趋性 (无偏嗜性)

排趋性 (无偏嗜性) 表现为害虫不喜在其上取食或产卵。植物形态解剖特征方面的原因，如在春小麦叶片茸毛长而密的品种上，麦秆蝇产卵较少，受害较轻。植物生物化学特性方面的原因，如松树皮层内因含有 α - 蒎烯等物质而能减轻松小蠹的为害，某些玉米品种因缺乏能刺激玉米象取食的化学物质而能抗玉米象。植物物候特性方面的原因，如麦秆蝇喜产卵于拔节至孕穗期的小麦上，而在抽穗后着卵极少；早熟和中早熟的小麦品种由于在麦秆蝇成虫产卵盛期已届或临近抽穗期，故着卵较少，可不受害或受害较轻；散穗型的粟或高粱品种受粟穗螟为害较轻，因其不利于幼虫在穗上吐丝结网，潜藏其中取食；紧穗型品种受粟小缘蝽为害较轻，因其不适于此虫在穗上取食等。

## 2. 抗生性

抗生性表现为农作物受虫害后产生不利于害虫生活繁殖的反应，从而抑制害虫取食、生长、繁殖和成活。如抗吸浆虫的小麦品种花器的内外颖扣合紧密，能阻碍成虫侵入产卵或初孵幼虫侵入花器内取食，因而降低了害虫的成活率；棉蕾内棉酚含量高于 1.2% 时，棉铃虫类幼虫死亡率可达 50%；有的玉米品种心叶内含有高浓度的丁布能抗玉米螟第一代为害；棉花抗虫品种的蕾铃，在棉铃虫产卵或幼虫活动处所周围会急剧产生细胞增生反应，可通过机械压榨作用促使卵及幼虫死亡；有些木本植物能在虫伤处分泌树脂乳液，阻止害虫继续活动并促其死亡。

## 3. 耐害性

耐害性表现为害虫虽能在农作物上正常生活取食，但不致严重为害。如分蘖力强的小禾谷类农作物在受蛀茎害虫（如粟灰螟）侵害后能迅速分蘖形成新茎，并能抽穗结实。

品种抗性性状受显性或隐形基因的控制而遗传给后代，其中有单基因抗性，也有多基因抗性。另外，在高抗品种和害虫繁殖快的情况下，同种害虫因地理生态条件的差别，或因抗虫农作物品种对其群体影响，常易产生不同的生物型，从而使同一抗虫农作物品种对某些新产生的生物型的抗性较弱或丧失。这种情况常通过培育中抗、低抗品种来避免或延缓。选育抗虫品种的方法有引种、选种、杂交、嫁接、诱发突变等，以品种间杂交应用最为广泛。

### （四）农业防治的效果

农业防治的效果往往是由于多种措施的综合作用。可归纳为以下几方面。

（1）压低有害生物的发生基数。如越冬防治措施可消灭越冬病、虫等有害生物，从而减轻翌年病、虫等繁殖的数量。

（2）压低有害生物的繁殖率，从而减少种群或群体数量。如在飞蝗发生基地种植飞蝗不喜取食的豆类作物，可压低飞蝗的繁殖率和种群发生的数量。

（3）影响有利于利用自然天敌，降低有害生物的存活率。如在蔗田间种绿肥，或行间套种甘薯，可减少田间小气候的变动幅度，有利于赤眼蜂的生活，提高其对蔗螟的寄生率。轮作、换茬可以改变农作物根际和根围微生物的区系，促进有颉颃作用的微生物活动，或抑制病原物的生长、繁殖。

（4）影响农作物的生长势，从而增强其抗病、抗虫或耐害能力。如在农作物栽培管理条件良好、生长势强的情况下，病、虫等有害生物的发生、发展常受到抑制。

由于农业防治措施的效果是逐年积累和相对稳定的，因而农业防治措施符合预防为主、综合防治的策略原则，而且经济、安全、有效。但其作用的综合性要求有些措施必须大面积推行才能收效。当前国际上综合防治的重要发展方向是培育抗性品种，特别是多抗性品种的选育、利用。为此，从有害生物综合治理的要求出发，揭示农作物抗性的遗传规律和生理生化机制，争取抗性的稳定和持久，是这一领域的重要课题。

## 二、生态调控

### (一) 害虫生态调控定义

害虫生态调控是害虫管理的一种策略，它基于"预防为主，生态优先，整合治理，精准施策"的原则，强调调节与控制两个过程相辅相成，从农田景观生态系统中的"农作物—害虫—天敌及其周围环境"相互作用关系出发，充分考虑到昆虫的生物控害功能、传粉功能和分解功能，在充分发挥天敌的控害、农作物的抗性以及创造不利于害虫而有利于天敌及农作物生长的环境基础上，整合包括生态调控技术、农业防治、生物防治、理化诱控、现代生物技术和合理的化学防治等手段，构建"经济、简便、有效"的生态技术体系，将害虫控制在生态经济阈值水平之下，达到经济可行、生态可持续、社会可接受的目的。

由此可见，从名字上来看，害虫生态"调控"包括了"调（节）"和"控（制）"两个内涵，其中"控制"是将害虫迅速控制在平衡密度之下；"调节"是将害虫持续维持在低平衡密度之下，二者相辅相成。因此，它比单独使用生态控制、生态防治、生态治理等概念更为贴切，更能体现了害虫生态调控的实质。

### (二) 害虫生态调控策略

害虫生态调控只是害虫管理中的一种策略，是基于生态学为基础的害虫管理策略。它本着"预防为主，生态优先，整合治理，精准施策"的原则，强调的是从农田景观生态系统中"农作物—害虫—天敌及其周围环境"的相互作用关系出发，而不是单纯针对靶标害虫或单一农田；充分考虑农田景观中昆虫的生物控害功能、传粉功能和分解功能，而不仅是害虫及害虫防治；通过生态因素的调节，也包括非生态因子的合理控制，充分发挥生态系统中生物与非生物的调节与控制因素的功能，既考虑到景观生态设计、农作物合理布局、功能植物种植、推拉技术、生态自杀技术、健康农作物环境调控技术等生态调控技术，还要考虑到传统的农业防治、生物防治、理化诱控；既充分利用现代生物技术（如基因编辑、RNAi干涉、转基因农作物、昆虫性信息素、生物农药等），还允许适当使用低毒、低残留的选择性化学农药，从而形成"经济、简便、有效"的生态工程技术体系。害虫生态调控策略的目标是将害虫危害控制在生态经济阈值而不是经济阈值水平之下，该策略不仅要创造经济效益，还要创造生态效益和社会效益，对人类、环境无负影响。

### （三）害虫生态调控特征

#### 1. 害虫生态调控过程

害虫生态调控中的调控实际包括两个部分，即调节（Regulation）和控制（Management）。所谓调节，是发挥农田景观生态系统内部的生物因素，通过"农作物—害虫—天敌"食物网之间的相互作用，使害虫种群始终围绕着某一低的平衡密度波动，它是生物密度制约因子作用的结果；所谓控制，是发挥农田景观系统外的生物因素与非生物因素作用，通过引进新的有益生物控害因子（如天敌、Bt、NPV、功能植物）、采用适当的措施（如性引诱剂、某些选择性杀虫剂）、改变现有的生态系统结构（如间套作、农作物布局、非农作物生境）等，使害虫种群降至某一平衡密度之下。它是人为的生物密度制约因子与非生物密度因子作用的结果。

由于害虫通常是暴发性的，一旦暴发极容易引起农作物生长发育受到危害。因此，调节与控制二者相辅相成。没有控制作用，害虫种群不可能尽快地下降到生态经济允许水平（生态经济阈值）之下；反之，没有调节作用，害虫种群不可能持续地维持在低平衡密度下波动。这二者（内因与外因）必须有效地结合起来。如果片面强调控制（如目前的化学防治）易使害虫种群激烈波动，易引起害虫再猖獗；片面强调调节（如在某些农田生态系统不防治区内调节）易使害虫种群上升到高密度为害，造成农作物损失。

#### 2. 害虫生态调控特征

生态调控主要是利用农田生态系统内部与外部、生物与非生物因素通过控制与调节两个过程开展害虫管理，是害虫综合管理的一个发展方向。

### (四) 害虫生态调控理念

从害虫管理理念的发展来看，主要体现在以下四方面。

(1) 从消灭哲学到容忍哲学，发展了经济阈值与行动阈值的概念。

(2) 从靶标害虫控制到"农作物—害虫—天敌"食物链的调控，发展了基于生物学的有害生物综合治理 (IPM)、基于生态学的害虫生态调控 (EBPM)。

(3) 从单一农作物防治对象到区域性农田景观格局，发展了害虫区域性生态调控 (AWPM)、害虫的保护性生物控制 (CBC)。

(4) 从害虫防治拓展到昆虫的生态服务功能，发展了基于提升生态服务功能的害虫区域性生态调控。

害虫生态调控的理念是在基于生态服务功能的害虫区域性生态调控学术思想的基础上，更强调"人与自然和谐"和"生态命运共同体"的哲学观。换言之，害虫管理一定要基于对生态系统服务功能的认识，要充分认识到人也是生态系统中的一个组分，是食物链上的一个环节，长期以来人与自然是相互依存的；生态系统的破坏，势必通过食物链级联效应影响到人类的健康与生存。特别是人作为生态系统的顶级消费者，生态系统中所有的物质 (包括有毒物质) 均通过富集或流动作用于人类；同时，人类又是生态系统的操纵者，其对生态系统的干扰都会通过食物网影响到其他物种的消失，影响整个系统的生态服务功能，从而打破原有的生态系统平衡，出现外来入侵生物，甚至超级传播者 (病毒)，直接威胁到人类安全。所以说，人与生态是命运共同体。事实上，人类不必对昆虫数量的增长过于紧张，除了少部分昆虫成为害虫之外，绝大多数昆虫作为生态系统中的重要组成部分，对生物控制、传粉、物质分解和资源供给等生态系统功能的实现都起到非常重要的作用。因此，进行害虫管理时，还必须考虑到其他昆虫的生物控害、传粉和分解服务功能，尽可能使用生态系统内部的自然因素，使其对人类及其环境的影响较小。

### (五) 害虫生态调控指导思想

具体来说，害虫生态调控的指导思想主要体现在四个方面。

#### 1. 生态服务观

不仅仅着眼于害虫的防治，而应从生态系统服务功能出发，综合考虑系统中其他昆虫的传粉功能、生物控害功能和分解功能，可能这些昆虫的服务价值远远超过了害虫的损失值，从而使整个农田生态系统获得最大的生态效益。

#### 2. 区域整体观

不仅仅着眼于单一农田生态系统，而应扩展到区域性农田景观生态系统，充分考虑整个生态系统中害虫及其天敌的转移发生过程，从空间格局与时间全过程管理害虫及其天敌，提高害虫管理的整体性水平。

3. 生态优先观

不仅仅着眼于防治效果，而应从人与自然和谐、生态命运共同体哲学观出发，基于"生态优先、绿色发展"的原则，优先考虑生态、绿色的调控措施，尽可能少用化学农药，将害虫持续调控在低平衡密度，减少环境与对人类的生态风险性，造福于子孙后代。

4. 整合措施观

不仅仅着眼于使用生态调控措施（它仅是优先，但不是唯一），任何一种手段都有其局限性，而应从农田景观生态系统食物网及其调控因素互作关系出发，整合使用生态系统内外一切可以利用的因素，将生态调控技术与生物防治技术、理化诱控技术、现代生物技术（如基因编辑、RNA 干涉、转基因农作物、昆虫性信息素）以及低毒低残留的化学农药手段整合成为"经济、简便、有效"的生态工程技术体系，为系统的整体功能服务。

### （六）生态调控技术

害虫生态调控不仅是害虫管理的一种策略，还有其独特的技术。

1. 生态景观设计

基于农田景观中农作物与非农作物生境中能流、物流和信息流关系，在农田、果园乃至更大时空尺度范围内进行多种生境的设计与布局，通过设计生态岛、斑块、廊道，在农田、果园等周围创造有利于天敌或传粉昆虫越冬、栖息及其繁衍和转移扩散的生境，以提升农业生态系统的控害保益功能，最终实现控制害虫种群的可持续性。一般认为 5%~20% 比率的非农作物生境有利于农田的害虫生态调控。

2. 农作物的合理布局

基于农田生态系统内多农作物作用系统，通过轮作、间作、套作及农作物的整体布局，建立合理的栽培制度，是有效开展害虫生态调控的基础。如棉田与小麦套作，可以很好控制棉蚜。玉米与花生间作，可以增加花生田里的捕食性瓢虫，从而可以抑制花生蚜的发生。小麦与棉花邻作时，当小麦田收获之后，其内的天敌可转移到周围的棉田，可以有效抑制棉花田 16m 内的蚜虫。此外，适当的轮作能够将害虫寄主桥梁破坏，一些害虫就会失去寄主食物，其生存环境就会急剧恶化，不能够适应生存环境变化的害虫就会死掉。

3. 功能植物的合理配置

害虫生态调控的功能植物，主要是指有助于害虫天敌生物控害或（和）传粉昆虫传粉受精的蜜源植物，有利于天敌昆虫的栖境植物和储蓄植物，以及吸引害虫的诱集植物、能击退害虫的驱避植物和诱杀害虫的诱杀植物等。显然，功能植物主要发挥着涵养天敌、保护天敌和不使传粉昆虫成为靶标害虫的食物的功能，它通常具有涵养储存天敌和传粉昆虫不涵养害虫趋避害等四个特征。我们最近的研究表明，蛇床草是华北农田很好的功能植物，可以起到保护麦田前期天敌，且可作为将麦田天敌转移过渡到玉米田的"驿站"。

4. 推拉技术

近年来，基于对"农植物—害虫—天敌及周围环境"三者相互作用的深入认识，以及化学生态学的发展，诱集植物（农作物）与驱避植物或其他化学驱避物质结合形成的"推—拉"（Push-pull）防治措施得到很大发展，并且成为生态调控的一个重要措施。

5. 生态自杀技术

通过时间、空间上生态位的错位，制定合理的种植和收获时间，切断害虫与寄主之间的食物链，从而使害虫的种群因无法完成整个生活史而自行衰退或者灭亡。如提前播种，双季稻改为单季稻，切断了水稻螟虫的食物链，使螟虫找不到寄主水稻而消亡；在稻田田埂周围种植香根草可诱杀二化螟成虫产卵，但螟虫又不能在香根草上生存，从而消灭了螟虫。也可以通过基因工程的手段，延迟或提前害虫的发育使害虫找不到其合适的寄主，使其无法生存。

6. 健康农作物环境管理技术

在选用优良的抗虫农作物基础上，还需要对其周围环境进行管理，使农作物生长在健康的环境中，降低害虫的侵害，从而提高农作物的产量。其中，水肥管理最为重要，它不但影响害虫的生存与扩散，还影响农作物的生存环境、抗性。此外，定时清理生长环境，防止害虫重新滋生，恶化害虫的越冬、化蛹等生存条件，可达到降低害虫虫源基数的目的。

显然，生态调控作为技术，它与生物防治技术、农业防治技术等既有联系，也有区别。如生物防治主要利用自然的或经过改造的生物、基因或代谢产物来减少有害生物的作用，更多的是生物因素的作用。农业防治更多的是利用农事操作来管理害虫，主要是非生物因素的作用。而害虫生态调控是利用生物与非生物因素，通过控制与调节两大因素开展害虫管理。

## 第四节　理化诱控

### 一、理化诱控关键技术及应用

#### (一) 色板诱杀技术

1. 杀虫原理

昆虫对色彩的趋性是其在进化过程中的重要的趋性之一。色板诱杀就是利用害虫成虫对色彩的趋性，引诱害虫扑向带有黏胶的色板上，将害虫粘在色板上，达到防治害虫的目的。

2. 诱杀对象

黄板对烟粉虱、白粉虱、黄条跳甲、潜叶蝇、蚜虫等多种微小害虫有较好的诱杀效果。蓝板对蓟马有较好的诱杀效果。

3. 使用方法

悬挂高度为黄板下缘超过农作物生长顶端 5～10cm 为最佳，并随着农作物的生长调节悬挂高度。

悬挂时间为春季在 4—5 月，秋季在 9—11 月。

悬挂密度为每亩 (667m$^2$，后同) 用量 20～30 张。

4. 注意事项

选用全降解色板，对不可降解的塑胶板，要及时回收，集中进行无害化处理。

#### (二) 灯光诱杀技术

1. 杀虫原理

杀虫灯是利用昆虫对不同波长、不同波段光的趋性进行诱杀。可诱杀多种农作物害虫，种类多达 13 目 67 科 150 多种，不仅杀虫谱广、诱虫量大，诱杀成虫效果显著，可以减少化学农药的使用量，延缓害虫抗药性产生，且对人畜无害，环境污染小。杀虫灯类型已从早期的黑光灯、高压汞灯，发展到频振式杀虫灯、太阳能杀虫灯、风吸式杀虫灯、智能型杀虫灯。

2. 诱杀对象

诱杀对象主要包括小地老虎、斜纹夜蛾、甜菜夜蛾、蝼蛄、烟青虫、玉米螟、菜螟、豆野螟、小菜蛾、大豆卷叶蛾、豆荚螟、瓜绢螟、大猿叶甲、甘蓝夜蛾、叶甲等 20 余种。诱杀的益虫以蜜蜂、蜻蜓、瓢虫、螳螂等为主，但根据长期实验表明益虫的捕杀量仅占总虫量的 0.1% 左右。

3. 使用方法

挂灯高度与捕虫量相关，在设施栽培条件下（包括防虫网、避雨栽培等），挂灯高度不能低于100cm，一般以120cm为宜；在露地栽培条件下，根据主栽品种高度确定，一般以70~120cm为宜。

控制面积为单灯可控制2~4hm²，连片使用效果好。

开灯时段为4月下旬至10月底，也可根据防控对象的成虫发生期，在成虫发生期开灯。不同时间段昆虫的扑灯量存在较大差异，经观察，挂灯诱杀害虫高峰以19：00—24：00时段为主。

4. 注意事项

及时清理杀虫电网、灯袋或虫箱所收集的成虫。

### （三）性诱剂诱杀技术

1. 诱杀原理

性诱剂诱杀技术是通过人工合成性信息素，吸引田间同种类寻求交配的雄蛾，将其诱杀在诱捕器中，使雌虫失去交配的机会，不能有效地繁殖后代，以减少后代种群数量而达到防治该类害虫的目的。性诱剂的优势是选择性高，每种昆虫需要独特的配方和浓度，具有高度的专一性，对其他昆虫没有引诱作用，且无抗药性问题，对环境安全，无污染，与其他防治技术兼容性好。

2. 蔬菜害虫性诱剂种类

目前较成熟的性诱剂有小菜蛾性诱剂、斜纹夜蛾性诱剂、甜菜夜蛾性诱剂、棉铃虫性诱剂等。

3. 使用技术

诱杀斜纹夜蛾，一般每亩设置蛾类干式诱捕器1~2个，每个诱捕器内放置斜纹夜蛾性诱剂诱芯1粒。夏季，诱蕊持效期在40天左右，春秋季可以60天换一次诱芯。浙江宁波纽康公司已推出持续3个月的固体长效诱芯。

诱杀甜菜夜蛾每亩设置蛾类干式诱捕器1个，性诱剂诱芯1粒。

诱杀小菜蛾，每亩设置性诱剂3~5粒，可用纸质船型黏胶诱捕器。

斜纹夜蛾、甜菜夜蛾诱捕器一般7月初开始放置，诱捕器底部距离农作物顶部20~30cm；小菜蛾诱捕器一般4月初开始放置，诱捕器底部应靠近农作物顶部，距顶部10cm即可。性诱剂易挥发，需在冰箱中（-15℃~5℃）保存，保存处应远离高温环境，诱芯避免暴晒。使用前才可打开密封包装袋，毛细管型只在使用时剪开封口。

4. 注意事项

性诱剂产品很多，购买时应选厂家正规、生产规模较大、产品比较稳定的产品。

另外，由于性诱剂的高度敏感性，安装不同种害虫的诱芯需要洗手，以免污染。一般情况下 1 个月左右更换 1 次诱芯，适时清理诱捕器中的死虫及废弃的诱芯深埋处理。诱捕器可以重复使用。

### (四) 食诱剂诱杀技术

1. 诱杀原理

食诱剂是模拟植物茎叶、果实等害虫食物的气味，人工合成、组配的一种生物诱捕剂，通常对害虫雌雄个体均具引诱作用。20 世纪初，人们开始利用发酵糖水、糖醋酒液，模拟腐烂果实、植物蜜露、植物伤口分泌液等昆虫食源气味，进行害虫诱杀，这些传统食诱剂的诱虫谱较广，对多种鳞翅目、鞘翅目及双翅目害虫都具有较强的诱杀作用。生物食诱剂是由植物中的单糖、多糖和植物酸等提取物合成的具有吸引和促进害虫成虫取食的物质，借助于高分子缓释载体在田间可持续发挥作用，配合少量的杀虫剂或物理装置即可达到"吸引 - 杀灭"害虫的目的。目前，食诱剂已在实蝇、夜蛾、甲虫、蓟马等多类重大害虫的防治中发挥重要作用，可控制和压低害虫种群数量，减少化学农药使用。

2. 防控对象

百乐宝公司生产的广谱性食诱剂澳宝丽，可在番茄、辣椒、多种十字花科蔬菜、西葫芦、马铃薯、西瓜等蔬菜瓜类上使用。可防控甜菜夜蛾、斜纹夜蛾、甘蓝夜蛾、银纹夜蛾、小菜蛾、棉铃虫、小地老虎、黏虫、瓜绢螟、蝼蛄、金龟子、金针虫等多种害虫。

3. 使用技术

在靶标害虫成虫始盛期，取澳利宝和附赠的杀虫剂，放入容器，与水 1∶1 兑水稀释，混合均匀，备用。

(1) 茎叶处理。将配制好的药液以条带式滴洒到农作物中上部叶片上，施药条带间距 50m，施药条带长度 15m。面积较大时，可应用无人机条带喷洒，提高工效。

(2) 诱捕器处理。将配制好的药液均匀涂布在诱捕器底片上，诱捕器离地面 1.0 ~ 1.2m，或高于农作物顶端 20cm 均匀悬挂于田间，每亩使用 1 ~ 3 个，若诱集到的虫量较多时，应及时清除以免影响诱集效果。

4. 注意事项

使用时避免大风、低温、雨雪天气。叶面喷洒 48 小时以内出现较大降雨，需酌情补施。

### (五) 昆虫信息素交配抑制剂 (迷向剂) 应用

1. 诱杀原理

昆虫通过性信息素相互联络求偶交配，干扰破坏雌雄间化学通信交流系统，昆虫便不能交配和繁殖后代。利用性信息素干扰防控害虫，即使用最佳的缓释装置，以均匀速率将其释放至空气中，使空气中到处弥漫性信息素的气味，故而雄虫丧失对雌虫的定向行为能力，或使雄虫的触角长时间接触高浓度的性信息素而处于麻痹状态，失去对雌虫的性召唤反应能力，雌雄成虫无法正常交配，这种交配活动的减少将导致下一代的虫口密度降低。

2. 防控对象

目前，在蔬菜上推广应用的有小菜蛾迷向剂。

3. 使用方法

在小菜蛾成虫始见时，开始放置小菜蛾交配抑制剂。每 $2000m^2$ 设置一套装置，均匀摆放。

喷射器高度距地面 1m，喷射方向朝向不同方位。交配抑制剂喷射时间设置为每天 17：00 至次日 7：00，喷射时间间隔为每 10 分钟喷射一次，干扰成虫寻偶交配活动，可有效减轻小菜蛾发生为害。

据云梦县植保站 2018 年试验，9 月 10 日安装试验装置后，9 月 17 日、29 日、10 月 26 日 3 次调查，幼虫虫口数比对照减少 17.4%、74.6%、92.9%，施药次数 2 次，节省施药人工成本。

### (六) 技术组合应用增效

在实际生产中，绿色防控技术的应用是集成、系统应用的，仅靠单一措施，难以达到理想的效果。根据上海市农技推广中心的试验评价结果[1]，利用灯诱＋黄板、性诱剂＋核多角体病毒制剂、性诱剂＋黄板，性诱剂＋植物源信息素 (食诱) 能有效提高诱集效果，达到提高防效的目的。

---

[1] 卢会祥，陈杰，俞懿，等.上海市应用"性诱剂＋"技术防治蔬菜害虫效果评价 [J].中国植保导刊，2017(1)：82-84.

## 第五节　生物防治与科学用药

### 一、生物防治

#### (一) 生物防治的概念

生物防治是指利用一种生物对付另外一种生物的方法。生物防治大致可以分为以虫治虫、以鸟治虫和以菌治虫三大类。它是降低杂草和害虫等有害生物种群密度的一种方法。它利用了生物物种间的相互关系,以一种或一类生物抑制另一种或另一类生物。它的最大优点是不污染环境,是使用农药等非生物防治病虫害方法所不能比的。

#### (二) 生物防治的意义

生物防治技术具有对人和其他生物安全、不污染环境、对病虫害杀伤特异性强、防治作用持续时间久、产品无农药残留、易于同其他植物保护措施协调配合等优点。随着人们环境保护意识的增强,对绿色食品的需求量日益增加,改变以化学药剂防治为主的综合防治方法,实行以生物防治、生态控制为主的有害生物综合治理[1],逐步减少化学农药的使用,对实现农业可持续发展、保护生物多样性具有重要意义。

#### (三) 生物防治方法

1. 大力推广微生物农药

(1) 利用昆虫的病原微生物防治害虫

目前,苏云金芽孢杆菌 (Bt) 利用最多。现在种植的抗虫棉就含有 Bt 基因,其是由人为转移到棉花中,可以使棉花产生一种对昆虫有毒的蛋白质,杀死棉铃虫等夜蛾类害虫,有效控制了棉铃虫暴发。此外,Bt 和杀虫单混用对水稻二化螟的防治效果也比较好。

(2) 利用抗生素防治病虫害

目前,阿维菌素的应用范围最广泛,用于防治棉铃虫、稻纵卷叶螟、梨木虱、棉红蜘蛛等害虫。另外,井冈霉素用于防治水稻纹枯病,农抗 120 广泛用于蔬菜、棉花病害的防治,枯草芽孢杆菌一般用于水稻、棉花病害的防治,灭幼脲、白僵菌用于棉花虫害的防治[2]。

---

① 李庆祥,陈臻.农作物病虫害生物防治技术现状与未来 [J].甘肃科技,2005(6):20-21.
② 张梅申,岳增良.农作物病虫害生物防治技术研究进展 [J].河北农业科学,2003(增刊1):64-67.

2. 天敌的保护利用

每种害虫都有一种或几种天敌，能有效抑制害虫的大量繁殖。据调查，水稻害虫天敌、玉米害虫天敌、棉花害虫天敌分别超过 1000、960、840 种，主要归属于姬蜂、瓢虫、农田蜘蛛、寄生蝇等。保护利用天敌包括两方面：一是人为繁殖害虫天敌然后进行田（园）间释放，已广泛用于果园、菜园的虫害尤其螨害的治理；二是保护田（园）间现有天敌，具体方法是减少化学农药尤其是高毒农药用量，以棉田为例，5—7 月是棉花病虫的轻发期，但却是天敌的盛发期，这个时期要尽量减少广谱性化学农药用量，针对红蜘蛛、蚜虫可选用专用药剂普治甚至是挑治，最大程度地保护天敌，在果园还可采取种植豆科农作物或牧草的方法，不但可改善和提高果园的土壤肥力，而且可为天敌提供猎物、活动和繁殖的场所，增强对蚜虫类、螨类害虫的控制力[1]。现今应用较多的天敌主要有瓢虫类、草蛉类、蜘蛛类、蝽类、寄生蜂类以及螳螂、食蚜蝇、鸟类等。

3. 应用性信息素治虫

昆虫信息素是同种昆虫个体之间在求偶、觅食、栖息、产卵、自卫等过程中起通信联络作用的化学信息物质，可应用于虫情监测、大量诱捕、干扰交配和配合治虫等方面。2014—2015 年潜江市在后湖管理区开展棉红铃虫性干扰素防治棉红铃虫，2016 年在湖北省部分水稻主产区开展稻纵卷叶螟性引诱剂诱杀稻纵卷叶螟成虫，都取得了较理想的防效，为控制虫害发生程度、减轻化学防治压力、降低危害损失发挥了重要作用，但应用性信息素防治病虫害必须是大面积统一进行才能保证防治效果。

4. 建立良好生态环境

科学安排农作物品种和种植密度，合理轮作、休耕；保持田园清洁，及时发现并摘除病叶、病果、病株，遏制病害蔓延，及时处理田间病虫残体；加强水肥管理，避免串灌、漫灌，减少病害传染；建立果园生态系统，设置蜜源植物、引诱植物，同时进行果园生草、农作物间套种等农业措施，吸引天敌和培育替代寄主；增加农作物种类，保持农田生态系统多样性。

**（四）生物防治应用前景**

随着社会科学技术的飞速发展，我国以及很多发达国家已将生物防治技术作为缓解当今世界五大危机的战略决策之一，在研究方法上，注重分子生物水平上的研究，特别是在"农作物—害虫—天敌"之间的相互作用、遗传工程诱变微生物、生物降解有机农药等领域十分活跃[2]。目前，世界上一些大农药公司开始出资赞助科研

---

① 林晃. 我国农作物病虫害生物防治的新进展 [J]. 植保技术与推广，1995(3)：30-31.
② 钟乃扣. 农作物病虫害防治技术及建议 [J]. 南方农业，2014(21)：21-22.

单位，研究集中在天敌昆虫人工饲养的大量繁殖技术和工厂化商品生产工艺等方面，国际上的天敌昆虫公司已超过80家，北美已经商品化生产的天敌昆虫超过130种，我国虽然与发达国家相比有较大差距，但平腹小蜂的生产程度达到了商品化，赤眼蜂人工繁殖上实现了半机械化，全国有登记注册的 Bt 工厂达42家，棉铃虫病毒杀虫剂完成了药检行政部门的注册登记手续。由此可见，病虫害生物防治技术在我国必定有广阔的发展前景。

## 二、科学用药

农药是一种药，它可以有效地消灭、抑制危害农作物的害虫、杂草等，虽然它对农作物的生长有一定的帮助作用但是其本身也有一定的毒性，当农户不合理地使用农药时，会造成毒副作用残留在农作物上，不仅对农作物的生长有不良的影响，还可能会对人的身体健康造成伤害，其后果是十分严重的，因此合理地使用农药、多了解农药的相关知识对农户来说非常重要，这里从此入手，分析如何合理使用农药。

### （一）合理选用农药

对于农户来说，农药的种类繁多，每当病虫害发生的时候，种类繁多的农药会使他们眼花缭乱，因此合理地选用农药十分重要。首先要"对症下药"，当得知农作物有何种病虫害时，就要选择相对的治疗这种病虫害的农药。例如，对采食农作物叶面的害虫应采用具有触杀和胃毒作用的杀虫剂，而对钻蛀性和刺吸式口器的害虫应选用内吸性农药。这样不仅可以杀死它们，还会尽可能地减少毒副作用。其次在对症下药的基础上，如果有很多种农药供选择，就要选择药效良好、毒副作用小的农药，不要去贪图小便宜，相信这样的选择会带来大的收益。最后就是不要选择那些国家明令禁止使用的农药，国家禁止使用的农药都是含有巨大的毒副作用的，即使那些农药的效果可能良好，但是它们的毒副作用也可能会使一个人致命，因此对于这种农药最好要敬而远之。

### （二）合理地施用农药

在选择好对的农药后，农药的施用也非常的关键，好的施用农药的方法可能会带来事半功倍的效果。首先，要选择合适的时间施用农药，可以在病虫害还不是特别严重的时候施用农药，预防病虫害的产生，还可以根据病虫害的特点间隔一段时间施用农药，以求药效达到最大化，毒害作用降低到最低，同时要注意在下雨天之前尽可能地不要使用农药，因为即使你施用了农药，在下雨的时候大雨也可能会把农药冲刷掉，这样就会造成浪费。其次选择正确的方法施用农药也是非常重要的，施用农药的方法有很多种，如用喷壶器喷洒、拌种等，对于农药来说，使用正确的施用方法不仅可以最大可能地发挥农药的作用，还会避免对人类及一些动物的伤害，减少农药的残留。例如，在施用喷雾剂时最好喷洒的均匀，另外要考虑到风向对喷洒效果的影响，不要逆风喷洒农药，而在取放农药的时候要严格地按照说明书的步骤执行，不要因为自己对农药的熟悉而放松警惕；还有一点就是要学会混用农药，在人生病的时候，可能会把两种或两种以上的药搭在一起吃，这样可以治疗多种病症，而对于农药而言合理的搭配与混合也可以提高病虫害的防治效果，增大农药的性价比。但是不是所有的农药都可以进行混合使用，对于那些在混合后会产生不良的化学反应和物理性状的变化、药效分解失效、乳剂遭到破坏、产生沉淀、对药物产生毒害作用的农药而言，是万万不能将农药混合起来使用的，如果将这些农药混合使用的话带来的后果将是毁灭性的。最后就是要学会交替、轮换用药，如果对于某些农作物的某些病虫害长期施用一种农药，这种病虫害就会对这种药物产生抗药性，当下次再施用这种农药时，由于抗药性的原因，农药取得的效果将是事倍功半的，但如果交替地施用农药，结果可能变得大不相同。

### (三) 注意用药安全

虽然防治农作物的病虫害十分重要，但是保护自己的安全要放在首位，在施用农药的时候，要严格按照说明书的规定进行取放，防止出现一些安全事故；配置农药的时候要远离人类的水源，以防将农药不小心弄到水里，用后的农药的包装物要深埋或者是烧毁，不能将其到处乱扔，如果乱扔很容易造成二次污染。喷洒农药的人员要做好防护措施，配置农药的人员也要做好防护措施，

特别严禁用手进行这一系列的操作，手上如果有创口的话就更应该小心，如果非要用到手的话最好要戴上手套；在喷洒农药后，下一次的喷洒农药与之间隔的时间最好也要按照规定进行，这样才会保证农作物上的农药残留物不会过多，不会对人的身体健康产生影响。

随着世界人口的增多，土地资源一定会越来越紧张，如何最大化地利用土地提高农作物的产量已经成为人类首先要面对的问题，而增大农作物的产量势必离不开农药、化肥的使用，只要像上述介绍的那样施用农药，相信一定会为农作物的增收奠定基石。我国还没有出现饿死人的情况，但是在非洲的某些地方已经出现了灾荒等情况，希望我们的农业部门能够居安思危，学习发达国家的种植理念，完善农药安全的使用方法，争取做到更好。不要忘记农业也是我国的一大支柱产业，相信农业会在未来我国的建设中起到重要作用。

# 第三章　绿色植保理念下主要农作物病虫害的识别与防治策略

## 第一节　水稻病虫害的识别与防治策略

### 一、水稻主要病害防治

#### (一) 稻瘟病

稻瘟病又叫稻热病，群众称它为"火风"、烂颈瘟。稻瘟病在水稻整个生育期都能发生，稻瘟病是水稻重要病害之一，可引起大幅度减产，严重时减产40%~50%，甚至颗粒无收。世界各稻区均有发生。本病以叶部、节部发生为多，发生后可造成不同程度减产，尤其穗颈瘟或节瘟发生早而重，可造成白穗以致绝产。近年来，出现逐年增加趋势，局部大爆发并不少见。目前，稻瘟病可能发生在任何年头、任何季节。我国也不例外，各水稻产区均有发生。流行年份一般减产10%~20%，严重时减产40%~50%，甚至颗粒无收。该病主要为害叶片、茎秆、穗部。根据为害时期、部位不同分为苗瘟、叶瘟、节瘟、穗颈瘟、谷粒瘟。

1. 症状

病源菌有性态，属子囊菌亚门真菌，在自然条件下尚未发现，其分生孢子梗不分枝，3~5根丛生，从寄主表皮或气孔伸出，大小为 $(80~160)~\mu m \times (4~6)~\mu m$，具2~8个隔膜，基部稍膨大，淡褐色，向上色淡，顶端曲状，上生分生孢子。分生孢子无色，洋梨形或棍棒形，常有1~3个隔膜，大小为 $(14~40)~\mu m \times (6~14)~\mu m$，基部有脚胞，萌发时两端细胞立生芽管，芽管顶端产生附着胞，近球形，深褐色，紧贴附于寄主，产生侵入丝，侵入寄主组织内。该菌可分作7群，128个生理小种。

2. 病害特征

(1) 苗瘟。发生于3叶期前，由种子带菌所致。病苗基部灰黑，上部变褐，卷缩而死，湿度较大时病部产生大量灰黑色霉，叶片变成淡红褐色，使整株秧苗枯死。

(2) 叶瘟。分蘖至拔节期为害较重。慢性型病斑：开始在叶上产生暗绿色小斑，逐渐扩大为梭形斑，常有延伸的褐色坏死线。病斑中央灰白色，边缘褐色，外有淡黄色晕圈，潮湿时叶背有灰色霉层，病斑较多时连片形成不规则大斑。急性型病斑：

在叶片上形成暗绿色近圆形或椭圆形病斑，叶片两面都产生褐色霉层。白点型病斑：嫩叶发病后，产生白色近圆形小斑，不产生孢子。褐点型病斑：多在老叶上产生针尖大小的褐点，只产生于叶脉间，产生少量孢子。

（3）节瘟。常在抽穗后发生，初在稻节上产生褐色小点，后渐绕节扩展，使病部变黑，易折断。

（4）穗颈瘟。初形成褐色小点，发展后使穗颈部变褐色，也造成枯白穗。

（5）谷粒瘟。产生褐色椭圆形或不规则斑，可使稻谷变黑。有的颖壳无症状，护颖受害变褐色，使种子带菌。

3. 发生规律

病菌主要以分生孢子和菌丝体在稻草和稻谷上越冬。翌年产生分生孢子借风雨传播到稻株上，萌发侵入寄主向邻近细胞扩展发病，形成中心病株。病部形成的分生孢子，借风雨传播，进行再侵染。播种带菌种子可引起苗瘟。菌丝生长温度为 $8℃\sim37℃$，最适温度为 $26℃\sim28℃$。孢子形成温度为 $10℃\sim35℃$，以 $25℃\sim28℃$ 最适，相对湿度 90% 以上。孢子萌发需有水存在并持续 $6\sim8$ 小时。

4. 发病条件

适温高湿，有雨、雾、露存在条件下有利于发病。适宜温度才能形成附着胞并产生侵入丝，穿透稻株表皮，在细胞间蔓延摄取养分。阴雨连绵，日照不足或时晴时雨，或早晚有云雾，或有结露条件，病情扩展迅速。同一品种在不同生育期抗性表现也不同，秧苗 4 叶期、分蘖期和抽穗期易感病，圆秆期发病轻，同一器官或组织在组织幼嫩期发病重。穗期以始穗时抗病性弱。放水早或长期深灌根造成发育差，抗病力弱、发病重。光照不足，田间湿度大，有利于分生孢子的形成、萌发和侵入。山区雾大露重，光照不足，稻瘟病的发生为害比平原严重。偏施、迟施氮肥，不合理的稻田灌溉，均降低水稻抗病能力。具体而言，有以下几方面。

（1）主栽品种的抗性与小种的组成。

各水稻品种对稻瘟病的抗性差异很大，目前生产上所用的抗病品种多属垂直抗性品种，其抗性因病菌生理小种的变化而只能在一定时期保持不变。黑龙江省生理小种组成复杂、种类多，每年种植的品种也有变化，有时品种种植面积增减幅度较大，均影响生理小种的消长变化。

（2）寄主感病生育期和有利于病菌的气候条件相遇。

在同一品种水稻的不同生育期，其抗性也不同，分蘖盛期最易感叶瘟，始穗期易感染穗颈瘟，若遇湿度大，稻株上保持水膜的时间较长，就容易流行。

（3）气候条件。

影响最大的是温湿度，其次是光照和风。阴雨、低温和光照不足，导致植株抗病力减弱，同时高湿有利于病菌的萌发和侵入。在这种气候条件下常导致稻瘟病大发生。在黑龙江省，稻瘟病大流行年都不是高温年。抽穗期降雨、低温、光照不足往往导致穗颈瘟流行。

（4）栽培管理

栽培管理直接影响水稻的抗病性，也因关系到田间小气候而影响病菌的生长繁殖，栽培管理中以肥水关系最大。偏施氮肥，游离氮和酰胺氮增加，使水稻体内 C/N 降低，硅化作用减少，导致水稻贪青徒长，植株柔嫩，抗病性降低。另外，会使叶片下垂，色泽浓绿，分蘖期延长，增加无效分蘖，使株间郁闭，保持高湿度而促进病菌的生长繁殖，并有利于病菌的侵入。黑龙江省水稻施肥特点是有机肥用量逐年减少，氮素化肥逐年增加，由含氮量低的碳铵、硫铵、硝铵转到含氮量高的尿素。五常、宁安等多数稻区施尿素高达每亩用量25kg。另外，在同一施氮量的情况下，施肥时期不同造成发病情况也不同。浅水灌溉及晒田可控制土壤中氮肥的供应。

5.防治方法

（1）农业防治。

第一，因地制宜选用2~3个适合当地的抗病品种，如早稻品种有早58、湘早籼3号，中稻有七袋占1号、七秀占3号，水稻旱种时可选用临稻3号、临稻5号、京31119、中国91等抗穗颈瘟品种。水稻进行旱直播时可选用郑州早粳、中花8号等抗病品种。

第二，无病田留种，处理病稻草，消灭菌源。使用土壤消毒剂处理。

第三，加强肥、水管理。科学管理肥、水，既可改善环境条件，控制病菌的繁殖和侵染，又可促使水稻健壮生长，提高抗病性，从而获得高产、稳产。注意氮、磷、钾配合施用，基肥、有机肥和化肥配合使用，适当施用含硅酸的肥料，如草木灰、矿渣、窑灰钾肥等，做到施足钾肥，早施追肥，中期看苗、看田、看天巧用施肥技术。硅、镁肥混施，可促进硅酸的吸收，能较大幅度地降低发病率。用水要贯彻"前浅、中晒、后湿润、干湿交替"的原则。

第四，减少菌源，进行种子消毒。用20%三环唑可湿性粉剂1000倍液，或50%多菌灵可湿性粉剂1000倍液，或40%克瘟散乳油1000倍液，或50%甲基托布津可湿性粉剂1000倍液，或10%苯来特可湿性粉剂1000倍液浸种24小时，并妥善处理田间遗留的病秆，尽量减少初侵染源。

第五，处理病草。不要采用病草还田，堆肥要充分腐熟，田间不用病草编织的草帘。

（2）生物防治。

在稻瘟病常发期，将稻瘟康按300倍液稀释进行喷雾，重点喷药的部位是植株的上部。发病前期：将稻瘟康按 300 倍液稀释，并添加适量渗透剂（如有机硅等），进行喷雾，重点喷药的部位是植株的上部，3 天用药 2 次。发病中后期：按奥力克稻瘟康 75mL + 大蒜油 15mL，兑水 15kg，稀释喷雾，隔 3 天 1 次，连用 2 ~ 3 次。

（3）化学防治

第一，防治叶瘟病应在 7 月上、中旬，叶瘟发生初期用药，每亩用 25% 氟硅唑·咪鲜胺 50 ~ 60mL 兑水喷雾或 45% 咪鲜胺 28 ~ 33mL 兑水喷雾，一般隔 1 周再喷 1 次。要预防穗颈瘟，在水稻始穗期、齐穗期各喷 1 次预防效果明显。

第二，使用 1000 亿孢子 / 克枯草芽孢杆菌，每亩用该药剂 25 ~ 30g 兑水喷雾，在病害初期或发病前施药效果最佳，施药时注意使药液均匀喷施至农作物各部位。

第三，使用 20% 三环唑，每亩用该药剂 75 ~ 100g 兑水 50 ~ 75kg，均匀喷雾。防治苗瘟，在秧苗 3 ~ 4 叶期或移栽前 5 天使用；防治叶瘟，在病初发期或出现急性病斑症状时及时用药，必要时间隔 10 ~ 15 天再用药 1 次；防治穗颈瘟，在水稻孕穗盛期或末期使用，病害严重时间隔 10 ~ 15 天再用药 1 次。使用 75% 三环唑，每亩用该药剂 20 ~ 27g 兑水 30 ~ 45kg，均匀喷雾，防治水稻叶瘟，在发病初期使用，隔 7 ~ 10 天后再喷 1 次；防治穗颈瘟，于水稻破口和齐穗期各施药 1 次。

第四，使用 40% 稻瘟灵，每亩用该药剂 66.5 ~ 100g 兑水 50 ~ 75kg，均匀喷雾。防治苗瘟，在插秧前 1 周，苗床喷雾；防治叶瘟，在发病前或发病初期用药；防治穗颈瘟，在孕穗后期或齐穗期使用，效果更佳。根据发病情况，酌情考虑用药次数，用药间隔为 1 ~ 2 周。

第五，使用 32.5% 苯甲·嘧菌酯，每亩用该药剂 30 ~ 50mL 兑水 50 ~ 75kg，均匀喷雾。

第六，使用 50% 多菌灵可湿性粉剂 1000 倍液及 0.4% 春雷霉素粉剂均能有效防治稻瘟病。

**（二）水稻纹枯病**

水稻纹枯病又称云纹病，俗名花足秆、烂脚瘟、眉目斑。纹枯病使水稻不能抽穗，或抽穗的秕谷较多，粒重下降。纹枯病在南方稻区为害严重，是当前水稻生产上的主要病害之一。

1. 症状

纹枯病核菌称为瓜亡革菌，属担子菌亚门真菌。无性态称立枯丝核菌，属半知菌亚门真菌。致病的主要菌丝融合群（AG）是 AG-1，占 95% 以上，其次是 AG-4 和 AG-Bb（双核丝核菌）。从菌丝生长速度和菌核开始产生所需时间来看，AG-1 和 AG-4 较快，而双核丝核菌 AG-Bb 较慢。在 23℃条件下，AG-1 形成菌核需 3 天，菌核深褐色，圆形或不规则形，较紧密，菌落色泽浅褐至深褐色；AG-4 菌落呈浅灰褐色，菌核形成需 3～4 天，褐色，不规则形，较扁平，疏松，相互聚集；AG-Bb 菌落呈浅灰褐色，菌核形成需 3～4 天，灰褐色，圆形或近圆形，大小较一致，一般生于气生菌丝丛中。

2. 病害特征

苗期至穗期都可发病。叶鞘染病：在近水面处产生暗绿色水浸状边缘模糊小斑，后渐扩大呈椭圆形或云纹形，中部呈灰绿或灰褐色，湿度低时中部呈淡黄或灰白色，中部组织破坏呈半透明状，边缘暗褐。发病严重时，数个病斑形成大病斑，呈不规则状云纹斑，常致叶片发黄枯死。叶片染病：病斑也呈云纹状，边缘褪黄，发病快时病斑呈污绿色，叶片很快腐烂。茎秆受害：症状似叶片，后期呈黄褐色，易折。穗颈部受害：初为污绿色，后变灰褐，常不能抽穗，抽穗的秕谷较多，千粒重下降。湿度大时，病部长出白色网状菌丝，后汇聚成白色菌丝团，形成菌核，菌核呈深褐色，易脱落。高温条件下病斑上产生一层白色粉霉层，即病菌的担子和担孢子。这些担子和担孢子是再侵染源和越冬病原菌。

3. 发生规律

病菌主要以菌核在土壤中越冬，也能以菌丝体在病残体上或在田间杂草等其他寄主上越冬。翌年春灌时菌核飘浮于水面与其他杂物混在一起，插秧后菌核黏附于稻株近水面的叶鞘上，条件适宜生出菌丝，侵入叶鞘组织为害，气生菌丝又侵染邻近植株。水稻拔节期病情开始激增，病害向横向、纵向扩展，抽穗前以叶鞘受害为主，抽穗后向叶片、穗颈部扩展。早期落入水中的菌核也可引发稻株再侵染。菌核数量多是引起发病的主要原因。每亩有 6 万粒以上菌核，遇适宜条件就可引发纹枯病流行。高温、高湿是发病的另一主要因素。气温在 18℃～34℃之间都可发生，以 22℃～28℃最适。发病相对湿度为 70%～90%，90% 以上最适。菌丝生长温限为 10℃～38℃，菌核在 12℃～40℃之间都能形成，菌核形成最适温度为 28℃～32℃。相对湿度在 95% 以上时，菌核就可萌发形成菌丝。6～10 天后又可形成新的菌核。日光能抑制菌丝生长促进菌核的形成。水稻纹枯病适宜在高温、高湿条件下发生和流行。生长前期雨日多、湿度大、气温偏低，病情扩展缓慢，中后期湿度大、气温高，病情迅速扩展，后期高温干燥抑制了病情。气温 20℃以上，相对湿度大于 90%，纹枯病开始发生，气温在 28℃～32℃，遇连续降雨，病害发展迅速。长期深灌，偏施、迟施氮肥，水稻过于茂盛、徒长，促进纹枯病发生和蔓延。

4. 发病条件

（1）菌核基数。

年轻病田、打捞菌核彻底的田或新开垦田，一般发病轻；反之，历年重病区、上年重病田、越冬菌核残留量多则发病重。但病情的继续发展，受稻丛小气候及水稻抗性的影响更大。

（2）气候条件。

纹枯病属高温、高湿病害。气温达 20℃ 以上，田间湿度达 90% 开始发病，气温上升到 28℃～32℃，相对湿度达 97% 时，最有利于病害的发展和流行。因此，夏秋高温高湿时间持续较长的年份，纹枯病发生一般较重。在北方单季稻区，7 月下旬至 8 月下旬，高温、多雨，有利于病害发生。

（3）水肥管理。

长期深水灌溉，会降低水稻抗性，发病重。据调查，晒田期间的株间相对湿度为 80%～90%，不晒田的则在 92%～96%。株间湿度达 90% 以上，就有利于纹枯病的发生。因此，合理灌溉、适时晒田可以减轻发病。肥料对纹枯病的影响与稻瘟病相似。

（4）品种抗性。

至今没有发现免疫品种，但感病程度有差异。一般矮秆阔叶型比高秆窄叶型易感病，粳稻比籼稻易感病，生育期较短的品种比生育期长的品种发病重。

5. 发病特点

该病是由真菌引起的，病原菌为担子菌亚门真菌的瓜亡革菌。病原菌在稻田中越冬，为初侵染源。春耕灌水时，越冬菌核与浮屑、浪渣混杂漂浮在水面上，黏附在稻株上进行侵染，形成病斑。病斑上的病菌通过接触侵染邻近稻株而在稻丛间蔓延。病部形成的菌核落入田中随水漂浮，进行再侵染。抽穗前病部新生菌丝以横向蔓延为主，抽穗后主要沿稻秆表面向上部叶鞘、叶片蔓延、侵染，孕穗至抽穗期侵染最快，抽穗至乳熟期单株，病害向上蔓延最快。早稻菌核成为晚稻主要病源。

6. 侵染循环

病菌主要以菌核在土壤中越冬，也能以菌丝和菌核在病稻草和其他寄主农作物或杂草的残体上越冬。水稻收割时，落入田中的大量菌核是次年或下季的主要初侵染源。据调查，水稻收割后遗留在田间的菌核数量，在一般病田，每亩平均在 10 万粒以上，严重病田每亩达 70 万～80 万粒，少数还高达 100 万粒以上。菌核的生活力极强，根据湖南的测定，在种植各种不同冬农作物的稻田中，在土表越冬的菌核其存活率达 96% 以上，在土表下 10～27cm 越冬的菌核存活率也达 88% 左右。春耕浇水耕耙后，越冬菌核飘浮于水面，插秧后随水漂流附在稻株基部叶鞘上，随着稻株分蘖和丛茎数的增加，附在稻株茎部的菌核数量也加多。在适温高湿的条件下，浮沉在水中的菌核均可萌发长出菌丝，菌丝在叶鞘上延伸并从叶鞘缝隙进入叶鞘内侧，先形成附着胞，通过气孔或直接穿破表皮侵入。潜育期少则 1～3 天，多则 3～5 天。

由于菌核随水传播，受季候风的影响多集中在下风向的田角，田面不平时，低洼处也有较多的菌核，因而这些地方最易发现病株。

7. 防治方法

(1) 农业防治。

第一，打捞菌核，减少菌源。当重病田灌水耙平时，用布网或细密的簸箕在田边打捞被风吹集在一起的浪渣，并将这种打捞出的浪渣带出田外深埋或烧毁。铲除田边杂草寄主，减少菌源。

第二，加强栽培管理，施足基肥，追肥早施，不可偏施氮肥，增施磷钾肥，采用配方施肥技术，使水稻前期不披叶，中期不徒长，后期不贪青。灌水做到分蘖浅水、够苗露田、晒田促根、肥田重晒、瘦田轻晒、长穗湿润、不早断水、防止早衰，要掌握"前浅、中晒、后湿润"的原则。

第三，选用良种，根据保山市各稻区的生产特点，在注重高产、优质、熟期适中的前提下，宜选用分蘖能力适中、株型紧凑、叶型较窄的水稻品种，以降低田间荫蔽作用，增加通透性及降低空气相对湿度，提高稻株抗病能力。

第四，合理密植，水稻纹枯病发生的程度与水稻群体的大小关系密切；群体越大，发病就越重。因此，适当稀植可降低田间群体密度，提高植株间的通透性，降低田间湿度，从而达到有效减轻病害发生及防止倒伏的目的。

(2) 生物防治。

在水稻秧苗 1～2 叶期时，使用青枯立克 50mL + 大蒜油 15mL，兑水 15kg 喷雾，5～7 天 1 次，连喷 2 次。病情严重时，可使用青枯立克 100mL + 大蒜油 15mL + 内吸性强的化学药剂，兑水 15kg 来进行喷雾，隔 3 天 1 次，连用 2 次即可控制病情。备注：为增强植株抗病能力，建议喷雾时每 15kg 水加叶面肥沃丰素 25mL。

(3) 化学防治。

使用井冈霉素与枯草芽孢杆菌或蜡质芽孢杆菌的复配剂，持效期比井冈霉素长，可以选用。丙环唑、烯唑醇、己唑醇等部分唑类杀菌剂对纹枯病防治效果好，持效期较长。烯唑醇、丙环唑等唑类杀菌剂对水稻体内的赤霉素形成有影响，能抑制水稻茎节拔长。这些杀菌农药在水稻上部 3 个拔长节间的拔长期使用，特别是超量使用，可能影响这些节间的拔长，严重的可造成水稻抽穗不良，出现包颈现象，其中烯唑醇等药制的抑制作用更为明显。恶霉灵或苯醚甲环唑与丙环唑或腈菌唑等三唑类的复配剂在水稻抽穗前后可以使用。使用 12.5% 井冈·蜡芽菌、32.5% 苯甲·嘧菌酯、30% 苯甲·丙环唑、30% 噻呋·己唑醇等复配制剂，对水稻纹枯病防治效果较为理想。

### (三) 稻曲病

稻曲病又名伪黑穗病、绿黑穗病、谷花病及青粉病，我国与日本还称其为"丰收病"，由真菌引起。1878 年库克首先从印度获得标本，1896 年高桥良直经过研究，将其命名为稻曲病并沿用至今。我国在明朝即对稻曲病有描述，李时珍《本草纲目》第 22 卷"硬谷奴，谷穗煤者"即指此。

1. 症状

稻绿核菌属半知菌亚门真菌。分生孢子座为 (6～12) μm×(4～6) μm，表面呈墨绿色，内层呈橙黄色，中心呈白色。分生孢子梗直径为 2～2.5μm。分生孢子单胞厚壁，表面有瘤突，近球形，长 4～5μm。菌核从分生孢子座生出，长椭圆形，长 2～20mm，在土表萌发产生子座，橙黄色，头部近球形，长 1～3mm，有长柄，头部外围生子囊壳，子囊壳瓶形，子囊无色，为圆筒形，长 180～22μm，子囊孢子无色，单胞，线形，大小为 (120～180) μm×(0.5～1) μm。厚垣孢子墨绿色，球形，表面有瘤状突起，大小为 (3～5) μm×(4～6) μm。有性态称稻麦角，属子囊菌亚门真菌。

2. 危害特征

该病只发生于穗部，为害部分谷粒。受害谷粒内形成菌丝块，渐膨大，内外颖裂开，露出淡黄色块状物，即孢子座，后包于内外颖两侧，呈黑绿色，初外包一层薄膜，后破裂，散生墨绿色粉末，即病菌的厚垣孢子，有的两侧生黑色扁平菌核，风吹雨打易脱落。河北、长江流域及南方各省稻区时有发生。

3. 发生规律

此病主要以菌核在土壤越冬，翌年 7—8 月间萌发形成孢子座，孢子座上产生多个子囊壳，其内产生大量子囊孢子和分生孢子；也可以厚垣孢子附在种子上越冬，条件适宜时萌发形成分生孢子。孢子借助气流传播散落，在水稻破口期侵害花器和幼器，造成谷粒发病。据江苏省农科院植保所研究，病菌侵染始于花粉母细胞减数分裂期之后和花粉母细胞充实期，而花粉母细胞充实期前后这段时间是侵染的重要时期。

4. 发病条件

病菌以落入土中的菌核或附于种子上的厚垣孢子越冬。翌年菌核萌发产生厚垣孢子，由厚垣孢子再生小孢子及子囊孢子进行初侵染。气温 24℃～32℃病菌发育良好，26℃～28℃最适，低于 12℃或高于 36℃不能生长。稻曲病侵染的时期有的学者认为以水稻孕穗至开花期侵染为主，有的认为厚垣孢子萌发侵入幼芽，随植株生长侵入花器为害，造成谷粒发病形成稻曲。抽穗扬花期遇雨及低温则发病重，抽穗早的品种发病较轻，施氮过量或穗肥过重加重病害发生，连作地块发病重。

5.防治方法

（1）农业防治。

第一，选用抗病品种，如南方稻区的广二104、选271、汕优36、扬稻3号、滇粳40号等。北方稻区有京稻选1号、沈农514、丰锦、辽粳10号等。

第二，预防，在稻曲病常发期，将稻瘟康按300倍液稀释，进行喷雾，重点喷药的部位是植株的上部；防治，使用稻瘟康50mL+大蒜油15mL，兑水15kg，进行喷雾，并添加适量渗透剂如有机硅等，进行全株喷雾，3天用药2次。改进施肥技术，基肥要足，慎用穗肥，采用配方施肥。浅水勤灌，后期见干见湿。

第三，避免病田留种，深耕翻埋菌核。发病时摘除并销毁病粒。

（2）化学防治。

氟硅唑·咪鲜胺加嘧啶核苷类农用抗生素120防治，或用2%福尔马林或0.5%硫酸铜浸种3~5小时；抽穗前每亩用25%多菌灵可湿性粉剂150~200g或于水稻孕穗末期每亩用14%络氨铜水剂250稻丰灵200g或5%井冈霉素水剂100g，兑水50kg喷洒；每亩用40%禾枯灵可湿性粉剂60~75g；以水稻抽穗前7~10天施药为宜；每亩用12.5%纹霉清水剂400~500mL；或12.5%g纹霉水剂300~450mL，或5%井冈霉素水剂400~500mL，兑水30~45kg喷雾。杀菌农药可减至每亩300mL，兑水喷雾。防治水稻稻曲病，使用12.5%井冈·蜡芽菌、30%苯甲·丙环唑、75%肟菌·戊唑醇等复配制剂，防治效果较好。

### （四）水稻胡麻叶斑病

水稻胡麻叶斑病，又称水稻胡麻叶枯病，属真菌病害，分布较广，全国各稻区均有发生。一般由于缺肥缺水等原因，引起水稻生长不良时发病严重。

1.症状

病原物无性态为稻平脐蠕孢霉，有性态为宫部旋孢腔菌，此菌的自然寄主有水稻、看麦娘、黍、稗等，

2.病害特征

农作物从秧苗期至收获期均可发此病，稻株地上部均可受害，尤以叶片最为普遍。芽期发病，芽鞘变褐，芽未抽出，子叶枯死。苗期叶片、叶鞘发病，多为生椭圆病斑，病斑如胡麻粒大小，暗褐色，有时病斑扩大连片成条形，病斑多时秧苗枯死。成株叶片染病，初为褐色小点，逐渐扩大为椭圆斑，如芝麻粒大小，病斑中央呈灰褐色至灰白色，边缘呈褐色，周围有深浅不同的黄色晕圈，严重时连成不规则大斑。病叶由叶尖向内干枯，潮湿时，死苗上产生黑色霉状物，即病菌分生孢子梗

和分生孢子。叶鞘上染病，病斑初呈椭圆形、暗褐色，边缘呈淡褐色、水渍状，后变为中心灰褐色的不规则大斑。穗颈、枝梗发病，病部呈暗褐色，造成穗枯。谷粒染病，早期受害的谷粒灰黑色扩至全粒造成瘪谷。后期受害的病斑小，边缘不明显。病重时，谷粒质脆易碎。在潮湿条件下，病部长出黑色绒状霉层，即病原菌分生孢子梗和分生孢子。此病易与稻瘟病相混淆，其病斑的两端无坏死线，是与稻瘟病的重要区别。

### 3. 发生规律

水稻胡麻叶斑病是由半知菌亚门稻平脐蠕孢侵染所致。病菌以菌丝体在病草、颖壳内或以分生孢子附着在种子和病草上越冬，成为翌年初侵染源。在干燥条件下，病斑上的分生孢子可存活 2~3 年，潜伏菌丝体能存活 3~4 年，菌丝翻入土中经一个冬季后失去活力。带病种子播后，潜伏菌丝体可直接侵害幼苗，分生孢子则借助气流传播至水稻植株上，从表皮直接侵入或从气孔侵入。条件适宜时很快出现病症，并形成分生孢子，借助风雨传播进行再侵染。

### 4. 发病条件

病菌菌丝生长适宜温度为 5℃~35℃，最适温度为 24℃~30℃；分生孢子形成的适宜温度为 8℃~33℃，以 30℃最适；孢子萌发的适宜温度为 2℃~40℃，以 24℃~30℃最适。孢子萌发须有水滴存在，相对湿度大于 92%。饱和湿度下温度 25℃~28℃，4 小时就可侵入寄主。

高温、高湿、有雾露存在时发病重。水稻品种间存在抗病差异。同品种中，一般苗期最易感病，分蘖期抗性增强，分蘖末期抗性又减弱，此与水稻在不同时期对氮素吸收能力有关。一般缺肥或贫瘠的地块，缺钾肥、土壤为酸性或砂质土壤漏肥漏水严重的地块，缺水或长期积水的地块，发病重。

### 5. 防治方法

防治方法以农业防治特别是深耕改土、科学管理肥水为主，辅以药物防治。

(1) 农业防治。

第一，选择在无病田留种，病稻草要及时处理销毁，深耕灭茬，压低菌源。

第二，按水稻需肥规律，采用配方施肥技术，合理施肥，增加磷、钾肥及有机肥，特别是钾肥的施用，可提高植物株抗病力。酸性土要注意排水，并施用适量石灰，以促进有机肥物质的正常分解，改变土壤酸度。实行浅灌、勤灌，避免长期水淹造成通气不良。

第三，种子消毒处理。稻种在消毒处理前，最好先晒 1~3 天，这样可促进种子发芽和病菌萌动，以利杀菌，之后用风、筛、簸、泥水、盐水选种，然后消毒。

（2）化学防治

重点在抽穗至乳熟阶段的发病初期喷雾防治，以保护剑叶、穗颈和谷粒不受侵染。具体方法参见本节稻瘟病的防治。

### （五）水稻黑条矮缩病

水稻黑条矮缩病是一种以飞虱为主要传毒介体，在我国南方稻区广为发生流行的一种水稻病毒性病害。

#### 1. 症状

水稻黑条矮缩病毒属于呼肠孤病毒科斐济病毒属成员，病毒呈粒体球状，直径 $70 \sim 75 \mu m$，存在于寄主植物韧皮部筛管及伴胞内，导致寄主植物矮化、沿叶脉肿瘤等症状；该病毒基因组由 10 个片段组成，由大到小分别命名为 S1-S10。南方水稻黑条矮缩病属呼肠孤病毒科斐济病毒属第 2 组的 1 个新种。

水稻黑条矮缩病病毒以灰飞虱传毒为主，介体一经染毒，终身带毒，但不经卵传毒。白脊飞虱和白条飞虱虽也能传毒，但传毒效率较低。褐飞虱不能传毒。

南方水稻黑条矮缩病毒则以白背飞虱传毒为主，该病毒可侵入白背飞虱体腔和唾液腺，并在其中大量复制，使得白背飞虱一旦获毒即保有终身传毒能力。灰飞虱亦能传毒，但效率较低。褐飞虱不能传毒。

#### 2. 病害特征

水稻黑条矮缩病在水稻整个生长期内都可能发生，发病越早，危害就越大，最终严重影响水稻产量。

秧田期，感病秧苗叶片僵硬直立，叶色墨绿，根系短而少，生长发育停滞；水稻分蘖期，感病植株明显矮缩，部分植株早枯死亡；水稻拔节时期，感病植株严重矮缩，高位分蘖，茎节倒生，有不定根，茎秆基部表面有纵向瘤状乳白色凸起；穗期，植株严重矮缩，不抽穗或抽包颈穗，穗小颗粒少，直接影响水稻产量。

#### 3. 发生规律

水稻黑条矮缩病的发生流行与灰飞虱种群数量消长、携毒传播数量相关。晚稻收获后，灰飞虱成虫转入田边杂草和冬播大小麦为害、越冬，越冬代成虫高峰出现在 3 月上、中旬，一代成虫高峰出现在 5 月上、中旬，以上时期成虫迁入早稻秧田和本田传毒侵染；6 月下旬至 7 月为二代成虫高峰期，迁入连晚秧田和单季晚稻本田传毒侵染；8—9 月受高温影响，灰飞虱种群数量下降，相对传毒扩散减少；10—11月气温适宜，种群数量上升，随晚稻收获而迁入越冬场所活动。观察结果表明，是否有病害的季节性流行与灰飞虱种群数量消长相关，特别是与秧苗期带毒灰飞虱种群数量关系最密切。

有关南方水稻黑条矮缩病的完整发生流行规律尚不明朗。该病害主要的越冬虫源、毒源地之一是越南，而飞虱的具体迁飞路径及时间相关报道较少。有报道表明，首批迁入华南、江南稻区的白背飞虱带毒率不高，一般在 2% 以下，但后期在田间染病植株上采样，其带毒率可高达 70% 甚至 80% 以上，表明该病毒后期扩繁再侵染能力较强。

4. 防治方法

由于水稻黑条矮缩病、南方水稻黑条矮缩病是一种系统性病害，发病因素较多，单单从一个角度着手防治，收效可能不理想。防治该病害应从以下几方面着手。

(1) 消灭传染源。

田边地头杂草是以上两种病毒的中间寄主，应予以重点防除。可每亩用 30% 草甘膦水剂 100 ~ 150mL，兑水 15kg，定向喷雾打田边及田埂杂草。

秧田期，首次迁入的飞虱同样是该病害的初侵染源，应在水稻催芽后，采用 35% 丁硫克百威种子干粉处理剂 10g，拌 2.5 ~ 2kg 种子，以干种子计，以防秧苗期飞虱迁入为害。

(2) 切断传播途径。

该病害主要通过灰飞虱、白背飞虱传毒为害，且不经卵传毒，不经种子传毒，说明该病害传毒途径较为单一，飞虱是重点防治对象。各期可每亩用 25% 吡蚜酮可湿性粉剂 20 ~ 40g 或 50% 烯啶虫胺可溶性粒剂 20 ~ 30g，兑水 15kg，均匀喷雾。

(3) 保护易感农作物。

除采取上述措施之外，采用药剂保护水稻植株不受感染同样是重要的一环。水稻植株在分蘖盛期之前较易感病，应在播种至分蘖盛期期间着重施药保护。

播种期：在水稻催芽后，可采用 30% 毒氟磷可湿性粉剂 15g 拌 1.5 ~ 2kg 种子，以干种子计，可减少水稻在秧苗期病毒的侵染。

移栽、抛秧前送嫁，移栽后 10 ~ 15 天两个时期：各期采用 30% 毒氟磷可湿性粉剂 15g，兑水 15kg，均匀喷雾。

水稻封行：可视田间发病情况，按照以上方法巩固施药 1 次。

注：以上各时期均应结合飞虱的防治。

## 二、水稻主要虫害防治

### (一) 稻飞虱

稻飞虱，属昆虫纲同翅目飞虱科害虫，俗名火蝶虫。以刺吸植株汁液为害水稻等农作物。常见种类有褐飞虱、白背飞虱和灰飞虱。

1. 分布

该病中国北方、长江流域以南各省、自治区发生较烈，见于朝鲜、南亚次大陆和东南亚，也见于日本。褐飞虱在中国北方各稻区均有分布；长江流域以南各省、自治区发生较烈。白背飞虱分布范围大体相同，以长江流域发生较多。这两种飞虱还分布于日本、朝鲜、南亚次大陆和东南亚。灰飞虱以华北、华东和华中稻区发生较多，也见于日本、朝鲜。3种稻飞虱都喜在水稻上取食、繁殖。褐飞虱能在野生稻上发生，多认为是专食性害虫。白背飞虱和灰飞虱则除水稻外，还取食小麦、高粱、玉米等其他农作物。

2. 形态特征

褐飞虱形态特征如下。成虫长翅型：雌虫，小盾板中间黄褐色，两边各有半月形黑褐色斑1个；雄虫为全部黑色。短翅型：雌虫，小盾板中间豆浆色，两边各有半月形黑褐色斑1个；雄虫全部黑色。卵：长0.8毫米，长卵圆稍弯，初产时为乳白色，渐变灰黄色，在较细一端出现1对黄色的眼点，卵成块，常15～30粒排列，卵痕不显著，卵块产在叶梢内侧，表皮常肿。若虫：体近椭圆形，腹部末端浑圆，初龄若虫体淡黄，眼暗呈赤黑色，腹背3～4节后缘白横带明显。大龄若虫：腹背白斑与白横带更明显，体色呈黄褐或暗褐色。

白背飞虱形态特征如下。成虫长翅形：雌虫的小盾片中央为黄白色，两侧为暗褐色；雄虫较小，小盾片中央为白色，两侧为黑色。短翅形：雌虫小盾片几乎为黄白色，两边淡为灰色；雄体灰黑，田间一般不易见到。卵：长卵圆形略弯，眼点红色，卵块排列松，成单行，卵帽不露出产卵痕外。若虫：橄榄形，腹末较尖，幼龄体灰白，以后变灰褐色，落水时后足左右平伸。白背飞虱成虫在水稻茎秆和叶背为害，一般取食部位都比褐飞虱和灰飞虱高，有趋光性和趋嫩性。产卵都在叶梢肥厚处，也有产在叶片础部中脉内和茎秆中。产卵痕较灰飞虱和褐飞虱大，成虫和若虫均能为害，但以分蘖盛期至孕穗期、抽穗期最为适宜。此时繁殖快，数量大，为害重。

灰飞虱在稻田中多产卵于稗草上，其产卵部位，都在稻、麦、稗草的下部叶梢及叶片基部中脉组织中。又能传播稻、麦、玉米等黑条矮缩病，条纹叶枯病，小麦丛矮病，玉米粗矮病。

3. 虫害特征

稻飞虱为害水稻，除直接刺吸汁液，使生长受阻，严重时稻丛成团枯萎，甚至全田死秆倒伏外，产卵也会刺伤植株，破坏输导组织，妨碍营养物质运输并传播病毒病。

4. 生活习性

稻飞虱长翅型成虫均能长距离迁飞，成虫和若虫均群集在稻丛下部茎秆上刺吸汁液，遇惊扰即跳落水面或逃离，趋光性强，且喜趋嫩绿，但灰飞虱的趋光性稍弱。

稻飞虱的越冬虫态和越冬区域因种类而异。褐飞虱在广西和广东南部至福建龙溪以南地区，各虫态皆可越冬。冬暖年份，越冬的北限在北纬23度~26度，凡冬季再生稻和落谷苗能存活的地区皆可安全越冬。在长江以南各省每年发生4~11代，部分地区世代重叠。其田间盛发期均植水稻穗期。白背飞虱在广西至福建德化以南地区以卵在自生苗和游草上越冬，越冬北限在北纬26度左右。在中国每年发生3~8代，为害单季中、晚稻和双季早稻较重。灰飞虱在华北以若虫在杂草丛、稻桩或落叶下越冬，在浙江以若虫在麦田杂草上越冬，在福建南部各虫态皆可越冬。华北地区每年发生4~5代，长江中、下游5~6代，福建7~8代。田间为害期虽比白背飞虱迟，但仍以穗期为害最烈。

稻飞虱长翅型的卵多产在稻丛下部叶鞘内，抽穗后或产卵于穗颈部内。褐飞虱取食时，口针伸至叶鞘韧皮部，先由唾腺分泌物沿口针凝成"口针鞘"抽吸汁液。植株嫩绿、荫蔽且积水的稻田虫口密度大。一般是先在田中央密集为害，后逐渐扩大蔓延。水稻孕穗至开花期的植株水溶性蛋白含量增高，有利短翅型的发生。此型雌虫产卵量大，雌性比例高，寿命长，常使褐飞虱虫口激增。在乳熟期后，长翅型比例上升，易引起迁飞。中国各稻区褐飞虱的虫源，有人认为主要由热带终年繁殖区迁来。

长翅型从南向北迁飞；在秋季又从北向南回迁。褐飞虱的迁飞属高空被动流迁类型，在迁飞过程中，遇天气影响，会在较大范围内同期发生突增或突减现象。但中国也有人持本地虫源见解。褐飞虱每雌一般产卵150~500粒。产卵痕初不明显，后呈褐色条斑。

白背飞虱的习性与褐飞虱相近似，但食性较广。长翅型成虫也具远距离被动迁飞特性。在稻株上的取食部位，比褐飞虱稍高，并可在水稻茎秆和叶片背面活动。长翅型雌成虫可产卵300~400粒，短翅型产卵量约高20%。少数产卵于叶片基部中脉内，产卵痕开裂。

灰飞虱先集中田边为害，后蔓延田中。越冬代以短翅型为多，其余各代长翅型居多，每雌产卵量100多粒。

褐飞虱生长发育的适宜温度为20℃~30℃，最适温度为26℃~28℃，相对湿度80%以上。在长江中、下游稻区，凡盛夏不热、晚秋不凉、夏秋多雨的年份，易酿成大发生。高肥密植稻田的小气候有利其生存。褐飞虱耐寒性弱，卵在0℃下经7天即不能孵化，长翅型成虫经4天即死亡。耐饥力也差，老龄若虫经3~5天、成虫经 3～6 天即饿死。食料条件适宜程度，对褐飞虱发育速度、繁殖力和翅型变化都有影响。在单、双季稻混栽或双、三季稻混栽条件下，易提供孕穗至扬花期适宜的营养条件，促使大量繁殖。中、迟熟、宽叶、矮秆品种的性状易构成有利褐飞虱繁殖的生境。不同水稻品种对褐飞虱为害有不同的反应，感虫品种植株中游离氨基酸、α-天门冬酰胺和 α-谷氨酸的含量较高，可刺激稻飞虱取食并使之获得丰富的营养，导致迅速繁殖。抗性品种植株中，上述氨基酸含量较低，而 α-氨基丁酸和草酸含量却较高，对褐飞虱生存和繁殖不利。在同一地区多年种植同一抗性品种，褐飞虱对该品种产生能适应的"生物型"，从而使该品种丧失抗性。在亚洲已发现褐飞虱有 5 种生物型。水稻田间管理措施也与褐飞虱的发生有关。凡偏施氮肥和长期浸水的稻田，较易暴发。褐飞虱的天敌已知 150 种以上，卵期主要有缨小蜂、褐腰赤眼蜂和黑肩绿盲蝽等；若虫和成虫期的捕食性天敌有草间小黑蛛、拟水狼蛛、拟环纹狼蛛、黑肩绿盲蝽、宽黾蝽、步行虫、隐翅虫和瓢虫等；寄生性天敌有稻飞螯蜂、线虫、稻虱虫生菌和白僵菌等。

白背飞虱对温度适应幅度较褐飞虱宽，能在 15℃～30℃下正常生存。要求相对湿度 80%～90%。初夏多雨、盛夏长期干旱，易引起大发生。在华中稻区，迟熟早稻常易受害。灰飞虱为温带地区的害虫，适温为 25℃左右，耐低温能力较强，而夏季高温则对其发育不利，华北地区 7—8 月降雨少的年份有利于大发生。天敌类群与褐飞虱相似。并经常在夏季的雨后出现，一般是在 5 月底，6 月初出现。

5. 生物学特性

稻飞虱的发生与迁入虫量、气候、水稻品种和生育期、栽培管理技术、天敌有密切关系。

(1) 白背飞虱迁入虫量是左右主害代发生程度的重要基础，而决定种群发展的前提是食料和气候条件。

(2) 褐飞虱喜温湿，生长与繁殖的适温为 20℃～30℃，最适温度为 26℃～28℃，相对湿度在 80% 以上。"盛夏不热，晚秋不凉，夏秋多雨"是褐飞虱大发生的气候条件；白背飞虱发育的最适温度为 22℃～28℃，相对湿度为 80%～90%。

(3) 水稻品种，如果是抗虫性弱的品种且水稻株型具有叶宽、秆矮、群体间比较荫蔽的农艺性状，容易构成稻飞虱繁殖的有利生境。

(4) 多施或偏施氮肥，稻株徒长、叶色浓绿和茎秆幼嫩，为稻飞虱提供了丰富的氮素营养物质，危害加重。

(5) 稻飞虱的天敌种类很多，采用天敌能有效抑制稻飞虱繁殖，如寄生蜂、蜘蛛等。

6.防治方法

（1）农业防治。

第一，充分利用国内外水稻品种抗性基因，培育抗飞虱丰产品种和多抗品种，因地制宜推广种植。

第二，对不同的品种或农作物进行合理布局，避免稻飞虱辗转为害。同时要加强肥水管理，适时适量施肥和适时露田，避免长期浸水。

第三，利用寄生蜂、蜘蛛等天敌抑制稻飞虱繁殖。

（2）化学防治。

根据虫情测报，掌握不同类型稻飞虱发生情况和天敌数量。推荐使用方法包括以下几个方面。

前期预防：10%醚菊酯悬浮剂。暴发时使用预防和速效性药物，如醚菊酯、马拉硫磷、毒死蜱、吡蚜酮、吡虫啉、噻嗪酮、烯啶虫胺等，或用克百威在根区施药。

在水稻孕穗期或抽穗期，2～3龄若虫高峰期，每亩用下列药剂：10%醚菊酯悬浮剂40～60mL、58%吡虫·杀虫单可湿性粉剂52～86g、44%吡·井·杀单可湿性粉剂100～120g、20%吡虫·三唑磷乳油100～120mL、10%噻嗪·吡虫啉可湿性粉剂30～50g、25%吡虫·辛硫磷乳油80～100mL、52%噻嗪·杀虫单可湿性粉剂80～100g、26%敌畏·吡虫啉乳油60～80mL、10%吡虫啉可湿性粉剂10～20g、25%噻嗪酮可湿性粉剂25～35g、48%毒死蜱乳油60～80mL、5%丁烯氟虫腈悬浮剂30～50mL，兑水30～45kg均匀喷雾。

在水稻孕穗末期或圆秆期，孕穗期或抽穗期，或灌浆乳熟期，每亩用下列药剂：25%噻嗪·异丙威可湿性粉剂100～120g、50%二嗪磷乳油75～100mL、25%速灭威可湿性粉剂100～200g、80%敌敌畏乳油100～150mL、20%异丙威乳油150～200mL、20%仲丁威乳油150～190mL、45%杀螟硫磷乳油55～95mL、45%马拉硫磷乳油95～110mL、50%混灭威乳油50～100mL、25%甲萘威可湿性粉剂200～260g，兑水50kg均匀喷雾。

## （二）二化螟

二化螟属鳞翅目螟蛾科，是为害我国水稻最为严重的常发性害虫之一。水稻在分蘖期受害造成枯鞘、枯心苗，在穗期受害造成虫伤株和白穗，一般年份减产3%～5%，严重时减产在三成以上。国内各稻区均有分布，较三化螟和大螟分布广，但主要以长江流域及以南稻区发生较重，近年来发生数量呈明显上升的态势。二化螟除危害水稻外，还能危害茭白、玉米、高粱、甘蔗、油菜、蚕豆、麦类，以及芦苇、稗、李氏禾。

1. 分布

二化螟在我国分布比较广泛，国内分布北达黑龙江克山县，南至海南岛，但其主要分布为害地区为湖南、湖北、四川、江西、浙江、福建、江苏苏北、安徽皖北、陕西、河南、辽宁，以及贵州、云南高原地带。国外分布于朝鲜、日本、菲律宾、越南、泰国、马来亚、印度尼西亚、印度、埃及等。

二化螟的发生特点是，丘陵山区发生较多。不同稻区之间的分布也有差异，一般混栽稻区、单季稻区和间作稻区，发生比较严重，平原双季连作稻区，发生比较轻。

2. 虫害特征

二化螟食性比较杂，寄主植物有水稻、茭白、野茭白、甘蔗、高粱、玉米、小麦、粟、稗、慈姑、蚕豆、油菜、游草等。以幼虫为害水稻，初孵幼虫群集叶鞘内为害，造成枯鞘，3龄以后幼虫蛀入稻株内为害，在水稻分蘖期造成枯心苗，在孕穗期造成枯孕穗，在抽穗期造成白穗，在成熟期造成虫伤株。

3. 形态特征

二化螟是螟蛾科昆虫的一种，俗名钻心虫、蛀心虫、蛀秆虫等，是水稻的劲敌。幼虫蛀食茎秆，造成枯心。成虫翅展雄约20mm，雌为25~28mm。头部为淡灰褐色，额为白色或烟色，圆形，顶端尖。胸部和翅基片呈白色或灰白，并带褐色。前翅为黄褐或暗褐色，中室先端有紫黑斑点，中室下方有3个斑排成斜线。前翅外缘有7个黑点。后翅呈白色，靠近翅外缘稍带褐色。雌虫体色比雄虫稍淡，前翅呈黄褐色，后翅呈白色。

4. 习性

二化螟幼虫为害禾本科植物，也取食十字花科蔬菜和各种杂草。二化螟成虫白天潜伏于稻株下部，夜间飞舞。大多在午夜以前交配。雌蛾交配后，间隔一日即开始产卵，产卵在晚8~9时最盛。1代多产卵于稻秧叶片表面距叶尖3~6cm处，但也能产卵在稻叶背面。

2代卵多产于叶鞘离地面约3cm附近。3代卵多产于晚稻叶鞘外侧。一只雌蛾能产卵2~3块，多者达10余块，一般平均5~6块，共200~700粒。

二化螟以幼虫越冬，主要在稻内，越冬期如遇浸水则易死亡。二化螟每年发生的代数因纬度而异，1代区在北纬36度~32度，2~4代区在北纬32度~26度，4代区在北纬26度~20度，5代区在北纬20度以内。在黑龙江省每年发生1代，江苏、浙江、福建、安徽、四川、贵州每年发生2~4代，中国最南的海南岛每年发生5代。除纬度以外，海拔高度也影响发生代数。自从水稻种植改革以后，由于单季稻变成多季交错播种，相应给二化螟提供了生活有利的充足食料，发生代数与数量均有变化。由于采取各种措施、使用药剂、实行农业防治，已能控制螟害。

5.防治方法。

采取防、避、治相结合的防治策略，以农业防治为基础，在掌握害虫发生期、发生量和危害程度的基础上合理施用化学农药。

(1)农业防治。

主要采取消灭越冬虫源、灌水灭虫、避害等措施。

第一，冬闲田在冬季或翌年早春3月底以前翻耕灌水。早稻草要放到远离晚稻田的地方曝晒，以防转移危害；晚稻草则要在春暖后化蛹前做燃料处理，烧死幼虫和蛹。

第二，4月下旬至5月上旬，即化蛹高峰至蛾始盛期，灌水淹没稻桩3~5天，能淹死大部分老熟幼虫和蛹，减少发生基数。

第三，尽量避免单、双季稻混栽，可以有效切断虫源田和桥梁田之间的联系，降低虫口数量。不能避免时，单季稻田提早翻耕灌水，降低越冬代数量；双季早稻收割后及时翻耕灌水，防止幼虫转移为害。

第四，单季稻区适度推迟播种期，可有效避开二化螟越冬代成虫产卵高峰期，降低危害程度。

第五，水源比较充足的地区，可以根据水稻生长情况，在1代化蛹初期，先排干田水2~5天或灌浅水，降低二化螟在稻株上的化蛹部位，然后灌水7~10cm深，保持3~4天，可使蛹窒息死亡；2代二化螟1~2龄期在叶鞘为害，也可灌深水淹没叶鞘2~3天，能有效杀死害虫。

(2)化学防治。

为充分利用卵期天敌，应尽量避开卵孵盛期用药。一般在早、晚稻分蘖期或晚稻孕穗、抽穗期卵孵高峰后5~7天，当枯鞘丛率在5%~8%，或早稻每亩有中心受害株100株或丛害率在1%~1.5%或晚稻受害团高于100个时，应及时用药防治，未达到防治指标的田块可挑治枯鞘团。当二化螟盛发时，水稻处于孕穗抽穗期，防治白穗和虫伤株，以卵盛孵期后15~20天成熟的稻田作为重点防治对象田。在生产上，使用较多的药剂品种是杀虫双、杀虫单、三唑磷等，一般每亩用80%杀虫单可溶性粉剂35~40g或25%杀虫双水剂200~250mL或20%三唑磷乳油100mL，兑水40~50kg喷雾，或兑水200kg泼浇或400kg，大水量泼浇。目前，许多稻区二化螟对杀虫双、三唑磷等已产生严重抗药性。

### (三)稻纵卷叶螟

稻纵卷叶螟属鳞翅目螟蛾科害虫，别名刮青虫。其分布北起黑龙江、内蒙古，南至中国台湾地区、海南的全国各稻区。

1. 分布

稻纵卷叶螟是中国水稻产区的主要害虫之一，广泛分布于各稻区。东北1年发生1～2代，长江中下游至南岭以北1年发生5～6代，海南南部1年发生10～11代，南岭以南以蛹和幼虫越冬，南岭以北有零星蛹越冬。越冬场所为再生稻、稻桩及湿润地段的李氏禾、双穗雀麦等禾本科杂草。该虫有远距离迁飞习性，在我国北纬30度以北地区，任何虫态都不能越冬。

2. 虫害特征

稻纵卷叶螟主要为害水稻，除为害水稻外，还可取食大麦、小麦、甘蔗、粟等农作物，及稗、李氏禾、雀稗、双穗雀稗、马唐、狗尾草、蟋蟀草、茅草、芦苇等杂草。以幼虫为害水稻，缀叶成纵苞，躲藏其中取食上表皮及叶肉，仅留白色下表皮。苗期受害影响水稻正常生长，甚至枯死；分蘖期至拔节期受害，分蘖减少，植株缩短，生育期推迟；孕穗后特别是抽穗到齐穗期剑叶被害，影响开花结实，空壳率提高，千粒重下降。一般而言，幼虫稍大便开始在水稻心叶吐丝，把叶片两边卷成为管状虫苞，虫子躲在苞内取食叶肉和上表皮，抽穗后，至较嫩的叶鞘内危害。严重时，被卷的叶片只剩下透明发白的表皮，全叶枯死。

3. 形态特征

雌成虫蛾体长8～9mm，翅展17mm，体、翅呈黄色，前翅前缘暗褐色，外缘具暗褐色宽带，内横线、外横线斜贯翅面，中横线短，后翅也有2条横线，内横线短，不达后缘。雄成虫体稍小，色泽较鲜艳，前、后翅斑纹与雌蛾相近，但前翅前缘中央具1黑色眼状纹。卵长1mm，近椭圆形，扁平，中部稍隆起，表面具细网纹，初白色，后渐变浅黄色。幼虫有5～7龄，多数5龄。末龄幼虫体长14～19mm，头褐色，体呈黄绿色或绿色，老熟时为橘红色，中、后胸背面具小黑圈8个，前排6个，后排2个。蛹长7～10mm，圆筒形，末端尖削，具钩刺8个，初为浅黄色，后变红棕色或褐色。

4. 习性

每年春季，成虫随季风由南向北而来，随气流下沉和雨水拖带降落下来，成为非越冬地区的初始虫源。秋季，成虫随季风回迁到南方进行繁殖，以幼虫和蛹越冬。如在安徽该虫也不能越冬，每年5—7月成虫从南方大量迁来成为初始虫源，在稻田内发生4～5代，各代幼虫为害盛期：1代6月上、中旬；2代7月上、中旬；3代8月上、中旬；4代在9月上、中旬；5代在10月中旬。生产上1、5代虫量少，一般以2、3代发生为害重。成虫白天在稻田里栖息，遇惊扰即飞起，但飞不远，夜晚活动、交配，把卵产在稻叶的正面或背面，单粒居多，少数2～3粒串生在一起，成虫有趋光性和趋向嫩绿稻田产卵的习性，喜欢吸食蚜虫分泌的蜜露和花蜜。卵期 3～6 天，幼虫期 15～26 天，共 5 龄，1 龄幼虫不结苞；2 龄时爬至叶尖处，吐丝缀卷叶尖或近叶尖的叶缘，即"卷尖期"；3 龄幼虫纵卷叶片，形成明显的束腰状虫苞，即"束叶期"；3 龄后食量增加，虫苞膨大，进入 4～5 龄频繁转苞为害，被害虫苞呈枯白色，整个稻田白叶累累。幼虫活泼，剥开虫苞查虫时，迅速向后退缩或翻落地面。老熟幼虫多爬至稻丛基部，在无效分蘖的小叶或枯黄叶片上吐丝结成紧密的小苞，在苞内化蛹，蛹多在叶鞘处或位于株间或地表枯叶薄茧中。蛹期 5～8 天，雌蛾产卵前期有 3～12 天，雌蛾寿命有 5～17 天，雄蛾有 4～16 天。该虫喜温暖、高湿。气温 22℃～28℃，相对湿度高于 80% 利于成虫卵巢发育、交配、产卵和卵的孵化及初孵幼虫的存活。因此，6—9 月雨日多，湿度大，利其发生，田间灌水过深，施氮肥偏晚或过多，引起水稻徒长，为害重。主要天敌有稻螟赤眼蜂，绒茧蜂等近百种。

稻纵卷叶螟在中国 1 年发生 2～9 代，自北向南逐渐递增。越冬情况，因地区而异，在中国可划分为三大区：一是周年为害区。1 月平均气温 16℃ 等温线以南，包括雷州半岛一线以南，冬季有再生稻和落谷稻等食料条件，可终年繁殖，无休眠现象。二是冬季休眠区。1 月平均最高气温 7.7℃ 等温线以南，即北纬 30 度以南至大陆南海岸线之间，以幼虫或蛹越冬。其中广东、广西和福建南部，越冬存活率较高；南岭以北的湖南、江西等省，虽有部分虫口在杂草、稻丛等处越冬，但越冬存活率极低。三是冬季死亡区。1 月平均最高气温 7℃ 等温线以北，包括湖北、安徽北部、江苏、河南、山东等省，任何虫态都不能安全越冬。

该虫的成虫有趋光性，喜荫蔽和潮湿，且能长距离迁飞，白天栖于荫蔽、高湿的农作物田，喜吸食花蜜。成虫羽化后 2 天常选择生长茂密的稻田产卵，历时 3～4 天，卵散产，少数 2～5 粒相连。每雌产卵量 40～50 粒，最多 150 粒以上。产卵位置因水稻生育期而异。卵多产在叶片中脉附近。1 龄幼虫在分蘖期爬入心叶或嫩叶鞘内侧啃食。在孕穗抽穗期，则爬至老虫苞或嫩叶鞘内侧啃食。2 龄幼虫可将叶尖卷成小虫苞，然后叶丝纵卷稻叶形成新的虫苞，幼虫潜藏虫苞内啃食。幼虫蜕皮前，常转移至新叶重新作苞。4、5 龄幼虫食量占总取食量 95% 左右，为害最大。每头幼虫一生可卷叶 5～6 片，多的达 9～10 片。老熟幼虫在稻丛基部的黄叶或无效分蘖的嫩叶苞中化蛹，有的在稻丛间，少数在老虫苞中。稻显纹纵卷叶螟成虫趋光性不强，卵多产于叶背面。3～5 粒呈鱼鳞状排列，少数单产。幼虫不甚活泼，转叶结苞甚少。老熟幼虫在老虫苞中化蛹。

5. 环境影响

稻纵卷叶螟发生和为害的程度常与下列因素有关。

（1）温、湿度。稻纵卷叶螟生长、发育和繁殖的适宜温度为 22℃～28℃，适宜相对湿度在80%以上。温度在30℃以上或相对湿度在70%以下，不利于它的活动、产卵和生存。在适温下，湿度和降雨量是影响发生量的一个重要因素，雨量适当，成虫怀卵率大为提高，产下的卵孵化率也较高；少雨干旱时，怀卵率和孵化率显著降低。但雨量过大，特别在盛蛾期或盛孵期连续大雨，对成虫的活动、卵的附着和低龄幼虫的存活都不利。

（2）种植制度和食料条件。一般是连作稻的发生世代多于间作稻。同时，迁飞状况也与水稻种植制度有关。纵卷叶螟蛾一般是从华南稻区向北迁飞至华中稻区，再从华中稻区向东北迁飞至华东稻区，或从华东向西北迁飞至北方稻区，以及从北方向南方回迁。这样的迁飞行为，除气象因素外，常由不同地区种植制度所决定的食料状况造成。各地迁飞基本上发生于水稻乳熟后期，可以说明这个问题。

（3）天敌。稻纵卷叶螟的天敌种类很多，寄生蜂主要有稻螟赤眼蜂、拟澳洲赤眼蜂、纵卷叶螟绒茧蜂等，捕食性天敌有步甲、隐翅虫、瓢虫、蜘蛛等，均对稻纵卷叶螟有重要的抑制作用。稻纵卷叶螟在各稻区田间种群的为害程度主要取决于水稻种植制度和水稻分蘖期、孕穗期与此虫发生期的吻合程度。如在长江中、下游稻区，1代幼虫在6月上旬盛发，发生量少，对双季早稻为害甚轻；2代幼虫在7月上、中旬盛发，发生量大，就会较重地为害双季早稻、1季中稻和早播1季晚稻；3代幼虫于8月上、中旬盛发，较重地为害迟插1季中、晚稻和连作晚稻；4代于9月中旬盛发，则为害迟插1季晚稻和连作晚稻。

6. 防治方法

（1）农业防治。

选用抗、耐虫水稻品种，合理施肥，使水稻生长发育健壮，防止前期猛发旺长，后期恋青迟熟。科学管水，适当调节搁田时间，降低幼虫孵化期田间湿度，或在化蛹高峰期灌深水2~3天，杀死虫蛹。

（2）生物防治。

我国稻纵卷叶螟天敌种类达80余种，各虫期均有天敌寄生或捕食，保护利用好天敌资源，可大大提高天敌对稻纵卷叶螟的控制作用。卵期寄生天敌如拟澳洲赤眼蜂，幼虫期天敌如纵卷叶螟绒茧蜂，捕食性天敌如蜘蛛、青蛙等，对稻纵卷叶螟都有很大控制作用。

如采用人工释放赤眼蜂，在稻纵卷叶螟产卵始盛期至高峰期，分期分批放蜂，每亩每次放3万~4万头，隔3天1次，连续放蜂3次。

喷洒杀螟杆菌、青虫菌等生物农药，每亩喷每克菌粉含活孢子量100亿的菌粉150~200g，兑水60~75kg，稀释成300~400倍液喷雾。为了提高生物防治效果，可加入药液量0.1%的洗衣粉作湿润剂。此外如能加入药液量1/5的杀螟松效果更好。

（3）化学防治。

根据水稻分蘖期和穗期易受稻纵卷叶螟危害，尤其穗期损失更大的特点，药剂防治的策略，应把握狠治穗期受害代，不放松分蘖期为害严重代的原则。药剂防治稻纵卷叶螟的施药时期应根据不同农药的残留时效的长短略有变化，击倒力强而残留时效较短的农药在孵化高峰后 1~3 天施药，残留时效较长的可在孵化高峰前或高峰后 1~3 天施药，但在实际生产中，应根据实际，结合其他病虫害的防治，灵活掌握。

实用药剂：20 亿单位棉铃虫核型多角体病毒、5% 阿维菌素乳油、48% 毒死蜱乳油、5% 氟铃脲乳油、10% 氟铃·毒死蜱乳油、3.2% 阿维菌素微乳剂等。使用化学药剂防治时注意轮换和混配用药，不同区域使用药剂请咨询当地植保技术专家。

掌握在幼虫 2、3 龄盛期或百丛有新束叶苞 15 个以上时，每亩喷洒 80% 杀虫单粉剂 35~40g 或 90% 晶体敌百虫 600 倍液，也可泼浇 50% 杀螟松乳油 100mL 兑水 400kg。此外，也可于 2~3 龄幼虫高峰期，每亩用 10% 吡虫啉可湿性粉剂 10~20g 与 80% 杀虫单可溶性粉剂 40g 混配，主防稻纵卷叶螟，兼治稻飞虱。

# 第二节　玉米病虫害的识别与防治策略

## 一、玉米主要病害防治

### （一）玉米大斑病

玉米大斑病又称条斑病、煤纹病、枯叶病、叶斑病等。玉米主要受害部位为叶片、叶鞘和苞叶。叶片染病先出现水渍状青灰色斑点，然后沿叶脉向两端扩展，形成边缘暗褐色、中央淡褐色或青灰色的大斑。后期病斑常纵裂。严重时病斑融合，叶片变黄枯死。潮湿时病斑上有大量灰黑色霉层。下部叶片先发病。在单基因的抗病品种上表现为褪绿病斑，病斑较小，与叶脉平行，色泽黄绿或淡褐色，周围暗褐色。有些表现为坏死斑。

1. 病害特征

田间地表和玉米秸垛内残留在病叶组织中的菌丝体及附着的分生孢子均可越冬，成为第二年发病的初侵染来源。而埋在地下 10cm 深的病叶上的菌丝体越冬后全部死亡。在玉米生长季节，越冬菌源产生孢子，随雨水飞溅或气流传播到玉米叶片上，在适宜温、湿度条件下萌发入侵。在感病品种上，病菌侵入后迅速扩展，约经 14 天左右，即可引起局部萎蔫，组织坏死，进而形成枯死病斑。在潮湿的气候条件下，病斑上可产生大量分生孢子，随气流传播，进行多次再侵染，造成病害流行。

田间始见病斑时间：在华北地区，春玉米在 6 月上旬始见病斑，夏玉米在 7 月中旬始见病斑。由于气候条件与玉米感病阶段吐丝灌浆期相吻合，夏玉米病情发展快，受害重。

2. 症状

玉米大斑病菌的分生孢子梗自气孔伸出，单生或 2～3 根束生，褐色不分枝，正直或膝曲，基细胞较大，顶端色淡，具 2～8 个隔膜，大小为（35～160）μm×（6～11）μm。分生孢子成梭形或长梭形，榄褐色，顶细胞钝圆或长椭圆形，基细胞尖锥形，有 2～7 个隔膜，大小为（45～126）μm×（15～24）μm，脐点明显，突出于基细胞外部。有性态称玉米毛球腔菌。自然条件下一般不产生有性世代。成熟的子囊果呈黑色，椭圆形或球形，大小为（359～721）μm×（345～497）μm，外层由黑褐色拟薄壁组织组成。子囊果壳口表皮细胞产生较多短而刚直、呈褐色的毛状物。内层膜由较小透明细胞组成。子囊从子囊腔基部长出，夹在拟侧丝中间，呈圆柱形或棍棒形，具短柄，大小为（176～249）μm×（24～31）μm。子囊孢子无色透明，老熟呈褐色，纺锤形，多为 3 个隔膜，隔膜处缢缩，大小为（42～78）μm×（13～17）μm。

大斑病菌分为对玉米有专化致病性的玉米专化型和对高粱有专化致病性的高粱专化型。玉米大斑病菌美国报道有 4 个生理小种。中国已发现 1 号、2 号和 3 号小种。1 号小种侵害具有水平抗性的多基因材料，产生萎蔫斑，在单基因材料上产生褪绿斑；2 号小种在这些材料上都产生萎蔫斑。2 号、3 号小种虽不是优势小种但呈上升趋势。

3. 传播途径

病原菌以菌丝或分生孢子附着在病残组织内越冬。成为翌年初侵染源，种子也能带少量病菌。病原菌在田间侵入玉米植株，经 10～14 天，在病斑上可产生分生孢子，借气流传播进行再侵染。玉米大斑病的流行除与玉米品种感病程度有关外，还与当时的环境条件关系密切。

4. 发病条件

品种抗病性是影响大斑病流行的重要因素，由于感病玉米杂交，大面积种植，在一些地区造成大斑病流行，损失严重。

玉米连茬地及离村庄近的地块，由于越冬菌源量多，初侵染发生得早而多，再加侵染频繁，易造成流行。

温度 20℃～25℃、相对湿度在 90% 以上利于病害发展。气温高于 25℃或低于15℃，相对湿度小于 60%，持续几天，病害的发展就受到抑制。在春玉米区，从拔节到出穗期间，气温适宜，又遇连续阴雨天，病害发展迅速，易大流行。玉米孕穗、出穗期间氮肥不足发病较重。低洼地、密度过大、连作地易发病。

5.防治方法

玉米大斑病的防治应以种植抗病品种为主，加强农业防治，辅以必要的药剂防治。

（1）农业防治。

第一，选种抗病品种。根据当地优势小种选择抗病品种，注意防止其他小种的变化和扩散，选用不同抗性品种及兼抗品种。如，京早1号、北大1236、中玉5号、津夏7号、冀单29、冀单30、冀单31、冀单33、长早7号、西单2号、本玉11号、本玉12号、辽单22号、绥玉6号、龙源101、海玉89、海玉9号、鲁玉16号、鄂甜玉1号、滇玉19号、滇引玉米8号、农大3138、农单5号、陕玉911、西农11号、中单2号、吉单101、吉单131、C103、丹玉13、丹玉14、四单8、郑单2、群单105、群单103、承单4、冀单2、京黄105、京黄113、沈单5、沈单7、本玉9、锦单6、鲁单15、鲁单19、思单2、掖单12、陕玉9号等。

第二，实行轮作、倒茬制度。避免玉米连作，秋季深翻土壤，深翻病残株，消灭菌源；对作燃料用的玉米秸秆，在开春后，应及早处理完，并可兼治玉米螟；病残体做堆肥要充分腐熟，秸秆肥最好不要在玉米地施用。

第三，改善栽培技术，增强玉米抗病性。适期早播，避开病害发生高峰。施足基肥，增施磷钾肥。做好中耕除草培土工作，摘除底部2~3片叶，降低田间相对湿度，使植株健壮，提高夏玉米高抗病力，早播可减轻发病。采取与小麦、花生、甘薯套种，宽窄行种植的办法。合理灌溉，洼地注意田间排水。

第四，压低菌源。玉米收获以后，彻底清除田内外病残组织，收集的病残组织连同收下的玉米秸秆经高温发酵沤熟施用。在以玉米秸秆为燃料的地方，应该合理安排烧柴顺序，力争将玉米秸秆在玉米出苗前后烧完。深翻土地或进行轮作，可以消灭埋在土壤里的病残体组织上的大斑病菌，轮作同时可以防治玉米丝黑穗病。

第五，增施肥料，加强管理。当玉米从营养生长转到生殖生长的发育中期，最易受大斑病菌的侵染，因此，在苗期和抽雄期阶段特别要注意增施氮肥，以保证苗期的苗壮成长和防止后期脱肥，提高玉米植株抗病性，凡生长健壮的玉米，大斑病发病轻。

第六，中耕、及时排水。改变田间的小气候，能促进植株发育健壮，增强抵抗病害的能力。

第七，适期播种。在气温较低的北方和南方山区，早播可以减轻发病，但早播玉米出苗慢，丝黑穗病发生重。因此，要注意播种期的调整。目前农药对大斑病的防治效果较差，同时，大斑病发病时施药困难，所以一般不用药剂防治。

（2）化学防治。

对于价值较高的育种材料及丰产田玉米，可在心叶末期到抽雄期或发病初期进行药剂防治。通常在玉米抽雄前后，当田间病株率达70%以上，病叶率在20%时，开始喷药。喷洒50%多菌灵可湿性粉剂500倍液或50%甲基硫菌灵可湿性粉剂600倍液、75%百菌清可湿性粉剂800倍液、25%苯菌灵乳油800倍液、40%g 瘟散乳油800~1000倍液，隔10天防治1次，连续防治2~3次。

### （二）玉米小斑病

玉米小斑病又称玉米斑点病，是由半知菌亚门丝孢纲丝孢目长蠕孢菌侵染所引起的一种真菌病害。为我国玉米产区重要病害之一，在黄河和长江流域的温暖潮湿地区发生普遍且严重，在安徽省淮北地区夏玉米产区发生严重。一般造成减产15%~20%，减产严重的达50%以上，甚至无收。

1. 病害特征

玉米小斑病在玉米整个生长期皆可发生，但以抽雄和灌浆期发病为重。主要为叶片受害，叶鞘、苞叶和果穗也可受害。叶片病斑呈椭圆形、纺锤形或近长方形，黄褐色或灰褐色，边缘色较深。抗病品种的病斑呈黄褐色坏死小斑点，周围具黄晕，斑面霉层病征不明显；感病品种的病斑的周围或两端可出现暗绿色浸润区，斑面上灰黑色霉层病征明显，病叶易萎蔫枯死。

该病常和大斑病同时出现或混合侵染，因主要发生在叶部，故统称叶斑病。发生地区，以温度较高、湿度较大的丘陵区为主。此病除危害叶片、苞叶和叶鞘外，对雌穗和茎秆的致病力也比大斑病强，可造成果穗腐烂和茎秆断折。其发病时间，比大斑病稍早。发病初期，在叶片上出现半透明水渍状褐色小斑点，后扩大为（5~16）$\mu m \times$（2~4）mm 大小的椭圆形褐色病斑，边缘呈赤褐色，轮廓清楚，上有2、3层同心轮纹。病斑进一步发展时，内部略褪色，后渐变为暗褐色。天气潮湿时，病斑上生出暗黑色霉状物即分生孢子盘。叶片受害后，常使叶绿组织受损，影响光合机能，导致减产。

2. 症状

有性态物称异旋孢腔菌，子囊座呈黑色，近球形，大小为（357~642）$\mu m \times$（276~443）$\mu m$，子囊顶端钝圆，基部具短柄，大小为（124.6~183.3）$\mu m \times$（22.9~28.5）$\mu m$。每个子囊内有4个或3个或2个子囊孢子。子囊孢子呈长线形，彼此在子囊里缠绕成螺旋状，有隔膜，大小为（146.6~327.3）$\mu m \times$（6.3~8.8）$\mu m$，萌发时1.子囊壳及分生孢子2.分生孢子梗及分生每个细胞均长出芽管。无性态的分生孢子梗散生在病叶孢子病斑两面，从叶上气孔或表皮细胞间隙伸出，为2~3根束生或单生，呈榄褐色或褐色，伸直或呈膝状曲折，基部细胞大，顶端略细为色较浅，下部色深为较粗，抱痕明显，生在顶点或折点上，具隔膜 3 ～ 18 个，一般 6 ～ 8 个，大小为 (80 ～ 156) μm × (5 ～ 10) μm。分生孢子从分生孢子梗的顶端或侧方长出，长椭圆形，多弯向一方，褐色或深褐色，具隔膜 1 ～ 15 个，一般 6 ～ 8 个，大小为 (14 ～ 129) μm × (5 ～ 17) μm，脐点明显。该菌在玉米上已发现 O、T 两个生理小种。T 小种对有 T 型细胞质的雄性不育系，有专化型，O 小种无这种专化型。

3. 传播途径

病原菌主要以菌丝体在病残株上越冬，分生孢子也可越冬，但存活率低。玉米小斑病的初侵染菌源主要是上年收获后遗落在田间或玉米秸秆堆中的病残株，其次是带病种子，从外地引种时，有可能引入致病力强的小种而造成损失。在玉米生长季节内，遇到适宜温、湿度，越冬菌源产生分生孢子，传播到玉米植株上，在叶面有水膜条件下萌发侵入寄主，遇到适宜发病的温、湿度条件，经 5 ～ 7 天即可重新产生新的分生孢子进行再侵染，这样经过多次反复再侵染造成病害流行。在田间，最初在植株下部叶片发病，向周围植株传播扩散、水平扩展，当病株率达一定数量后，向植株上部叶片扩展、垂直扩展。在自然条件下，还会侵染高粱。

4. 发病条件

病原菌主要以休眠菌丝体和分生孢子在病残体上越冬，成为翌年发病的初侵染源。分生孢子借风雨、气流传播，侵染玉米，在病株上产生分生孢子进行再侵染。发病适宜温度为 26℃ ～ 29℃。产生孢子最适温度为 23℃ ～ 25℃。孢子在 24℃ 下，1 小时即能萌发。遇充足水分或高温条件，病情迅速扩展。玉米孕穗、抽穗期降水多、湿度高，容易造成小斑病的流行。低洼地、过于密植荫蔽地、连作田发病较重。

5. 流行规律

小斑病菌属半知菌类丛梗孢目暗梗孢科长蠕孢属。现已知有 2 个生理小种。O 小种分布最广，主要侵害叶片；T 小种，对具有 T 型细胞质的玉米有专一的侵害能力，可以侵入花丝、籽粒、穗轴等，使果穗变成灰黑色造成严重减产。病菌以菌丝和分生孢子在病株残体上越冬，

第二年产生分生孢子，成为初次侵染源。分生孢子靠风力和雨水的飞溅传播，在田间形成再次侵染。其发病轻重，和品种、气候、菌源量、栽培条件等密切相关。一般，抗病力弱的品种，生长期中在露日多、露期长、露温高、田间闷热潮湿以及地势低洼、施肥不足等情况下，发病较重。在四川省条件下，播期越晚，发病越重。

6. 防治方法

玉米小斑病的防治应以种植抗病品种为主，加强农业防治，辅以必要的药剂防治。

（1）农业防治

第一，因地制宜选种抗病杂交种或品种。如掖单4号、掖单2号和3号、沈单7号、丹玉16号、农大60、农大3138、农单5号、华玉2号、冀单17号、成单9号和10号、北大1236、中玉5号、津夏7号、冀单29号、冀单30号、冀单31号、冀单33号、长旱7号、西单2号、本玉11号、本玉12号、辽单22号、鲁玉16号、鄂甜玉11号、鄂玉笋1号、滇玉19号、滇引玉米8号、陕玉911、西农11号等。

玉米小斑病的农业防治与大斑病大致相同。第一，需要实行轮作、倒茬制度；第二，需要改善栽培技术，增强玉米抗病性；第三，需要压低菌源；第四，需要增施肥料，加强管理；第五，要中耕、及时排水；第六，适期播种。

目前农药对小斑病的防治效果较差，同时小斑病发病时施药困难，所以一般不用药剂防治。

除此之外，还需要清洁田园，深翻土地，控制菌源。摘除下部老叶、病叶，减少再侵染菌源；降低田间湿度；加强栽培管理，在拔节及抽穗期追施复合肥，促进健壮生长，提高植株抗病力。

（2）化学防治

通常，在发病初期进行化学防治，用50%多菌灵可湿性粉剂500倍液，或65%代森锰锌可湿性粉剂500倍液，或70%甲基托布津可湿性粉剂500倍液，或75%百菌清可湿性粉剂800倍液，或农抗120水剂100～120倍液喷雾。从心叶末期到抽雄期，每7天喷1次，连续喷2～3次。

## （三）玉米圆斑病

玉米圆斑病在吉林、辽宁、河北等省均发生，主要为害果穗、苞叶、叶片和叶鞘。一般种子田感病率为10%～15%。

### 1.病害特征

我国发现玉米圆斑病主要为害吉63自交系。果穗染病从果穗尖端向下侵染，果穗籽粒呈煤污状，籽粒表面和籽粒间长有黑色霉层，即病原菌的分生孢子梗和分生孢子。病粒呈干腐状，用手捻动籽粒即成粉状。苞叶染病现不整形纹枯斑，有的斑深褐色，一般不形成黑色霉层，病菌从苞叶伸至果穗内部，为害籽粒和穗轴。叶片染病初，生成水浸状浅绿色至黄色小斑点，散生，后扩展为圆形至卵圆形轮纹斑。病斑中部浅褐色，边缘褐色，外围生黄绿色晕圈5个，大小为（5～15）mm×（3～5）mm。有时形成长条状线形斑，病斑表面也生黑色霉层。叶鞘染病时初生褐色斑点，后扩大为不规则形大斑，也具同心轮纹，表面产生黑色霉层。圆斑病穗腐病侵染自交系478时，果穗尖端黑腐的长度为5.3～9.3cm，占果穗长的2/5～3/5，果穗基部则不被侵染。在吉 63 自交系果穗上的症状与玉米小斑病菌 T 小种侵染 T 型不育系果穗上的症状相似，应注意区别。玉米圆斑病在自交系 478 及吉 63 上症状不同，可能是不同的反应型。

2. 症状

分生孢子梗呈暗褐色，顶端色浅，为单生或 2～6 根丛生，正直或有膝状弯曲，两端钝圆，基部细胞膨大，有隔膜 3～5 个，大小为（64.4～99）$\mu$m×（7.3～9.9）$\mu$m。分生孢子呈深橄榄色，长椭圆形，中央宽，两端渐窄，孢壁较厚，顶细胞和基细胞钝圆形，多数正直，脐点小，不明显，具隔膜 4～10 个，多为 5～7 个，大小为（33～105）$\mu$m×（12～17）$\mu$m，该菌有小种分化。

3. 传播途径

玉米圆斑病传播途径与大小斑病相似。由于穗部发病重，病菌可在果穗上潜伏越冬。翌年带菌种子的传病作用很大，有些染病的种子不能发芽而腐烂在土壤中，引起幼苗发病或枯死。此外，遗落在田间或秸秆垛上的病株残体，也可成为翌年的初侵染源。当条件适宜时，越冬病菌孢子传播到玉米植株上，经 1～2 天潜育萌发侵入，病斑上又产生分生孢子，借风雨传播，引起叶斑或穗腐，进行多次再侵染。

4. 发病条件

玉米从吐丝期至灌浆期，是该病侵入的关键时期。

5. 防治方法

（1）农业防治。

第一，选用抗病品种。目前抗圆斑病的自交系和杂交种有二黄、铁丹 8 号、英 55、辽 1311、吉 69、武 105、武 206、齐 31、获白、H84、017、吉单 107、春单 34 等。

第二，严禁从病区调种，在玉米出苗前彻底处理病残体，减少初侵染源。

第三，加强检疫，严禁从病区调种，选用无病田留种。在玉米收获后彻底处理病残体，减少来年侵染源。

第四，因地制宜选用抗病品种。用新高脂膜加种衣剂拌种，能驱避地下病虫，隔离病毒感染，不影响萌发吸胀功能，加强呼吸强度，提高种子发芽率。适期播种，合理密植。

第五，加强田间管理。增施有机肥，同时喷施新高脂膜增强肥效；注意排灌排涝，降低田间温度，提高植株抗病能力；在孕穗期，要喷施壮穗灵，可强化农作物生理机能，提高授粉、灌浆质量，增加千粒重。

（2）化学防治。

在玉米吐丝盛期，即 50%～80% 果穗已吐丝时，向果穗上喷洒 25% 三唑酮可湿性粉剂 500 ~ 600 倍液或 50% 多菌灵、70% 代森锰锌可湿性粉剂 400 ~ 500 倍液，或氟硅唑乳油 800 倍液，隔 7 ~ 10 天 1 次，连续防治 2 次。

对感病品种，也可在播种前用种子重量 0.3% 的 15% 三唑酮可湿性粉剂拌种。

对感病的自交系或品种，于果穗青尖期喷洒 25% 三唑酮可湿性粉剂 1000 倍液或 40% 福星乳油 8000 倍液，隔 10 ~ 15 天 1 次，防治 2 ~ 3 次。

### (四) 玉米丝黑穗病

玉米丝黑穗病又称乌米、哑玉米，在华北、东北、华中、西南、华南和西北地区普遍发生。此病自 1919 年在中国东北首次报道以来，扩展蔓延很快，每年都有不同程度发生。从中国来看，以北方春玉米区、西南丘陵山地玉米区和西北玉米区发病较重。一般年份发病率在 2% ~ 8%，个别地块达 60% ~ 70%，损失惨重。虽然玉米丝黑穗病现已基本得到控制，但仍是玉米生产的主要病害之一。

1. 病害特征

玉米丝黑穗病的典型病症是雄性花器变形，雄花基部膨大，内为 1 包黑粉，不能形成雄穗。雌穗受害果穗变短，基部粗大，除苞叶外，整个果穗为 1 包黑粉和散乱的丝状物，严重影响玉米产量。

(1) 玉米丝黑穗病的苗期症状。

玉米丝黑穗病属苗期侵入的系统侵染性病害。一般在穗期表现为典型症状，主要使雌穗和雄穗受害。受害严重的植株，在苗期可表现各种症状。幼苗分蘖增多呈丛生形，植株明显矮化，节间缩短，叶片颜色暗绿挺直，农民称此病状为"个头矮、叶子密、下边粗、上边细、叶子暗、颜色绿、身子还是带弯的"。有的品种叶片上出现与叶脉平行的黄白色条斑，有的幼苗心叶紧紧卷在一起，呈鞭状。

(2) 玉米丝黑穗病的成株期症状。

玉米成株期病穗上的症状可分为两种类型，即黑穗和变态畸形穗。

黑穗病穗除苞叶外，整个果穗变成 1 个黑粉包，其内混有丝状寄主维管束组织，故名为丝黑穗病。受害果穗较短，基部粗，顶端尖，近似球形，不吐花丝。

变态畸形穗是由于雄穗花器变形而不形成雄蕊，其颖片因受病菌刺激而呈多叶状；雌穗颖片也可能因病菌刺激而过度生长成管状长刺，呈刺猬头状，长刺的基部略粗，顶端稍细，中央空松，长短不一，由穗基部向上丛生，整个果穗呈畸形。

2. 症状

厚垣孢子近圆球形或卵形，黑褐或赤褐色，直径 9 ~ 14 μm，表面有细刺，萌发时产生细菌丝和担孢子。玉米丝黑穗病与高粱丝黑穗病病菌是同 1 个种的 2 个不同生理型。玉米丝黑穗病菌主要为害玉米的雄穗 (天花) 和雌穗 (果穗)，一旦发病，通常全株没有产量。受害轻的雄穗呈淡褐色，分枝少，无花粉，重则全部或部分被破坏，外面包有白膜，形状粗大，白膜破裂后，露出结团的黑粉，不易飞散。小花全部变成黑粉，少数尚残存颖壳，有的颖壳增生成小叶状，长 4~5cm。病果穗较短，基部膨大，端部尖而向外弯曲，多不抽花丝，苞叶枯黄向一侧开裂，内部除穗轴外，全部分变成黑粉，初期外有灰白膜，后期白膜破裂，露出结块的黑粉，干燥时黑粉散落，仅留丝状残存物。受害较轻的雌穗，可保持灌浆前的粒形，但籽粒压破后仍为黑粉，也有少数仅中、上部被破坏，基部籽粒呈 3~5cm 长的芽状物或畸形成成丛生的小叶物，内含少量黑粉。此外，早期病株多表现为全身症状，植株发育不良，表现矮化、节间缩短；叶片丛生，色暗绿，稍窄小伸展不匀，生有黄白色条斑；茎弯曲，基部稍粗，分蘖增多，重则甚至早死。多数病株，前期不表现症状，植株较正常株矮 1/3~2/5，果穗以上部分显著细弱。有的病株前期没有异常表现，但抽穗迟。

玉米丝黑穗病的病原菌为孢堆黑粉，属担子菌亚门孢堆黑粉属，病组织中散出的黑粉为冬孢子，冬孢子呈黄褐色或暗紫色，球形或近球形，直径为 9~14μm，表面有细刺。冬孢子在成熟前常集合成孢子球并由菌丝组成的薄膜所包围，成熟后分散。冬孢子萌发温度范围为 25℃~30℃，适温约为 25℃，低于 17℃ 或高 32.5℃ 不能萌发；缺氧时不易萌发。病菌发育温度范围为 23℃~36℃，最适温度为 28℃。冬孢子萌发最适 pH 值为 4.0~6.0，中性或偏酸性环境利于冬孢子萌发，但偏碱性环境抑制萌发。丝黑粉菌有明显的生理分化现象。侵染玉米的丝黑粉菌不能侵染高粱；侵染高粱的丝黑粉菌虽能侵染玉米，但侵染力很低，这是两个不同的专化型。

丝黑穗病菌属担子菌纲黑粉菌目黑粉菌科轴黑粉病属。此菌厚垣孢子呈圆形或近圆形，黄褐色或紫褐色，表面有刺。孢子群中混有不孕细胞。厚垣孢子萌发产生分隔的担子，侧生担孢子，担孢子可芽殖产生次生担孢子。厚垣孢子萌发适温度是 27℃~31℃，低于 17℃，或高于 32.5℃ 不能萌发。厚垣孢子从孢子堆中散落后，不能立即萌发，必须经过秋、冬、春长时间的感温的过程，使其后熟，方可萌发。

3. 传播途径

该菌主要以冬孢子的形式在土壤中越冬，有些则混入粪肥或黏附在种子表面越冬。土壤带菌是最主要的初次侵染来源，种子带菌则是病害远距离传播的主要途径。冬孢子在土壤中能存活 2~3 年。冬孢子在玉米雌穗吐丝期开始成熟，且大量落到土壤中，部分则落到种子上（尤其是收获期）。播种后，一般在种子发芽或幼苗刚出土时侵染胚芽，有的在 2~3 叶期也发生侵染（有报道认为侵染终期为 7~8 叶期）。冬孢子萌发产生有分隔的担孢子，担孢子萌发生成侵染丝，从胚芽或胚根侵入，并很快扩展到茎部且沿生长点生长。花芽开始分化时，菌丝则进入花器原始体，侵入雌穗和雄穗，最后破坏雄花和雌花。由于玉米生长锥生长较快，菌丝扩展较慢，未能进入植株茎部生长点，这就造成有些病株只引起雌穗发病而雄穗无病的现象。

幼苗期侵入是系统侵染病害。玉米播后发芽时，越冬的厚垣孢子也开始发芽，从玉米的白尖期至4叶期都可侵入，并到达生长点，随玉米植株生长发育，进入花芽和穗部，形成大量黑粉，成为丝黑穗，产生大量冬孢子越冬。连作时间长及早播玉米发病较重；高寒冷凉地块易发病；沙壤地发病轻；旱地墒情好的发病轻；墒情差的发病重。

4. 发病条件

感病品种的大量种植，是导致丝黑穗病严重发生的因素之一。另外，病原菌可能出现新的生理小种，导致原来抗病的品种丧失抗性。

长期连作致使土壤含菌量迅速增加。据报道，如果以病株率来反映菌量，那么土壤中含菌量每年可大约增长10倍。

使用未腐熟的厩肥。据试验，施猪粪的田块发病率为0.1%，而沟施带菌牛粪的田块发病率高达17.4%～23%，铺施牛粪的田块发病率为10.6%～11.1%。

种子带菌未经消毒、病株残体未被妥善处理都会使土壤中菌量增加，导致该病的严重发生。

玉米从播种至出苗期间的土壤温、湿度与发病关系极为密切。土壤温度在15℃～30℃范围内都利于病菌侵入，以25℃最为适宜。土壤湿度过高或过低都不利于病菌侵入，在20%的湿度条件下发病率最高。另外，海拔较高、播种过深、种子生活力弱的情况下发病较重。

侵染温限为15℃～35℃，适宜侵染温度为20℃～30℃，25℃最适。土壤含水量低于12%或高于29%不利其发病。

5. 防治方法

（1）农业防治。

第一，选用抗病品种是解决该病的根本性措施。一般双亲抗病，杂种1代也抗病，双亲感病，杂种1代也感病。所以在抗病育种工作中，应选择优良抗病自交系作亲本，以获得抗病的后代。抗病的杂交种如丹玉2号、丹玉6号、丹玉13号、中单2号、吉单101、吉单131、四单12号、辽单2号、锦单6号、本育9号、掖单11号、掖单13号、酒单4号、陕单9号、京早10号、中玉5号、津夏7号、冀单29、冀单30、长早7号、本玉12号、辽单22号、龙源101、海玉8号、海玉9号、西农11号、张单251、农大3315等。

第二，拔除病株。玉米丝黑穗病主要为害雌、雄穗，但苗期已表现病状，且随着叶龄的增加，特征越明显，确诊率越高。拔除病苗应做到坚持把"三关"即苗期剔除病苗、怪苗、可疑苗；拔节、抽雄前拔除病苗；抽雄后继续拔除，彻底扫除残留病菌，并对病株进行认真处理。拔除的病株要深埋、烧毁，不要在田间随意丢放。

第三，加强耕作栽培措施。

①合理轮作。与高粱、谷子、大豆、甘薯等农作物，实行3年以上轮作。

②调整播期，提高播种质量。播期适宜并且播种深浅一致，覆土厚薄适宜。

③施用净肥减少菌量。禁止用带病秸秆等喂牲畜和做积肥。肥料要充分腐熟后再施用，减少土壤病菌来源。

④清洁田园。处理田间病株残体，同时，在秋季进行深翻土地，减少病菌来源，从而减轻病害发生。

⑤调整播期，提高播种质量。适当迟播，采用地膜覆盖新技术。及时拔除新病田病株，减少土壤带菌。

第四，加强检疫。各地应自己制种，如在外地调种时，应做好产地调查，防止由病区传入带菌种子。

(2) 化学防治。

用药剂处理种子是综合防治中不可忽视的重要环节。有拌种、浸种和种衣剂处理3种方法。玉米丝黑穗病的传染途径是种子、土壤、粪肥带菌。玉米在苗期，土中的病菌都能从幼芽和幼根入侵，所以，药剂防治必须选择内吸性强、残效期长的农药，效果才比较好。三唑类杀菌剂拌种防治玉米丝黑穗病效果较好，大面积防效可稳定在60%～70%。在生产上，推广使用以下几种药剂进行种子处理。

用根保种衣剂在玉米播种前按药种1∶40进行种子包衣或用10%烯唑醇乳油20g湿拌玉米种100kg，堆闷24小时，防治玉米丝黑穗病，防效优于使用三唑酮。也可用种子重量0.3%～0.4%的三唑酮乳油拌种或40%拌种或50%多菌灵可湿性粉剂按种子重量0.7%拌种或12.5%速保利可湿性粉剂用种子重量的0.2%拌种，采用此法需先喷清水把种子湿润，然后与药粉拌匀后晾干，即可播种。此外，还可用0.7%的50%萎锈灵可湿性粉剂或50%敌克松可湿性粉剂、0.2%的50%福美双可湿性粉剂拌种。用20%萎锈灵1kg，加水5kg，拌玉米种75kg，闷4小时效果也很好。用50%矮壮素液剂加水200倍稀释，浸种12小时，效果也较好。

### (五) 玉米黑粉病

玉米黑粉病又名瘤黑粉病，是常见的玉米病害之一，由玉米黑粉菌侵害所致。玉蜀黍黑粉菌所致的玉蜀黍病害，为害茎、叶、雌穗、雄穗、腋芽等幼嫩组织。

1.病害特征

该病为害植株地上部的茎、叶、雌穗、雄穗、腋芽等幼嫩组织。受害组织受病原菌刺激肿大成瘤。病瘤未成熟时，外披白色或淡红色具光泽的柔嫩组织，以后变为灰白或灰黑色，最后外膜破裂，放出黑粉即病菌厚垣孢子。病瘤形状和大小因发病部位不同而异。叶片和叶鞘上的瘤大小似豆粒，不产生或很少产生黑粉。茎节、果穗上瘤大如拳头。同一植株上常多处生瘤，或同一位置数个瘤聚在一起。植株茎秆多扭曲，病株较矮小。玉米受害越早，果穗越小，甚至不能结穗。该病能侵害植株任何部位，形成肿瘤，破裂后散出黑粉。有别于丝黑穗病，丝黑穗病一般只侵害果穗和雄穗，并有杂乱的黑色丝状物。

玉米黑粉病是局部侵染病害，玉米的气生根、茎、叶、叶鞘、雌穗、雄穗等均可受害。病组织肿大成菌瘿，所以又叫玉米瘤黑粉病，菌瘿外包有一层薄膜，初为白色或淡紫红色，逐渐变为灰黑色，内部充满黑粉。叶片上病瘤分布在叶基部中脉两侧或叶鞘上，病瘤小而多，常密集成串或成堆，病部肿厚突起成泡状，其反面略凹入。茎秆上的病瘤一般发生在各节的基部，病瘤大小不等，1株玉米可产生多个病瘤。雄穗受害，部分小花长出囊状或角状小病瘤，1个雄穗上可长出10多个病瘤。果穗受害一般发生在穗上部；通常为部分果穗受害，仍能结出一部分籽粒，但也有全穗受害而成为1个大病瘤。如果整个果穗受害变成病瘤，要注意与丝黑穗病区别：黑粉病的病瘤外有一层薄膜、发亮，成熟前薄膜破裂，呈湿腐状，轻压常有水液流出；丝黑穗病不成瘤状、干燥。

病原菌形态特征：病瘤内的黑粉即病原菌的厚垣孢子，黄褐色，球形或卵圆形，表面密生刺状突起，萌发产生孢子，其上生担孢子（小孢子），担孢子萌发产生侵染丝，入侵玉米。厚垣孢子没有休眠期，干燥孢子可存活较长时间。孢子萌发的适宜温度为26℃～30℃，在自然条件下，分散的孢子不易长期存活，但集结成块的厚垣孢子，无论在地表或土内存活期均较长。担孢子对不良环境的忍耐力较强，一般只要有数小时的雨、露，即可萌发入侵，这对病菌在田间的传播和再侵染十分有利。

2. 症状

厚垣孢子呈球形或卵形，黄褐色，表面具明显细刺，大小为8～12μm；厚垣孢子萌发时产生有隔的先菌丝，侧生4个无色梭形担孢子；担孢子萌发产生侵染丝，芽殖产生的次生小孢子也能萌发产生侵染丝。玉米黑粉菌以异宗结合方式进行繁殖，在人工培养基上以连续芽殖方式形成菌落。该菌有多个生理小种。

3. 传播途径

病菌在土壤、粪肥或病株上越冬，成为翌年初侵染源。种子带菌进行远距离传播。春季气温回升，在病残体上越冬的厚垣孢子萌发产生担孢子，随风雨、昆虫等传播，引致苗期和成株期发病形成肿瘤，肿瘤破裂后厚垣孢子还可进行再侵染。该病在玉米抽穗开花期发病最快，直至玉米老熟后才停止侵害。

4. 发病条件

厚垣孢子萌发适温为26℃～30℃，最高38℃，最低5℃。担孢子萌发适温20℃～25℃，最高为40℃，侵入适温为26.7℃～35℃。这两种孢子萌发后可不经气孔直接侵入发病。高温高湿利于孢子萌发。寄主组织柔嫩，有机械伤口病菌易侵入。玉米受旱，抗病力弱，遇微雨或多雾、多露，发病重。前期干旱，后期多雨或干湿交替易发病。连作地或高肥密植地发病重。

玉米收获后，厚垣孢子在土壤中或病株残体上越冬，成为第2年侵染来源，混入堆肥中和附在种子表面的孢子也是初侵染来源。春、夏季遇适宜温、湿度条件，越冬的厚垣孢子萌发产生担孢子，随风雨传播到玉米幼嫩组织或叶鞘基部缝隙而侵入。一般较耐旱和果穗苞叶长而且包得紧的品种比较抗病，马齿型玉米和早熟品种也较抗病，农家品种多不抗病。连作地和距村庄近的地块，由于土壤中积累的菌源多，发病较重。雨水多，湿度大的年份发病重。种植密度过大，偏施氮肥以及遭玉米螟为害，有冰雹、人为活动等造成伤口，利于病菌侵染。

5. 防治方法

(1) 农业防治。

第一，种植抗病品种。一般耐旱品种较抗病，马齿型玉米较甜玉米抗病；早熟品种较晚熟品种发病轻。如综3、478系、803系、5005系等易感黑粉病，农大108、户单2000、农大81、郑单958等品种。

第二，加强农业防治。早春防治玉米螟等害虫，防止造成伤口。在病瘤破裂前割除深埋。秋季收获后清除田间病残体并深翻土壤。实行3年轮作。施用充分腐熟有机肥。注意防旱，防止旱涝不均。抽雄前适时灌溉，勿受旱。采种田在去雄前割净病瘤，集中深埋，不可随意丢弃在田间，以减少病菌在田间传播。

第三，加强栽培管理，合理密植。避免偏施氮肥，灌溉要及时，特别在抽雄前后的易感病阶段，必须保证水分供应足。

(2) 化学防治。

化学防治可用15% 三唑酮可湿性粉剂拌种，用药量为种子量的0.4%；在玉米快抽穗时，用1% 的波尔多液喷雾，有一定保护作用；在玉米抽穗前10天左右，用50% 福美双可湿性粉剂500～800倍液喷雾，可以减轻黑粉病的再侵染。

### (六) 玉米纹枯病

玉米纹枯病是一种真菌性病害，对春玉米的危害主要在籽粒形成期至灌浆期，对夏玉米为害时间长，从苗期2叶期即发生为害。该病主要侵害叶鞘和叶片。基部叶鞘感病后，初在叶鞘基部产生淡褐色水渍状小斑，中央呈灰白色，边缘呈褐色。

病斑多时，可形成云纹状灰白色大斑，使叶鞘腐败，叶片枯死，并逐渐向上扩展。该病初侵染主要是散落于玉米田土表或浅土层的菌核。6月上、中旬玉米田温湿度条件适宜时，土表的菌核开始萌发形成菌丝，侵染玉米基部叶鞘，并逐渐向上蔓延发展。

玉米纹枯病在中国最早于1966年在吉林省有发生报道。之后，由于玉米种植面积的迅速扩大和高产密植栽培技术的推广，玉米纹枯病发展蔓延较快，已在全国范围内普遍发生，且危害日趋严重，一般发病率在70%～100%，造成的减产损失在10%～20%，严重的高达35%。由于该病害为害玉米近地面几节的叶鞘和茎秆，引起茎基腐败，破坏输导组织，影响水分和营养的输送，因此造成的损失较大。

1. 病害特征

该病主要为害叶鞘，也可为害茎秆，严重时引起果穗受害。发病初期多在基部1～2茎节叶鞘上产生暗绿色水渍状病斑，后扩展融合成不规则形状或云纹状大病斑。病斑中部灰褐色，边缘深褐色，由下向上蔓延扩展。穗苞叶染病也产生同样的云纹状斑。果穗染病后秃顶，籽粒细扁或变褐腐烂。严重时根茎基部组织变为灰白色，次生根为黄褐色或腐烂。多雨、高湿持续时间长时，病部长出稠密的白色菌丝体，菌丝进一步聚集成多个菌丝团，形成小菌核。

2. 症状

立枯丝核菌属半知菌亚门真菌，有性态称瓜亡革菌。此外，禾谷丝核菌中的CAG-3、CAG-6、CAG-8、CAG-9、CAG-10等菌丝融合群也是该病重要的病原菌，其中CAG-10对玉米致病力强。中国不同玉米种植区玉米纹枯病的立枯丝核菌的菌丝融合群及致病性不同。引发典型症状的主要是立枯丝核菌AG-1IA菌丝融合群。在华北地区，AG-11A、AG-11B、AG-3、AG-54菌丝融合群都能侵染玉米。西南地区广泛分布着AG-4、AG-1IA2菌丝融合群，其中AG-4对玉米幼苗致病力较强，成株期AG-1IA的致病力较强。该菌群是一种不产孢的丝状真菌。菌丝在融合前常相互诱引，形成完全融合或不完全融合或接触融合3种融合状态。玉米纹枯病菌为多核的立枯丝核菌，具3个或3个以上的细胞核，菌丝直径6～10μm。菌核由单一菌丝尖端的分枝密集而形成，或由尖端菌丝密集而成。该菌在土壤中形成薄层蜡状或白粉色网状或网膜状子实层。担子为桶形或亚圆筒形，较支撑担子的菌丝略宽，上具3～5个小梗，梗上着生担孢子；担孢子椭圆形至宽棒状，基部较宽，大小为（7.5～12）μm×（4.5～5.5）μm，担孢子能重复萌发形成2次担子。

3. 传播途径

病菌的菌丝和菌核在病残体或在土壤中越冬。翌春，条件适宜，菌核萌发产生菌丝侵入寄主，之后病部产生气生菌丝，在病组织附近不断扩展。菌丝体侵入玉米表皮组织时产生侵入结构。接种6天后，菌丝体沿表皮细胞连接处纵向扩展，随即纵、横、斜向分枝，菌丝顶端变粗，生出侧枝缠绕成团，紧贴寄主组织表面形成侵染垫和附着胞。通过电镜观察发现，附着胞以菌丝直接穿透寄主的表皮或从气孔侵入，后在玉米组织中扩展。接种后12天，在下位叶鞘细胞中发现菌丝，有的充满细胞，有的穿透胞壁进入相邻细胞，使原生质颗粒化，最后细胞崩解。接种后16天，AG-IA从玉米气孔中伸出菌丝丛，叶片出现水浸斑。24天后，AG-4使苞叶和下位叶鞘上出现病症。再侵染是通过与邻株接触进行的，所以该病是短距离传染病害。

### 4.发病条件

播种过密、施氮过多、湿度大、连阴雨多易引起发病。主要发病期在玉米性器官形成至灌浆充实期。苗期和生长后期发病较轻。

温湿度条件是影响玉米纹枯病发生的主要因素。25℃~30℃的气温、90%以上相对湿度，是玉米纹枯病发生发展的适宜气候条件。在病害发生期，特别是在梅雨季节，雨期长、雨日多，湿度大，病害发生重。此外，土壤肥沃发病较轻，反之则发病较重；生育期长的品种发病重于生育期短的品种；连作田比轮作田发病重；氮肥施用过多，长势过旺，密度过大，植株间通风透光条件差的田块发病重；地势低洼，排水不良的田块发病重。

该病主要发生在玉米生长后期，即籽粒形成期至灌浆期，苗期很少发生。该病主要危害叶鞘和果穗，也可侵害茎秆。最初在近地面的1~2节叶鞘发病，逐渐向上扩展。病斑初呈水浸状，呈椭圆形或不规则形，中央为灰褐色，边缘为深褐色，常多个病斑扩大、汇合、连片，似云纹状斑块，包围整个叶鞘，使叶鞘腐败，并引起叶枯。病斑可扩展至果穗，危害果穗。果穗苞叶上产生云纹状病斑，较大，可扩展至整个果穗苞叶，可侵入果穗内部，使籽粒、穗轴变褐腐烂。茎秆被害病斑为褐色，呈不规则形，后期破裂，严重时露出纤维。当天气潮湿时，病斑上可见到稀疏的白色丝状菌丝体。病部组织内，或叶鞘与茎秆间，常产生褐色颗粒状菌核，菌核周围有少量菌丝和寄主相连。成熟的菌核为灰褐色，大小不等，形状各异，多为扁圆形，可脱离落入土壤中。

### 5.防治方法

(1)农业防治。

第一，选择生育期短、抗病能力强的优质高产品种或杂交种，如渝糯2号、本玉12号等。

第二，实行轮作，合理密植，注意开沟排水，降低田间湿度，结合中耕消灭田间杂草，扩行缩株种植，改善田间通风透光条件。

第三，清除病原，及时深翻消除病残体及菌核。发病初期摘除病叶，并用药剂涂抹叶鞘等发病部位。

第四，科学施用肥料。施足基肥，适施氮肥，增施有机肥，补施钾肥，配施磷锌肥。

第五，加强田间管理。配套田间沟系，降低田间湿度，控制发病条件。培土壅根防倒伏，抑制菌丝生长。摘除基部老叶病叶，带出田外销毁。

（2）化学防治

用浸种灵按种子重量 0.02% 拌种后，堆闷 24～48 小时。发病初期，喷洒 1% 井冈霉素 500g 兑水 200kg，或用 50% 甲基硫菌灵可湿性粉剂 500 倍液、50% 多菌灵可湿性粉剂 600 倍液、50% 苯菌灵可湿性粉剂 1500 倍液、50% 退菌特可湿性粉剂 800～1000 倍液；也可用 40% 菌核净可湿性粉剂 1000 倍液或 50% 农利灵或 50% 速克灵可湿性粉剂 1000～2000 倍液。隔 7～10 天再防治 1 次。施药前要剥除病叶叶鞘。喷药重点为玉米基部，保护叶鞘。

## 二、玉米主要虫害防治

### （一）玉米螟

玉米螟属鳞翅目螟蛾科害虫，俗名钻心虫。玉米螟是具有巨大危害潜力的世界性害虫，也是中国玉米生产的第一大害虫。该虫害发生范围大，面积广，造成的危害重。特别是近年来甜玉米的扩大种植，致使危害加重，往往会造成严重的产量和质量上的损失，严重时可造成玉米减产 15%～30%。

1. 分布

玉米螟主要分布于我国辽宁、吉林、黑龙江、河北、河南、山东、山西、陕西、江苏、浙江、四川、广西、广东、台湾等地。

2. 虫害特征

玉米螟食性杂，是玉米生产中比较常见的害虫，可为害玉米、高粱、谷子、棉花、大麻、小麦、大麦、马铃薯、豆类、向日葵、甘蔗、甜菜、茄子、番茄等 20 多种植物。在寄主的种类上，玉米螟明显地偏向取食玉米。幼虫危害玉米。

玉米螟在玉米的各个生育时期都可以为害玉米植株的地上部分，取食叶片、果穗、雄穗。在玉米心叶期，新孵化的幼虫生活在叶鞘内，取食叶肉或蛀食未展开的心叶，造成"花叶"；抽穗后钻蛀茎秆，雌穗发育受阻，造成减产，蛀孔处易倒折；在穗期，蛀食雌穗、嫩粒、穗轴，影响籽粒灌浆，造成籽粒缺损、霉烂，品质下降，对玉米生产威胁很大。各地的春、夏、秋播玉米都有不同程度受害，尤以夏播玉米最重。玉米螟，使受害部分丧失功能，降低籽粒产量。

3. 形态特征

老熟幼虫体长 20~30mm，淡褐色，头壳及前胸背板为深褐色有光泽，体背灰黄或呈微褐色，背线明显，呈暗褐色，片面显著，中后胸毛片每节 4 个，腹部 1~8节，每节 6 个，前排 4 个较大，后排 2 个较小，腹足趾钩 3 序缺环。

成虫为黄褐色，雄蛾体长 10~13mm，翅展长 20~30mm，体背为黄褐色，腹末较瘦尖，触角为丝状、灰褐色，前翅黄褐色，有两条褐色波状横纹，两纹之间有两条黄褐色短纹，后翅呈灰褐色；雌蛾形态与雄蛾相似，色较浅，前翅鲜黄，线纹呈浅褐色，后翅呈淡黄褐色，腹部较肥胖。

卵呈扁平椭圆形，数粒至数十粒组成卵块，呈鱼鳞状排列，初为乳白色，渐变为黄白色，孵化前卵的一部分为黑褐色，为幼虫头部，称黑头期。

蛹长为 15~18mm，黄褐色，长纺锤形，尾端有刺毛 5~8 根。

4. 发生规律

亚洲玉米螟普通分布在东北各省玉米种植区。玉米螟 1 年发生 1~6 代，末代老熟幼虫在农作物或野生植物茎秆、穗轴内越冬。第 2 年春季即在茎秆内化蛹。成虫羽化后，白天隐藏在农作物及杂草间，傍晚飞行，飞翔力强，有趋光性。夜间交配，雌蛾喜在即将抽雄穗的植株上产卵，产在叶背中脉两侧或茎秆上。幼虫孵化后先群集于玉米心叶喇叭口处或嫩叶上取食，被害叶长大时显示出成排小孔。玉米抽雄穗授粉时，幼虫为害雄花、雌穗，并从叶片、茎部蛀入，造成风折、早枯、缺粒、瘦瘪等现象。

5. 发生条件

玉米螟的发生代数随纬度的不同而有显著的差异。在中国，北纬 45 度以北发生 1 代，45 度~40 度发生 2 代，40 度~30 度发生 3 代，30 度~25 度发生 4 代，25度~20 度发生 5~6 代。海拔越高，发生代数就越少。在四川省 1 年发生 2~4 代，温度高、海拔低地区，发生代数较多。通常，老熟幼虫在玉米茎秆、穗轴内或高粱、向日葵的秸秆中越冬，次年 4—5 月化蛹，蛹经过 10 天左右羽化。成虫夜间活动，飞翔力强，有趋光性，寿命 5~10 天，喜欢在离地 50cm 以上、生长较茂盛的玉米叶背面中脉两侧产卵，1 个雌蛾可产卵 350~700 粒，卵期 3~5 天。幼虫孵出后，先聚集在一起，然后在植株幼嫩部分爬行，开始为害。初孵幼虫，能吐丝下垂，借风力飘迁邻株，形成转株危害。幼虫多为 5 龄，3 龄前主要集中在幼嫩心叶、雄穗、苞叶和花丝上活动取食，被害心叶展开后，即呈现许多横排小孔；4 龄以后，大部分钻入茎秆。玉米螟的危害，主要是因为叶片被幼虫咬食后，会降低其光合效率；雄穗被蛀，常易折断，影响授粉；苞叶、花丝被蛀食，会造成缺粒和秕粒；茎秆、穗柄、穗轴被蛀食后，形成隧道，破坏植株内水分、养分的输送，使茎秆倒折率增加，籽粒产量下降。玉米螟适合在高温、高湿条件下发育，冬季气温较高，天敌寄生量少，有利于玉米螟的繁殖，造成的危害较重；卵期干旱，玉米叶片卷曲，卵块易从叶背面脱落而死亡，造成的危害也较轻。

6. 防治方法

（1）农业防治.

第一，选用抗虫品种。玉米不同品种在抗玉米螟方面有差异，选择高抗虫害玉米品种能科学有效地防治玉米螟虫害的发生和发展。

第二，消灭越冬虫源。在春季，蛹化羽之前，一般在3月底以前，将上年的秸秆完全处理干净。把玉米秸秆及穗轴当燃料烧掉、粉碎还田或锄碎后沤制高温堆肥，穗轴也可用于生产糖醛，就可以消灭虫源。

第三，采用科学的种植方式。合理的间、混、套种能显著减少玉米的被害株数，使天敌明显增多。如采用玉米与花生、红花苜蓿间作，玉米套红薯、间大豆、间花生等种植方式。

第四，人工去雄。在玉米螟为害严重的地区，在玉米抽雄初期，玉米螟多集中在即将抽出的雄穗上为害。人工去除2/3的雄穗，带出田外烧毁或深埋，可消灭一部分幼虫。

（2）物理防治。

第一，利用螟蛾的趋光性。在成虫发生期，利用高压汞灯对玉米螟成虫具有强烈的诱导作用。在田外村庄每隔150m装一盏高压汞灯，灯下修直径为1.2m的圆形水池，诱杀玉米螟成虫，将大量成虫消灭在田外村庄内，减少田间落卵量，减轻下代玉米螟造成的危害，又不杀伤天敌。

第二，利用性信息素防治。利用玉米螟雌蛾对雄蛾释放的性信息素具有明显趋性的原理，采用人工合成的性信息素放于田间，诱杀雄虫或干扰雄虫寻觅雌虫交配的正常行为，使雌虫不育，减少下一代玉米螟的数量，而达到控制玉米螟的目的。当越冬代玉米螟化蛹率达50%，羽化率达10%左右时开始，直到当代成虫发生末期的1个月时间内，在长势好的玉米行间，每亩安放1个诱盆，使盆比农作物高10~20cm，把性诱芯挂在盆中间，盆中加水至2/3处，可以诱杀成虫，减轻下一代玉米螟的危害。

（3）生物防治。

第一，释放赤眼蜂。赤眼蜂是一种卵寄生性昆虫天敌。能寄生在多种农、林、果、菜害虫的卵和幼虫中。用于防治玉米螟，安全、无毒、无公害、方法简单、效果好。在玉米螟产卵期释放赤眼蜂，选择晴天大面积连片放蜂。放蜂量和次数根据螟蛾卵量确定。一般每公顷释放15万~30万头，分2次释放，每公顷放45个点，在点上选择健壮玉米植株，在其中部一个叶面上，沿主脉撕成两半，取其中一半放上蜂卡，沿茎秆方向轻轻卷成筒状，叶片不要卷得太紧，将蜂卡用线、钉等钉牢。应掌握在赤眼蜂的蜂蛹后期，个别出蜂时释放，把蜂卡挂到田间 1 天后即可大量出现。

第二，利用生物药剂防治。僵菌封垛：白僵菌可寄生在玉米螟幼虫和蛹上。在早春越冬幼虫开始复苏、化蛹前，对残存的秸秆，逐垛喷洒白僵菌粉封垛。方法是每立方米秸秆垛，用每克含 100 亿孢子的菌粉 100g，喷 1 个点，即将喷粉管插入垛内，摇动把子，当垛面有菌粉飞出即可。白僵菌丢心：一般在玉米心叶中期，用 500g 含孢子量为 50 亿 ~ 100 亿的白僵菌粉，兑煤渣颗粒 5kg，每株施入 2g，可有效防治玉米螟的危害。苏云金芽孢杆菌可湿性粉剂防治：在玉米螟卵孵化期，田间喷施每 mL 100 亿个孢子的苏云金芽孢杆菌可湿性粉剂 200 倍液，有效控制虫害。

（4）化学防治。

敌敌畏与甲基异硫磷混合滞留熏蒸一代螟虫成虫，能有效控制玉米螟成虫产卵，减低幼虫数量。

防治幼虫可在玉米心叶期，在玉米心叶初见排孔、幼龄幼虫群集心叶而未蛀入茎秆之前，采用 1.5% 辛硫磷颗粒剂或 3%g 百威颗粒剂，以 1∶15 的比例与细煤渣拌匀，使用点施器施药，沿垄边走边点施，每株点施一下，将药剂点施于喇叭口内。

在玉米抽穗期，花丝蔫须后，剪掉花丝，用 90% 晶体敌百虫 500g、水 150kg、黏土 250kg 配制成泥浆涂于剪口，效果良好；也可用 50% 或 80% 的敌敌畏乳油 600 ~ 800 倍液，或用 90% 晶体敌百虫 800 ~ 1000 倍液，或 50% 的辛硫磷乳油 800 ~ 1000 倍液，滴于雌穗花柱基部，灌注露雄的玉米雄穗。也可将上述药液施在雌穗顶端花柱基部，药液可渗入花柱，熏杀在雌穗的幼虫。

### （二）玉米蚜

玉米蚜属同翅目蚜科，俗名麦蚰、腻虫、蚁虫，是危害玉米的一种有害生物，可为害玉米、水稻及多种禾本科杂草。苗期以成蚜、若蚜群集在心叶中为害，抽穗后为害穗部，吸收汁液，妨碍玉米生长，还能传播多种禾本科谷类病毒。天敌有异色瓢虫、七星瓢虫、龟纹瓢虫、食蚜蝇、草蛉和寄生蜂等。

1. 分布

玉米蚜主要分布于我国辽宁、吉林、黑龙江、河北、河南、山东、山西、陕西、江苏、浙江、四川、广西、广东、台湾等地。

2. 虫害特征

玉米蚜在玉米苗期群集在心叶内，刺吸为害草；随着植株生长，集中在新生的叶片为害；孕穗期多密集在剑叶内和叶鞘上为害。该虫边吸取玉米汁液，边排泄大量蜜露，覆盖在叶面上的蜜露影响光合作用，易引起霉菌寄生，被害植株长势衰弱，发育不良，产量下降。成、若蚜刺吸植物组织汁液，引致叶片变黄或发红，影响生长发育，严重时造成植株枯死。

玉米蚜多群集在心叶，为害叶片时分泌蜜露，产生黑色霉状物。别于高粱蚜。玉米蚜在紧凑型玉米上主要为害雄花和上层 1 ~ 5 叶，刺吸玉米的汁液，致叶片变黄枯死，常使叶面生霉变黑，影响光合作用，降低粒重，并传播病毒病造成减产。

3. 形态特征

无翅孤雌蚜体长呈卵形，长为 1.8 ~ 2.2mm，活虫为深绿色，披薄白粉，附肢为黑色，复眼为红褐色；腹部第 7 节毛片黑色，第 8 节具背中横带，体表有网纹；触角、喙、足、腹管、尾片黑色。触角 6 节，长短为体长的 1/3。喙粗短，不达中足基节，端节为基宽 1.7 倍；腹管呈长圆筒形，端部收缩，腹管具覆瓦状纹。尾片圆锥状，具毛 4 ~ 5 根。

有翅孤雌蚜呈长卵形，体长 1.6 ~ 1.8mm，头、胸黑色发亮，腹部为黄红色或深绿色，腹管前各书有暗色侧斑；触角 6 节比身体短，长度为体长的 1/3，触角、喙、足、腹节间、腹管及尾片呈黑色；腹部 2 ~ 4 节各具 1 对大型缘斑，第 6、7 节上有背中横带，8 节中带贯通全节；其他特征与无翅型相似。卵为椭圆形。

4. 发生规律

在我国该虫从北到南 1 年发生 10 至 20 余代，在河南省，无翅胎生雌蚜在小麦苗及禾本科杂草的心叶里越冬。4 月底、5 月初向春玉米、高粱迁移。玉米抽雄前，一直群集于心叶内繁殖为害，抽雄后扩散至雄穗、雌穗上繁殖为害，扬花期是玉米蚜繁殖为害的最有利时期，故防治适宜期应在玉米抽雄前。平均气温 23℃ 左右，相对湿度 85% 以上，玉米正值抽雄扬花期时，最适于玉米蚜的增殖为害，而暴风雨对玉米蚜有较大控制作用。杂草较重发生的田块，玉米蚜也偏重发生。

5. 发生条件

玉米蚜在长江流域 1 年发生 20 多代，冬季以成、若蚜形态在大麦心叶或以孤雌成、若蚜形态在禾本科植物上越冬。翌年 3、4 月开始活动为害，在 4、5 月麦子黄熟期，产生大量有翅迁移蚜，迁往春玉米、高粱、水稻田繁殖为害。该蚜虫终生营孤雌生殖，虫口数量增加很快，在华北，5—8 月为害严重。高温干旱年份发生多。在江苏，玉米蚜苗期开始为害，6 月中、下旬玉米出苗后，有翅胎生雌蚜在玉米叶片背面为害、繁殖，虫口密度升高以后，逐渐向玉米上部蔓延，同时产生有翅胎生雌蚜向附近株上扩散，到玉米大喇叭口末期蚜量迅速增加，扬花期蚜量猛增，在玉米上部叶片和雄花上群集为害，如条件适宜为害持续到 9 月中、下旬玉米成熟前。

植株衰老后，气温下降，蚜量减少，后产生有翅蚜飞至越冬寄主上准备越冬。一般8、9月玉米生长中后期，均温低于28℃，适其繁殖，此间如遇干旱、旬降雨量低于20mm，易造成猖獗为害。

6.防治方法

（1）农业防治。

第一，采用麦棵套种玉米栽培法，此法比麦后播种的玉米提早10～15天播种，能避开蚜虫繁殖的盛期，可减轻造成的错误。

第二，在预测、预报基础上，根据蚜量、天敌单位占蚜量的百分比，气候条件，以及该蚜发生情况，确定用药种类和时期。

（2）化学防治。

用玉米种子重量0.1%的10%吡虫啉可湿粉剂浸拌种，播后25天防治苗期蚜虫、蓟马、飞虱效果优异。

玉米进入拔节期，发现中心蚜株，可喷撒0.5%乐果粉剂或40%乐果乳油1500倍液。当有蚜株率达30%～40%，出现"起油株"时应进行全田普治，可撒施乐果毒砂，每亩用40%乐果乳油50g兑水5kg稀释后，喷在20kg细砂土上，边喷边拌，然后把拌匀的毒砂均匀地撒在植株上。也可喷洒50%辛硫磷乳油1000倍液。

在玉米大喇叭口末期，每亩用3%呋喃丹颗粒剂1.5kg，均匀地灌入玉米心内，若怕灌不均匀，可在呋喃丹中掺入2～3kg细砂混匀后使用。此外，还可选用10%吡虫啉可湿性粉剂2000倍液喷雾。

在玉米抽穗初期调查，当100株玉米蚜量达4000头，有蚜株率在50%以上时，应进行药剂防治。药剂可选用10%吡虫啉可湿性粉剂1000倍液，或0.36%绿植苦参碱水剂500倍液，或10%高效氯氰菊酯乳油2000倍液，或2.5%三氟氯氰菊酯2500倍液，或50%抗蚜威可湿性粉剂2000倍液均匀喷雾。也可选用辟蚜雾、吡虫啉等药剂防治或采用黄板诱蚜的方法防治。

**（三）玉米旋心虫**

玉米旋心虫为鞘翅目粉虫科昆虫。玉米旋心虫俗称玉米蛀虫，主要为害玉米，也危害高粱、谷子。近年来，该虫害呈上升趋势，主要为幼虫为害玉米等农作物。玉米旋心虫以幼虫蛀入玉米苗基部为害，常造成花叶或形成枯心苗，重者分蘖较多，植株畸形，不能正常生长。玉米旋心虫为害严重的地块缺苗及病苗率达80%左右，给农业生产造成很大的损失。

1.虫害特征

玉米旋心虫以幼虫蛀入玉米苗基部为害，产生毒素危害生长点，在6月中、下旬，玉米定苗后受害株开始显性。常造成花叶或形成枯心苗，重者分蘖较多，植株畸形，形成丛生苗（君子兰苗），在茎基部扒开叶鞘可见裂痕，玉米苗不能正常生长。

2. 形态特征

成虫体长 5~6mm，全体长黄褐色细毛，为头部黑褐、鞘翅绿色的小甲虫。前胸黄色，宽大于长，中间和两侧有凹陷，无侧缘。胸节和鞘翅上满面小刻点，鞘翅翠绿色，具光泽，足黄色。雌虫腹末呈半卵圆形，略超过鞘翅末端，雄虫则不超过翅鞘末端。

卵呈椭圆形，长 0.6mm 左右，卵壳光滑，初产黄色，孵化前变为褐色。

老熟幼虫体长 8~11mm，为黄色，头部褐色，体共 11 节，各节体背排列着黑褐色斑点，前胸盾板为黄褐色。中胸至腹部末端每节均有红褐色毛片，中、后胸两侧各有 4 个，腹部 1~8 节两侧各有 5 个。臀节、臀板呈半椭圆形，背面中部凹下，腹面也有毛片凸起。

蛹是黄色裸蛹，长 6mm。

3. 发生规律

玉米旋心虫在北方年发生 1 代，以卵在玉米地土壤中越冬，5 月下旬至 6 月上旬越冬卵陆续孵化，幼虫蛀食玉米苗，在玉米幼苗期可转移多株为害，苗长至 30cm 左右后，很少再转株为害，幼虫为害期一个半月左右，于 7 月中、下旬幼虫老熟后，在地表做土茧化蛹，蛹期 10 天左右羽化出成虫。成虫白天活动，夜晚栖息在株间，一经触动有假死性，成虫多产卵在疏松的玉米田土表中，每头雌虫可产卵 10 余粒，多者 20~30 粒。

幼虫从玉米苗基部蛀入，向上为害，然后从蛀孔返回，钻入地下。蛀孔处褐色，轻者叶片上出现排孔、花叶，重者常造成花叶、萎蔫枯心或形成枯心苗、分蘖较多、植株畸形，俗称"君子兰苗"，使玉米不能正常生长。老龄幼虫于根际附近 2~3cm 深处做土室化蛹。

4. 发生条件

在吉林，该虫 1 年发生 1 代，以卵在土中越冬，5 月下旬至 6 月上旬陆续孵化，幼虫蛀食玉米苗，在玉米幼苗期可转移多株为害，苗长至 30cm 左右后，很少再转株为害，幼虫为害期约 45 天，于 7 月中、下旬幼虫老熟后，在地表做土苗化蛹，8 月上、中旬成虫羽化出土，并产卵越冬。成虫白天活动，有假死性。卵散产于玉米田疏松土中或植物根部，成团，多者达几十粒，每头雌虫产卵 20 余粒。幼虫多潜伏于玉米根际附近，自根茎处蛀入，蛀孔处褐色，轻者叶片上出现排孔、花叶，重者萎蔫枯心，叶片蜷缩成畸形。幼虫老熟后于根际附近 2~3cm 深处作土室化蛹，蛹期 5~8 天。

5. 防治方法

(1) 农业防治。

第一，选用抗虫品种，实行轮作倒茬，避免连作连茬种植，以减轻危害。

第二，在预测预报基础上，根据虫量、天敌单位占虫量的百分比、气候条件，以及该虫发生情况，确定用药种类和时期。

(2) 化学防治。

使用内吸性杀虫剂克百威、有效成分含量在 3% 以上的种衣剂进行种子处理，防治效果在 96% 以上，其他杀虫剂无内吸性，只能防治地下害虫，不能防治苗期害虫。

在为害初期，用 40% 乐果乳油 500 倍液进行灌根处理，也可每亩用 25% 西维因可湿性粉剂，或用 2.5% 的敌百虫粉剂 1～1.5kg，拌细土 20kg，搅拌均匀后，在幼虫为害初期，即玉米幼苗期，顺垄撒在玉米根部周围，杀伤转移危害的害虫，还可在生长期用 40% 乐果乳油 500 倍液或 90% 晶体敌百虫 300 倍液进行喷雾防治，或用 80% 敌敌畏乳油 1500 倍液喷雾，每亩喷药液 60～75kg。

### (四) 玉米黏虫

玉米黏虫是在玉米农作物虫害中常见的害虫之一，属鳞翅目夜蛾科，又名行军虫、剃枝虫、五色虫。该虫体长 17～20mm，淡灰褐色或黄褐色，雄蛾色较深。以幼虫暴食玉米叶片，虫害严重发生时，短期内吃光叶片，造成减产甚至绝收。该虫 1 年可发生 3 代，以第 2 代危害夏玉米为主。天敌主要有步行甲、蛙类、鸟类、寄生蜂、寄生蝇等。自 2012 年 8 月上旬开始，内蒙古、吉林、河北、北京、山西等省玉米黏虫 2、3 代幼虫相继爆发，面积之大、范围之广、密度之高为近 10 年罕见。

1. 分布

玉米黏虫分布极广，除新疆未见报道外，其他各省区均有分布。

2. 虫害特征

为害症状主要以幼虫咬食叶片。1～2 龄幼虫取食叶片造成孔洞，3 龄以上幼虫为害叶片，使其呈现不规则的缺刻，幼虫暴食时，可吃光叶片。虫害大发生时，将玉米叶片吃光，只剩叶脉，造成严重减产，甚至绝收。当一块玉米田被吃光，幼虫常成群列纵队迁到另块田为害，故又名"行军虫"。一般地势低、玉米植株高矮不齐、杂草丛生的田块受害重。玉米黏虫为杂食性暴食害虫，其造成的危害最严重。我国各地均有不同程度的发生。该虫食性很杂，尤其喜食禾本科植物，咬食叶组织，形成缺刻，大发生时常将叶片全部吃光，仅剩光秆，抽出的麦穗、玉米穗亦能被咬断。食料缺乏时，成群迁移，老熟后，停止取食。

3. 形态特征

成虫体长 15~17mm，翅展为 36~40mm。头部与胸部为灰褐色，腹部为暗褐色。前翅呈灰黄褐色、黄色或橙色，变化很多；内横线往往只现几个黑点，环纹与肾纹为褐黄色，界限不显著，肾纹后端有 1 个白点，其两侧各有 1 个黑点；外横线为 1 列黑点；亚缘线自顶角内斜；缘线为 1 列黑点；后翅暗为褐色，向基部色渐淡。

卵长约 0.5mm，半球形，初产白色渐变黄色，有光泽。卵粒单层排列成行、成块。老熟幼虫体长 38mm。头红褐色，头盖有网纹，额扁，两侧有褐色粗纵纹，略呈"八"字形，外侧有褐色网纹。体色由淡绿至浓黑，变化甚大，常因食料和环境不同而有变化；在虫害大发生时背面常呈黑色，腹面淡污色，背中线呈白色，亚背线与气门上线之间稍带蓝色，气门线与气门下线之间呈粉红色至灰白色的变化。腹足外侧有黑褐色宽纵带，足的先端有半环式黑褐色趾钩。

蛹长约 19mm，红褐色，腹部 5~7 节背面前缘各有一列齿状点刻；臀棘上有刺 4 根，中央 2 根粗大，两侧的细短刺略弯。

4. 发生规律

降水较多，土壤及空气湿度大，以上气象条件非常利于夏玉米田块黏虫的虫害发生。陕西省气象农业遥感中心调查结果显示，玉米黏虫虫害主要发生在临渭区、蒲城县、富平县、咸阳北五县一带及商洛局部。省植保站最新测报结果显示，全省玉米黏虫虫害发生面积 25 万 hm²，其中近 5 万 hm² 为重度发生，受害株率达到 80% 左右。为此，气象部门发布喷药适宜条件等级预报，全省大部区域未来短期内较适宜喷药作业，关中东部适宜开展喷药作业。黏虫是一种迁飞性害虫，自江淮流域迁飞而来，不能在陕西越冬，因此具有偶发性和爆发性的特点，无滞育现象，只要条件适宜，可连续繁育。该虫世代数和虫害发生期因地区、气候而异。该虫在我国从北到南一年可发生 2~8 代。

5. 发生条件

玉米黏虫是一种远距离迁飞性害虫，每年春季由南方省份近华中地区迁入北方地区，为害拔节孕穗期的小麦。5 月下旬后期，华中地区发生的黏虫迁往北方地区为害。秋季随着气温下降，北方地区的玉米黏虫随高空气流回迁南方，一部分可能迁入华中地区玉米产区，对华中地区秋季玉米生产形成一定威胁。7 月中、下旬以来，玉米黏虫虫害在我国东北、华北地区玉米田相继大面积发生。预计 8 月底至 9 月上旬，北方玉米产区发生的 3 代黏虫有可能一部分迁入华中地区玉米产区，形成华中地区 4 代黏虫发生的虫源基数。2012 年，华中地区夏玉米播种期长，生育期不整齐，中迟熟夏玉米食料条件及秋季气候条件有利于 4 代黏虫为害，预计在华中地区，中迟熟夏玉米黏虫虫害将存在中等发生的可能，低龄幼虫高峰期预计出现在 9

月上、中旬。

黏虫喜温暖高湿的条件，在1代黏虫迁入期的5月下旬至6月，当降雨偏多时，2代黏虫就会大发生。高温、低湿不利于黏虫的生长发育。黏虫为远距离迁飞性害虫。

6. 防治方法

（1）农业防治。

利用黏虫成虫趋光、趋化性，采用糖醋液、性诱捕器、杀虫灯等无公害防治技术诱杀成虫，以减少成虫产卵量，降低田间虫口密度。

（2）化学防治。

冬小麦收割时，为防止幼虫向秋田迁移为害，在邻近麦田的玉米田周围以2.5%敌百虫粉剂，撒成13cm宽药带进行封锁。

在幼虫3龄前，每亩玉米田用20%杀灭菊酯乳油15～45g，兑水50kg，均匀喷雾，或用5%灭扫利乳油1000～1500倍液、40%氧化乐果乳油1500～2000倍液或10%吡虫啉可湿性粉剂2000～2500倍液，喷雾防治。

低龄幼虫期以灭幼脲1～3号200ppm防治黏虫幼虫，药效在94.5%以上，且不杀伤天敌，对农作物安全，用量少不污染环境。

中迟熟夏玉米田防治指标为玉米田虫口密度30头/百株。防治时每亩用50%辛硫磷乳油75～100g，或40%毒死蜱乳油75～100g，兑水30～45kg，或20%灭幼脲3号悬浮剂500～1000倍液，均匀喷雾。

### （五）玉米铁甲虫

玉米铁甲虫是一种农业有害生物，属区域性害虫，是玉米的主要害虫之一，主要为害玉米、甘蔗、高粱、粟、小麦、水稻等农作物。

1. 虫害特征

一般受害玉米叶片被食成枯斑与绿色相间的花纹，俗称"穿花衣"，产量损失20%～50%。玉米铁甲幼虫潜入叶内取食叶肉，仅剩上、下2层表皮，造成叶片干枯死亡；成虫取食叶肉，使叶面出现白色纵条纹。

严重受害时，1张叶片上有虫数10头，玉米叶片被食成一片枯白，俗称"穿白衣"，大量叶片枯死，产量损失惨重甚至颗粒无收。

2. 形态特征

玉米铁甲虫成虫体长5～6mm，蓝黑色，复眼为黑色，球形，头、胸、腹及足均为黄绿色，鞘翅为蓝黑色，前胸背板及鞘翅上部均生有长刺，前胸背板前方生4根，两侧各3根，鞘翅上每边周缘有21根刺。卵长1mm，椭圆形，光滑，浅黄色。幼虫长约 7.5mm，扁平，乳白色，腹部末端有 1 对尾刺，腹部有 2 至 9 节，两侧各生 1 浅黄色瘤状凸起，背部各节具一字形横纹。

蛹长 0.5mm，长椭圆形，白色或焦黄色。

3. 发生规律

玉米铁甲虫 1 年发生 1 代，少数 2 代，以成虫形态在玉米田附近山坡、沟边杂草、宿根甘蔗及小麦叶片上越冬。翌春，当气温升至 16℃ 以上时，成虫开始活动，一般 4 月上、中旬成虫进入盛发期，成群飞至玉米田为害，把卵产在嫩叶组织里，卵期 7~16 天，幼虫孵化后即在叶内咬食叶肉直至化蛹，幼虫期 16~23 天，5 月化蛹，蛹期 9~11 天，6 月成虫大量羽化，多飞向山边越夏，少数成虫在秋玉米田产卵繁殖。

玉米铁甲虫在广西 1 年发生 1 代，少数 2 代。第 1 代发生量大，严重为害春玉米，第 2 代发生数量少，为害较轻。第 1 代盛卵期在 4 月上、中旬，5 月下旬为产卵末期，卵期 6~7 天。4 月上旬幼虫开始孵化，4 月中、下旬为孵化盛期，4 月中旬至 5 月中旬为幼虫盛发为害期，幼虫历期为 18~25 天。5 月上旬幼虫开始化蛹，蛹期 9~11 天。5 月下旬蛹开始羽化为成虫，6 月上、中旬为羽化盛期。7 月玉米逐渐成熟，叶片老化枯黄，第 1 代成虫便相继迁飞到甘蔗田或山边野生寄生活动取食。少部分成虫可以交配产卵繁殖第 2 代，为害秋玉米。第 2 代成虫初见于 8 月下旬，9 月上、中旬盛发，10 月间成虫便迁飞到山腰、荒坡上的禾本科杂草或甘蔗田越冬。越冬成虫无明显的休眠现象。越冬成虫所繁殖的后代是为害春玉米苗的基本虫口，因此越冬成虫有效虫口基数的多少，就成为当年是否发生虫灾的重要因素。当春玉米长出 4~5 片叶时，成虫便群集到玉米苗上取食、交配。成虫有假死性，稍受惊动，即假死落地。清晨行动迟钝，10 时以后较为活跃。成虫对嫩绿、长势旺的玉米苗有群集为害的习性。因此，播种早、苗情好比迟播、苗情差的受害重。降雨对成虫活动和繁殖后代有影响，如果每年 3—4 月降雨天数比常年少，降雨量在 100mm 以下，有利于成虫活动、交配和产卵，则当年春玉米受害会较重，若 3—4 月降雨天数超过 25 天，降雨量在 165mm 以上，则不利于成虫活动和繁殖后代，当年春玉米受害较轻。在山地、山脚的玉米受害重，坡腰田块受害轻，坡顶不发生虫害。

4. 发生条件

一般玉米铁甲虫的成虫在玉米地附近山上、沟边的杂草丛中和甘蔗上越冬，进入 4 月后，成虫从越冬场所迁移到玉米地为害。

5. 防治方法

(1) 农业防治。

第一，人工捕杀成虫。在成虫活动初期尚未产卵前，于上午 9 时前进行人工捕杀。人工捕杀成虫可在晴天上午、露水未干前或阴天时，连续几天在玉米地捕捉成虫，并集中处理。防治时间应在成虫尚未产卵前进行，一般在4月底前。由于成虫具有迁飞性，在防治成虫时，要进行区域联防，统一时间、统一药剂、连片防治，才能提高效果。

第二，割叶消除残虫。主要是当前中期防治效果不佳，残虫量大时采取的措施，在玉米铁甲虫幼虫在叶片内化蛹尚未羽化前进行，一般在6月上、中旬。用镰刀割除叶片上有虫部分，注意保留绿色健部和健叶，割下来的有虫残叶要立即收集烧毁，可有效减少第二年的发生数量。

（2）化学防治。

防治越冬成虫可减少田间产卵量，达到事半功倍的效果。每亩用20%氰戊菊酯20～30mL兑水50～60kg，喷雾，或用其他拟除虫菊酯类农药按要求配制喷杀。

在产卵盛期及当幼虫初孵化时，用每亩喷洒90%晶体敌百虫800倍液或50%敌敌畏乳油1500倍液、50%杀螟松乳油1000倍液喷杀。

防治幼虫、卵，玉米铁甲虫卵粒孵化率达15%左右时是最佳防治时期，每亩用25%杀虫双水剂200mL加40%氰戊菊酯10mL兑水50～60kg喷雾，可兼防成虫。用药时间应第1次在5月上旬，主要用于早玉米的防治；第2次用在5月20日左右。

### （六）玉米蛀茎夜蛾

玉米蛀茎夜蛾又叫玉米枯心夜蛾，属鳞翅目夜蛾科，是农业有害生物，是玉米田的次要害虫，1年1代，除为害玉米外，还可为害高粱、谷子、杂草等。幼虫为害玉米苗，由近土表下的茎基部蛀入，向下取食心叶，蚕食茎髓，先使茎叶萎蔫，后全株枯死，有转株危害习性。

1.虫害特征

玉米蛀茎夜蛾主要危害玉米、高粱、谷子、菖蒲、稗草等农作物。幼虫从近土表的茎基部蛀入玉米苗，向上蛀食心叶茎髓，致心叶萎蔫或全株枯死，每只幼虫连续为害几棵玉米幼苗后老熟，入土化蛹。一般每株只有1头幼虫。

2.形态特征

成虫体长17～20mm，翅展34～40mm。头部为褐色或黑褐色。触角丝状，黄褐色，复眼为褐色，胸部背面为灰褐色，腹部淡为灰褐色。前翅为黄褐色或暗褐色，肾形纹为白色或灰黄色，环形纹为褐色，不很明显。前翅顶端有1个椭圆形浅色斑，前缘有若干个褐色的弧形纹，近顶端有3个灰黄色的短斜纹。后翅为灰色。

卵长0.5mm，黄白色，扁圆馒头状。卵壳的外表纵棱较显著，横道不明显。卵块成不整齐的条状，老熟幼虫体长28～35mm。头部为深棕色，胸部背面为黑褐色，胸足为淡棕色。腹部背面为灰黄色，腹面稍白，毛片为黑褐色。臀板为黑褐色，后缘向上隆起，上面有 5 个向上弯曲的爪状凸起，其中央的 1 个凸起最大，是与其他蛀茎夜蛾幼虫的显著区别特征。

蛹长 17~23mm，红褐色，背面 4~7 腹节前端有不规则的点刻。腹部末端臀棘为深褐色，两则各有淡黄褐色钩刺 1 对。

3. 发生规律

玉米蛀茎夜蛾在黑龙江省 1 年发生 1 代，以卵在杂草上越冬。来年 5 月上、中旬孵化，初孵化幼虫即在返青的杂草上取食，6 月上旬转株至玉米上为害，初龄幼虫就开始为害，定苗前后是为害盛期。幼虫多从玉米幼苗茎的地下部分蛀入，蛀入后的幼虫向上取食，有时也从玉米根部蛀入为害，受害玉米幼苗枯心，极少数切断玉米幼茎。该虫有转株为害习性。一般低洼地虫害发生严重，幼虫为害期 1 个月左右，6 月末在受害株附近地下 5~15cm 处化蛹，7 月上旬为化蛹盛期，7—8 月成虫羽化飞至田杂草上产卵，每头雌蛾可产卵 200 余粒，以卵越冬。成虫有趋光性，幼虫有相互残杀的习性，一般 1 株只 1 头幼虫。5 月雨水协调、气候湿润，利虫害发生。玉米田靠近草荒地或连作田危害重。

4. 发生条件

玉米蛀茎夜蛾 1 年发生 1 代，以卵在杂草上越冬。来年 5 月中、下旬孵化，初孵化幼虫在返青的杂草上取食，6 月上、中旬转株至玉米上为害，初龄幼虫就开始为害，幼虫多从玉米幼苗茎基部蛀入，蛀入后的幼虫向上取食。尤其是当雨水协调、气候湿润时，有利发生。

5. 防治方法

（1）农业防治。

第一，及时铲除地边杂草，定苗前捕杀幼虫，实行轮作倒茬，可减轻危害。蛀茎夜蛾的卵在田边杂草上越冬，5 月孵化后向玉米苗转移，春季清除田间杂草可减少虫量。

第二，结合玉米间苗定苗拔除有虫株。在玉米受害初期，心叶刚开始萎蔫时，幼虫尚在植株内，在间苗定苗时可拔除虫害株，以减少田间虫口数量。

（2）化学防治。

当发现玉米苗受害时，用 50% 辛硫磷乳油 500 倍液，可兑少量水稀释，喷拌 120kg 细土，也可用 2.5% 溴氰菊酯配成 45~50mg/kg 毒砂，每亩撒施拌匀的毒土或毒砂 20~25kg，顺垄低撒在幼苗根际处，使其形成 6cm 宽的药带，杀虫效果好。

在玉米出苗后的幼虫初发期，地面可撒 5% 敌百虫粉剂制成的毒土，即用敌百虫粉剂 2~3kg 加 20~30kg 细土拌匀即可。

当发现心叶萎蔫时，可用 90% 晶体敌百虫或 80% 敌敌畏乳油 400 倍液灌根，可减轻危害。在用药剂防治其他害虫时也可起到兼治作用。

用90%晶体敌百虫1000倍液、80%敌敌畏乳油1000倍液，灌根，每亩用药液150~200kg。或用92.5%敌百虫粉剂1kg，拌细土20kg，均匀撒在玉米根周围。

# 第三节　大豆病虫害的识别与防治策略

## 一、大豆播种至苗期病虫害识别与防治

### (一)主要病虫害识别

**1. 大豆潜根蝇**

大豆潜根蝇主要在大豆苗期为害，食性单一，只为害大豆和野生大豆，幼虫在大豆苗根部皮层和木质部钻蛀，并排出粪便，造成根皮层腐烂，形成条状伤痕。受害根变粗、变褐，层开裂或畸形增生，幼虫的粪便和取食刺激韧皮组织木栓化，形成肿瘤，导致大豆根系受损伤而不能正常生长和吸收土壤中的各种营养成分。成虫刺破和舔食大豆幼苗的子叶和真叶，取食处形成小白点以及透明的小孔或呈枯斑状。

**2. 大豆蛴螬**

大豆蛴螬是大豆生长期间出现的异种虫害，常常造成枯死苗等问题，严重影响了大豆的品质和产量。

成虫体长16~21mm，宽8~11mm，黑色或黑褐色，具光泽。触角10节，鳃片部3节，黄褐色或赤褐色。前胸背板两侧弧扩，最宽处在中间。鞘翅呈长椭圆形，于1/2后最宽，每侧具4条明显纵肋。前足胫节具3外齿，爪为双爪式，爪腹面中部有垂直分裂的爪齿。雄虫前臀节腹板中间具明显的三角形凹坑；雌虫前臀节腹板中间无三角坑，具1横向枣红色棱形隆起骨片。

**3. 大豆孢囊线虫**

大豆孢囊线虫病是由大豆孢囊线虫引起的、发生在大豆的病害，俗称"火龙秧子"，主要危害根部。被害植株明显矮化、叶片变黄早落、花期延迟、花器丛生，花及嫩荚萎缩，结荚少而小，甚至不结荚。病株根系不发达，支根减少，细根增多，根瘤稀少，发病初期病株根上附有白色或黄褐色如小米粒大小的颗粒。

**4. 大豆根结线虫**

成虫雌雄异形，雌虫鸭梨形，大小为(0.36~0.85)mm×(0.2~0.56)mm，雄虫线形，大小(1~1.6)mm×(0.028~0.04)mm。卵呈椭圆形，无色，较孢囊线虫大。幼虫呈线形。会阴花纹和吻针形态是区别不同种类线虫的重要特征。

该虫营孤雌生殖，一般认为雄虫作用不大。南方根结线虫在大豆上发育速率比在适生寄主上低，在大豆上，繁殖适温为24℃～35℃，一季大豆可寄生3～4代，以第一代为害最重。根结线虫在土壤内垂直分布可达80cm深，但80%线虫在40cm土层内。

寄主范围广，除寄生大豆、花生外，尚能为害14科80多种植物。

5. 大豆紫斑病

大豆紫斑病是由菊池尾孢引起的、发生在大豆的病害。主要为害豆荚和豆粒，也可侵染叶和茎。茎秆染病形成长条状或梭形红褐色斑，严重的整个茎秆变成黑紫色；豆荚受害形成圆形或不规则形病斑，病斑较大，灰黑色，边缘不明显；豆粒受害，仅在种皮表现出症状，不深入内部。

6. 大豆霜霉病

大豆霜霉病是由东北霜霉引起的、发生在大豆上的一种病害。大豆在生育期均可发病，受害的部分包括大豆幼苗、叶片、荚和籽粒。发病最明显的症状是叶背产生霜霉状物。

大豆霜霉病在中国大豆产区内广泛分布，大豆生长期间较为凉爽的地方发病较重。发病后减产6%～15%，一般种子被害率在10%左右，严重者达26%以上，个别高达60%。该病使大豆含油量降低2.7%～7.5%。

### (二) 主要防治措施

1. 大豆潜根蝇

农业防治：与禾本科农作物实行2年以上的轮作，增施基肥和种肥。

化学防治：采用菌衣无地虫拌种，药种比为1∶60；5月末至6月初用40%辛硫磷乳油1000倍液喷雾。

2. 蛴螬

用种子重量0.2%的辛硫磷乳剂拌种，即50%辛硫磷乳剂50mL拌种25kg。或用5%辛硫磷颗粒剂每亩2.5～3kg，加细土15～20kg拌匀，顺垄撒于苗根周围，施药以14～18时为宜。或用150亿个孢子/克球孢白僵菌可湿性粉剂250～300g拌沙土20kg，顺垄撒于田间，撒后浇水，以提高防效。或用40%辛硫磷乳油1000倍液顺垄灌根。

3. 孢囊线虫病和根结线虫病

农业防治：与禾本科农作物实行2～3年以上的轮作。

化学防治：土壤施药每亩用根结线虫二合一（1～2套）兑水100kg直接冲施或灌根，或用2%阿维菌素微囊悬浮剂沟施，每亩用1～1.5kg，兑水75kg，然后均匀施与沟内，沟深 20cm 左右，沟距按大豆行距，施药后将沟覆土踏实，隔 10～15 天在原药沟中播种大豆。

4. 大豆紫斑病

农业防治：与禾本科农作物或其他非寄主植物实行 2 年以上的轮作。

化学防治：播前用 80 亿个/mL 地衣芽孢杆菌包衣剂包衣，药种比为 1∶60。

5. 大豆霜霉病

播种时，用 5％辛菌胺菌衣剂按药种比 1∶50 拌种，0.1％～0.3％种子重量的 35％瑞毒霉可湿性粉剂或 80％美帕曲星可湿性粉剂拌种，也可用 0.7％种子重量的 50％多菌灵可湿性粉拌种。

## 二、大豆成株期至成熟期病虫害的识别与防治

1. 食心虫

大豆食心虫是鳞翅目卷蛾科昆虫，又称大艮、蛀荚蛾、豆荚虫、小红虫，是中国北方大豆产区的重要害虫。大豆食心虫成虫体长 5～6mm，翅展为 12～14mm，黄褐色或暗灰色。前翅略呈长方形，腹部为纺锤形，黑褐色；卵呈椭圆形，初呈白色，渐变为橙黄色，表面有光泽；幼虫共 5 龄，初孵时为黄白色，后变为淡黄色或橙黄色；老熟时为红色，头及前胸背板黄褐色；蛹呈长纺锤形，黄褐色，土茧呈长椭圆形。

幼虫孵化盛期喷 1％甲维盐乳油，或 25％快杀灵乳油，或 4.5％高效氯氰菊酯乳油 1000～1500 倍液，每亩喷雾 50kg。

2. 豆荚螟

豆荚螟又称豆野螟、豆荚野螟，属鳞翅目螟蛾科。成虫体长约 13mm，翅展为 24～26mm，暗黄褐色。前、后翅均有紫色闪光，前翅中室端部有 1 个白色透明带状斑，中室内和中室下各有 1 个白色透明小斑；后翅外缘黄褐色，其余部分白色半透明，内有 3 条暗棕色波状纹。卵为椭圆形，淡绿色；老熟幼虫体长约 18mm，黄绿色，头部为黄褐色，前胸背板为黑褐色，中、后胸背板各有毛片 2 排，腹足趾钩双序缺环。蛹近纺锤形，黄褐色，腹末有 6 根钩刺。

生物防治：在豆荚螟产卵始盛期释放赤眼蜂每亩 2 万～3 万头；在幼虫脱荚前（入土前）于地面上撒白僵菌剂。

化学防治：在成虫盛发期和卵孵盛期喷药，可用阿维菌素、快杀灵、辉丰菊酯等药剂。

3. 豆天蛾

豆天蛾是鳞翅目天蛾科昆虫。体翅为黄褐色，头及胸部有较细的暗褐色背线；

腹部各节背面后缘有棕黑色横纹；前翅前缘近中央有较大的半圆形褐绿色斑，中室横脉处有一近白色小点；内、中线不明显，外线呈褐绿色波状纹，近外缘呈扇形，顶角有一暗褐色斜纹；后翅暗褐色，基部上方有赭色斑、后角附近呈枯黄色。老熟幼虫呈黄绿色，体表密生黄色小凸起，胸足为橙褐色，腹部两侧各有 7 条向背后倾斜的黄白色条纹，臀背具尾角 1 个。

物理防治：利用黑光灯诱杀成虫。

化学防治：幼虫 1~3 龄前用 1% 甲维盐或 40% 甲锌宝乳油 1000~1500 倍液，每亩喷洒 50kg。

### 4. 红蜘蛛

红蜘蛛是蜱螨目叶螨科节肢动物。雌成虫体呈卵圆形，体背隆起，有细皱纹，有刚毛；雌虫有越冬型和非越冬型之分，前者为鲜红色，后者为暗红色；雄成虫体较雌成虫小，卵圆球形，半透明，表面光滑，有光泽，橙红色。红蜘蛛在中国各地均有分布，常潜伏在菜叶、土缝及杂草根部越冬，春暖时先在越冬寄主和杂草上繁殖，后转移至田间为害。喜群居，在叶背面近叶脉处刺吸汁液。

化学防治：用 0.5% 阿维菌素乳油 800 倍液，或 20% 爱杀螨乳油 1500~2000 倍液，或 15% 扫螨净乳油 1500~2000 倍液，常规喷雾。

### 5. 蛴螬

蛴螬是金龟子或金龟甲的幼虫，俗称鸡婉虫等。成虫通称为金龟子或金龟甲。为害多种植物和蔬菜。按其食性可分为植食性、粪食性、腐食性三类。其中植食性蛴螬食性广泛，为害多种农作物、经济作物和花卉苗木，喜食刚播种的种子、根、块茎以及幼苗，是世界性的地下害虫，对农作物危害很大。此外某些种类的蛴螬可入药，对人类有益。

物理防治：利用黑光灯诱杀成虫，并适时灌水，控制蛴螬。化学防治：用 75% 辛硫磷乳剂 1000~1500 倍液灌根，每株灌药液不能少于 100~200 克。

### 6. 大豆霜霉病

化学防治：用 10% 百菌清 500~600 倍液，或 30% 嘧霉·多菌灵可悬浮剂 800 倍液，或 35% 瑞毒霉 700 倍液，常规喷雾。以上药剂可交替使用，次间隔 15 天。

### 7. 大豆锈病

大豆锈病是由豆薯层锈菌引起的、发生在大豆上的一种病害，主要侵染大豆的叶片、叶柄及茎。病害从下部叶片开始逐渐向上部蔓延。发病初期叶片上出现黄色小斑点，后病斑稍扩大，受叶脉限制成不规则形。

大豆锈病在中国大豆种植区都有分布。大豆感染大豆锈病后，一般减产 10%~30%，重则减产 50% 以上，如早期发病，基本无收。

发病初期，用 12.5％烯唑醇可湿性粉剂，或 20％粉锈宁乳油每亩 30mL 或 25％粉锈宁可湿性粉剂 25g 兑水 50kg，喷雾，严重时，隔 10～15 天再喷 1 次。

# 第四节　小麦病虫害的识别与防治策略

小麦在整个生长阶段，植株各器官均可遭受病原和害虫的侵害。据统计，每年小麦生长及储藏期间因病虫为害而造成的损失，约占总产量的 20％。在生产上应通过准确及时测报，采用农业技术，如抗性品种、精细栽培、科学肥水管理、控制和减少传染源等，配合以高效、低毒、低残留专用化学农药，适时精确防治，将病虫的危害控制在不影响经济效益的水平以下，确保小麦优质、高产、稳产，增加小麦产量和农民收益，并减少环境污染。

## 一、小麦主要病害防治

### (一) 小麦锈病

小麦锈病是我国各麦区分布最广泛、危害最严重的病害。小麦锈病分条锈病、叶锈病和秆锈病 3 种。条锈病主要侵染小麦。叶锈病一般只侵染小麦。秆锈病小麦变种除侵染小麦外，还侵染大麦和一些禾本科杂草。

1. 症状

条锈菌夏孢子单胞，球形，表面有细刺，鲜黄色，孢子壁无色，具 6～16 个发芽孔。冬孢子双胞，棍棒状，顶部扁平或斜切，分隔处稍缢缩，褐色，上浓下淡，下部瘦削，柄短有色。

叶锈夏孢子单胞，球形或近球形，表面有细刺，橙黄色，具 6～8 个发芽孔。冬孢子双胞，棍棒状，暗褐色，分隔处稍缢缩，顶部平，柄短无色。

秆锈夏孢子单胞，长椭圆形，暗橙黄色，中部有 4 个发芽孔，胞壁褐色，具明显棘状凸起。冬孢子双胞，棍棒状或纺锤形，浓褐色，分隔处稍缢缩，表面光滑，顶端圆形或略尖，柄上端黄褐色，下端近无色。

2. 病害特征

受害小麦在生长发育期主要病状表现为叶子或秆出现鲜黄色或红褐色的粉泡状病斑。显微镜下观察时，可见病斑中有很多单细胞的夏孢子，称夏孢子堆。它们是由侵入小麦植株内的菌丝体产生的。小麦锈病在整个生活史中，除了产生夏孢子外，还产生其他类型的孢子，最多的可产生 5 种孢子，但仍以夏孢子危害严重。夏孢子侵害和蔓延得很快，它从侵入新植株到产生出新的夏孢子只需8~12天，造成小麦的严重减产。

小麦条锈病发病部位主要是叶片，叶鞘、茎秆和穗部也可发病。初期，病部出现褪绿斑点，以后形成鲜黄色的粉疱，即夏孢子堆。夏孢子堆较小，长椭圆形，与叶脉平行排列成条状。后期长出黑色、狭长形、埋伏于表皮下的条状疱斑，即冬孢子堆。

小麦叶锈病发病初期出现褪绿斑，以后出现红褐色粉疱（夏孢子堆）。夏孢子堆较小，橙褐色，在叶片上不规则散生。后期在叶背面和茎秆上长出黑色阔椭圆形或长椭圆形、埋于表皮下的冬孢子堆，其有依麦秆纵向排列的趋向。

小麦秆锈病为害部位以茎秆和叶鞘为主，也为害叶片和穗部。夏孢子堆较大，长椭圆形或狭长形，红褐色，不规则散生，常形成大斑，孢子椎周围表皮撒裂翻起，夏孢子可穿透叶片。后期病部长出黑色椭圆形或狭长形、散生、突破表皮、呈粉疱状的冬孢子堆。

3种锈病症状可根据其夏孢子堆和冬孢子堆的形状、大小、颜色、着生部位和排列来区分。群众为区分3种锈病，用"条锈成行，叶锈乱，秆锈成个大红斑"形容3种锈病。

3.防治方法

小麦锈病的防治应贯彻"预防为主，综合防治"的植保方针，严把"越夏菌源控制""秋苗病情控制"和"春季应急防治"三道防线，做到发现一点、保护一片、点片防治与普治相结合、群防群治与统防统治相结合等多项措施综合运用；坚持综合治理与越夏菌源的生态控制相结合，选用抗病品种与药剂防治相结合，把损失压到最低程度。

（1）农业防治。

第一，因地制宜种植抗病品种，这是防治小麦锈病的基本措施。

第二，小麦收获后及时翻耕灭茬，消灭自生麦苗，减少越夏菌源。

第三，搞好大区抗病品种合理布局，切断菌源传播路线。

第四，深耕土地，施足底肥，灌好底墒。

第五，用新高脂膜加种衣剂拌种，能有效驱避地下病虫，隔离病毒感染，不影响萌发吸胀功能，加强呼吸强度，提高种子发芽率，适时按要求播种。下种后在土壤表面喷雾新高脂膜，可保墒、保肥，防土层板结，提高出苗率。

第六，农作物生长期间，要按照农作物需求，及时合理给水、施肥、追肥，避免氮肥过多，增施磷、钾肥，促进小麦植株生长健壮，抗病高产。

第七，在孕穗期要喷施壮穗灵，强化农作物生理机能，提高授粉、灌浆质量，增加千粒重。

（2）化学防治。

化学药物防治必须抓住防治适期和次数。一般在小麦拔节至孕穗期，条锈病叶率达10%时，开始用药，每隔7～10天用药1次，连续2～3次。在孕穗至抽穗期，当叶锈病叶率达5%时开始第1次用药。在小麦开花至乳熟期，当秆锈病秆率达5%时，第2次用药，以后7～10天第3次用药。

对常年发病较重的秋苗地块，用15%三唑酮可湿性粉剂60～100g，或12.5%速保利可湿性粉剂50g拌种50kg。务必干拌，充分搅拌均匀，严格控制药量，浓度稍大影响出苗。拌种必须力求均匀，拌药种子当日播完。用三唑酮拌种要严格掌握用药量，避免发生药害。

对于大田防治，在秋季和早春，田间发现病中心，应及时进行喷药控制。对早期出现的发病中心要集中进行围歼防治，切实控制其蔓延。如果病叶率达到5%，严重度在10%以下，每亩用15%三唑酮可湿性粉剂50g，或20%三唑酮乳油每亩40mL，或25%三唑酮可湿性粉剂30g，或12.5%速保利可湿性粉剂用药15～30g，兑水50～70kg均匀喷雾，或兑水10～15kg进行低容量喷雾。在病害流行年如果病叶率在25%以上，严重度超过10%，就要加大用药量，视病情严重程度，用以上药量的2～4倍浓度喷雾。或选用其他三唑酮、烯唑醇类农药按要求的剂量进行喷药防治，并及时查漏补喷。重病田要进行2次喷药。

### （二）小麦白粉病

小麦白粉病是一种世界性病害，在各主要产麦国均有分布，我国山东沿海、四川、贵州、云南发生普遍，为害也重。近年来该病在东北、华北、西北麦区，亦有日趋严重之势。该病可侵害小麦植株地上部各器官，但以叶片和叶鞘为主，发病重时颖壳和芒也可受害。

1. 症状

菌丝在寄主体表寄生，蔓延于表面，在寄主表皮细胞内形成吸器吸收寄主营养。在与菌丝垂直的分生孢子梗端，串生10～20个分生孢子，椭圆形，单胞无色，大小为（25～30）$\mu$m×（8～10）$\mu$m，侵染力持续3～4天。病部产生的小黑点，即病原菌的闭囊壳，黑色、球形，大小为163～219$\mu$m，外有发育不全的丝状附属丝18～52根，内含子囊9～30个。子囊为长圆形或卵形，内含子囊孢子8个，有时4个。子囊孢子为圆形至椭圆形，单胞无色，单核，大小为（18.8～23）$\mu$m×（11.3～13.8）$\mu$m。子囊壳一般在大小麦生长后期形成，成熟后在适宜温湿度条件下开裂，放射出子囊孢子。该菌不能侵染大麦，大麦白粉菌也不侵染小麦。小麦白粉菌因在不同地理生态环境中与寄主长期相互作用下，能形成不同的生理小种，毒性变异很快。

2.病害特征

该病可侵害小麦植株地上部各器官，但以叶片和叶鞘为主，发病重时颖壳和芒也可受害。

初发病时，叶面出现 1~2mm 的白色霉点，后逐渐扩大为近圆形或椭圆形的白色霉斑，霉斑表面有 1 层白粉，遇有外力或振动立即飞散。这些粉状物就是该菌的菌丝体和分生孢子。后期病部霉层变为灰白色至浅褐色，病斑上散生有针头大小的小黑粒点，即病原菌的闭囊壳。

小麦被侵染后，叶片正面症状最为明显。严重时，叶梢、茎秆和穗部也受害。病斑近圆形或长椭圆形，表面覆有 1 层白粉状霉层。发病重时病斑连成 1 片，形成 1 大片白色或灰色的霉层。一般叶下面的病斑比叶背面多，下部叶比上部叶症状重。

3.防治方法

（1）农业防治。

第一，选用种植抗病品种，可选用郑州 8915，郑州 831，豫麦 9、15、16、21、24 号，中育 4 号，北农 9 号，冀麦 23、24、26 号，冀麦 84~5418、138 号，鲁麦 1、5、7 号，城辐 752，高 38，贵阿 1 号，贵丰 1 号，贵农 19、20、21、22，黔丰 3 号，黔丰 81~7241，冬丰 1 号，BT8812，BT-7032，京核 883，8814，花培 28，鲁麦 14、22 号，中麦 2 号，京农 8445 等。此外，新选育的抗白粉病冬小麦品种还有百农 64，温麦 4 号，周麦 9 号，新宝丰，冀审 4185，6021 新系，皖麦 25、26，扬麦 158，川麦 25，绵阳 26，劲松 49 号，早麦 5 号，京华 1 号、3 号，京核 3 号，京 411，北农白等。春小麦抗白粉病的品种有垦红 13 号、垦九 5 号、定丰 3 号等。上述抗病新品种，各地可因地制宜选用。如北京冬小麦现在以京 411 为主栽品种，高肥麦田搭配种植京冬 8 号、京冬 6 号、中麦 9 号。中肥及水浇条件差的种植京 437、京核 1 号、轮抗 6 号等抗旱、耐瘠的品种。稻茬麦及晚播麦田可选用京 411、京冬 8 号、京双 18 等。

第二，提倡施用酵素菌沤制的堆肥或腐熟有机肥，采用配方施肥技术，适当增施磷钾肥，根据品种特性和地力合理密植。在中国南方麦区，雨后及时排水，防止湿气滞留。在中国北方麦区，适时浇水，使寄主增强抗病力。

第三，在自生麦苗越夏地区，冬小麦秋播前要及时清除掉自生麦，可大大减少秋苗菌源。

第四，加强栽培管理，提高植株抗病力。一是调节播种期，适当晚播，不宜过早播种；二是及时灌水和排水，小麦发生白粉病后，适当增加灌水次数，可以减轻损失；三是合理、均匀施肥，避免过多使用氮肥。

（2）化学防治。

用种子重量 0.03% 的 25% 三唑酮可湿性粉剂拌种，也可用 15% 三酮可湿性粉剂每亩 20～25g 拌麦种防治白粉病，兼治黑穗病、条锈病等。

在小麦抗病品种少或病菌小种变异大、抗性丧失快的地区，当小麦白粉病病情指数达到 1 或病叶率达 10% 以上时，开始喷洒 20% 三唑酮乳油 1000 倍液，或 40% 福星乳油 8000 倍液，也可根据田间情况与杀虫杀菌剂混配，做到关键期 1 次用药，兼治小麦白粉病、锈病等主要病虫害。

在小麦生长中后期，当条锈病、白粉病、穗蚜混发时，每亩用 15% 三唑酮可湿性粉剂 50g，或 20% 三唑酮乳油 35g 加 10% 抗蚜威乳油 30 克，再加磷酸二氢钾 150g 均匀喷雾。

条锈病、白粉病、吸浆虫、黏虫混发区或田块，每亩用 25% 三唑酮可湿性粉剂 50g 或 20% 三唑酮乳油 35g 加 40% 氧化乐果乳油 2000 倍液，再加磷酸二氢钾 150g 均匀喷雾，还可兼治锈病、腥黑穗病、散黑穗病、全蚀病等。

### （三）小麦赤霉病

小麦赤霉病别名麦穗枯、烂麦头、红麦头，是小麦的主要病害之一，也是小麦穗期"三病三虫"中较为严重的病害之一。小麦赤霉病在全世界普遍发生，主要分布于潮湿和半潮湿区域，尤其气候湿润多雨的温带地区受害严重。从幼苗到抽穗都可受害，主要引起苗枯、茎基腐、秆腐和穗腐，其中受害最严重的是穗腐。该病一般造成减产 1～2 成，大流行年份产量损失可达 4～6 成，它不仅影响小麦的产量和品质，而且会使麦粒中含有致呕毒素，可引起人畜急性中毒，发生呕吐、腹痛、头晕等症状，对人的健康影响极大。

1. 症状

该病由多种镰刀菌引起。优势种为禾谷镰孢，其大型分生孢子为镰刀形，有隔膜 3～7 个，顶端钝圆，基部足细胞明显，单个孢子无色，聚集在一起呈粉红色黏稠状。小型孢子很少产生。有性态称玉蜀黍赤霉，属子囊菌亚门真菌。子囊壳散生或聚生于寄主组织表面，略包于子座中，梨形，有孔口，顶部呈疣状凸起，紫红或紫蓝至紫黑色。子囊无色，棍棒状，大小为 $(100～250)\mu m \times (15～150)\mu m$，内含 8 个子囊孢子。子囊孢子无色，纺锤形，两端钝圆，多为 3 个隔膜，大小为 $(16～33)\mu m \times (3～6)\mu m$。

2. 病害特征

赤霉病从苗期到穗期均可发生，引起苗枯、基腐、秆腐和穗腐，其中以穗腐发生最为普遍和严重。

苗枯由种子或土壤病残体带菌引起，病苗芽鞘变褐腐烂，轻的生长衰弱，重的多在出土后全苗枯死。先是芽变褐，然后根冠随之腐烂，轻者病苗黄瘦，重者死亡，枯死苗湿度大时产生粉红色霉状物，基腐和秆腐一般多从苗期开始发生，也有在成熟期发生的。基腐：初期，茎基变褐软腐，以后凹缩，最后麦株枯萎死亡。

秆腐：在茎秆组织受害后，变褐腐烂以至枯死。

穗腐：在小麦开花或开花以后发生。发病期先在小穗和颖片上出现水渍状褐斑，后逐渐扩展到整个小穗，病小穗随即枯黄。当气候潮湿时，在小穗基部或颖片合缝处长出一层粉红色的霉状物。发病后期，病部长出黑色颗粒即病菌子囊壳。小麦扬花时，初在小穗和颖片上产生水浸状浅褐色斑，渐扩大至整个小穗，小穗枯黄。湿度大时，病斑处产生粉红色胶状霉层。后期其上产生密集的蓝黑色小颗粒（病菌子囊壳）。用手触摸，有凸起感觉，不能抹去，籽粒干瘪并伴有白色至粉红色霉。小穗发病后，病变扩展至穗轴，病部枯竭，使被害部以上小穗，形成枯白穗。

茎基腐自幼苗出土至成熟均可发生，麦株基部组织受害后变褐腐烂，致全株枯死。秆腐多发生在穗下第1、2节，初在叶鞘上出现水渍状褪绿斑，后扩展为淡褐色或红褐色不规则形斑，或向茎内扩展。当病情严重时，造成病部以上枯黄，有时不能抽穗或抽出枯黄穗。当气候潮湿时病部表面可见粉红色霉层。

3. 防治方法

（1）农业防治。

第一，选用抗、耐病品种，截至2013年，虽然未找到免疫或高抗品种，但有一些农艺性状良好的耐病品种，如苏麦3号、苏麦2号、湘麦1号、扬麦4号、万雅2号、扬麦5号、158号，辽春4号、早麦5号、兴麦17、西农88、西农881、周麦9号—矮优688系、新宝丰（7228）绵麦26号、皖麦27号、万年2号、郑引1号、2133、宁8026、宁8017等。春小麦有定丰3号、宁春24号。各地可因地制宜地选用。

第二，农业防治合理排灌，湿地要开沟排水。收获后要深耕灭茬，减少菌源。适时播种，避免扬花期遇雨。做好清沟排渍工作，降低麦田地下水位和田间湿度，创造有利于小麦植株生长而不利于发病的环境条件，是减轻小麦赤霉病发生的有效措施。

第三，提倡施用酵素菌沤制的堆肥，采用配方施肥技术，合理施肥，施足基肥、看苗施肥，增施磷钾肥，忌偏施氮肥，提高植株抗病力。

第四，播种前进行石灰水浸种。

第五，消灭菌源。销毁在土表的稻桩、玉米、高粱等农作物残体。

第六，适期早播，早生快发促早熟，避开病菌侵染的高峰期，也可起到防病作用。

（2）化学防治。

小麦赤霉病可防不可治，应以预防为主，主动防御。重治轻防的传统做法不利于赤霉病的防控。同时，对病害预防过程中用药时期的选择会直接影响到防效高低。众多资料介绍赤霉病用药时期为"抽穗期到扬花期"，如此长的用药时期内，不同时间段用药效果存在较大差异。有部分农户选择在孕穗期或是扬花末期用药，更有甚者见到粉红色霉层后再用药，都没有很好地把握住最佳防治时期，防效较低。通过实地调查发现，最佳的防治时期为小麦齐穗到扬花5%时。同时，有几种情况要充分考虑，抽穗期天晴、温度高，麦子边抽穗边扬花，齐穗期就可以用药；抽穗期温度低、日照少，麦子先抽穗后扬花，宜在始花期用药；抽穗期遇连阴雨天气，赤霉病有流行可能时，喷药宁早勿晚，不要等到天晴时或扬花时再喷药，应抢雨隙多次喷药防治；若使用内吸性好、持效期长的药剂，防治时期可提前到小麦抽穗初期。

化学防治关键在于"抓住时机 + 足量用药 + 足量用水 +2 次用药"。防治时机为抽穗至扬花初期、降雨前 6～24 小时喷药，过 5～7 天后再次防治，其次为雨停后 24小时内最晚 36 小时或雨间歇期间喷药，过 5～7 天后 2 次用药。

用增产菌拌种。每亩用固体菌剂 100～150g 或液体菌剂 50mL，兑水稀释，喷洒种子拌匀，晾干后播种。

防治重点是在小麦扬花期预防穗腐发生。在始花期喷洒 50% 多菌灵可湿性粉剂800 倍液或 60% 多菌灵盐酸盐可湿性粉剂 1000 倍液、50% 甲基硫菌灵可湿性粉剂1000 倍液、50% 多·霉威可湿性粉剂 800～1000 倍液、60% 甲霉灵可湿性粉剂 1000倍液，隔 5～7 天防治 1 次即可。

也可用机动弥雾机喷药。此外小麦生长的中后期是赤霉病、麦蚜、黏虫混发期，每亩用 40% 毒死蜱乳油 30mL 或 10% 抗蚜威乳油 10g，加 40% 禾枯灵 100g，或 60%防霉宝 70g 加磷酸二氢钾 150g 或用尿素、丰产素等，防效优异。

在长江中下游，喷药时期往往阴雨连绵或时晴时雨，必须抢在雨前或雨停间隙露水干后抢时喷药，喷药后遇雨可隔 5～7 天再喷 1 次，以提高防治效果。每亩用 50% 多菌灵可湿性粉剂 100 克，或 70% 甲基托布津可湿性粉剂 50～75 克，兑水 50～75kg 常量喷雾。可隔 5～7 天再喷 1 次，喷药时要重点对准小麦穗部，均匀喷雾。

### (四) 小麦纹枯病

小麦纹枯病是一种以土壤传播为主的真菌病害。随着种植制度的改革，高产品种的推广和水、肥、密度的增加，危害日趋严重。小麦纹枯病菌的寄主范围广，除侵染小麦以外，还可侵染玉米、水稻、谷子、高粱等多种农作物和多种禾本科杂草。其主要寄生方式为菌核或菌丝在土壤内、病残体中越冬、越夏。菌核在干燥土壤中能存活6年，在流动的活水中能存活6个月左右，所以土壤中的菌丝和菌核是主要的侵染来源。

### 1. 症状

无性态称禾谷丝核菌CAG-1、CAG-3、CAG-6、AGC14菌丝融合群；AG-4、AG5称立枯线核菌AG-4和AG-5融合群，均属半知菌亚门真菌。两种菌的区别：前者的细胞为双核，后者为多核；前者菌丝较细，生长速度较慢，后者菌丝较粗，生长速度较快；前者产生的菌核较小，后者产生的菌核比前者大；两个种均有各自的菌丝融合群。有关专家研究结果证明：云纹状病斑是由禾谷丝核菌CAG-1融合群侵染引起的；褐色病斑是由立枯丝核菌AG-4菌丝融合群侵染后所引起的。有人把小麦、大麦、水稻和棉花上分离到的丝核菌，分别进行交互接种，不仅可以互相侵染，还可交叉致病，但各病原菌均对原寄主致病力最强。有人检测江苏省小麦和大麦上的丝核菌属禾谷丝核菌CAG-1融合群，是优势菌丝融合群，所占比例为88%～92%。水稻、玉米、大豆、棉花上的丝核菌则属于立枯丝核菌，其中水稻、玉米、大豆为AG-1A融合群，棉花上为AG-4融合群。四川省小麦、玉米、水稻纹枯病菌对棉花未表现明显致病性。但小麦、玉米、水稻、棉花4种病菌都能侵染小麦、玉米和水稻，且各菌对原寄主致病力最强。立枯丝核菌菌丝体生长温限为7℃～40℃，适温为26℃～32℃，菌核在26℃～32℃和相对湿度95%以上时，经10～12天，即可萌发产生菌丝，菌丝生长适宜pH为5.4～7.3。相对湿度高于85%时菌丝才能侵入寄主。

禾谷丝核菌CAG-1融合群在培养基中25℃培养，菌落初无色，2～3天后表现产生白色絮状气生菌丝，8～10天后菌丝集结成菌核，菌核初无色，渐变黄白色，后成褐色，菌核小。菌丝无色，不产生无性孢子，生长温限5℃～30℃，适温为20℃～25℃，温度达30℃时，生长明显受抑，32.5℃时生长停滞。

### 2. 病害特征

该病多发生在小麦的叶鞘和茎秆上。小麦拔节后，症状逐渐明显。发病初期，在地表或近地表的叶鞘上产生黄褐色椭圆形或梭形病斑，以后，病部逐渐扩大，颜色变深，并向内侧发展为害茎部，重病株基部1、2节变黑甚至腐烂，常早期死亡。小麦生长中期至后期，叶鞘上的病斑呈云纹状花纹。病斑无规则，严重时包围全叶鞘，使叶鞘及叶片早枯。在田间湿度大、通气性不好的条件下，在病鞘与茎秆之间或病斑表面，常产生白色霉状物。在上面，初期散生土黄色或黄褐色的霉状小团，即担孢子单细胞，呈椭圆形或长椭圆形，基部稍尖，无色。

小麦受纹枯菌侵染后，在各生育阶段出现烂芽、病苗枯死、花秆烂茎、枯株白穗等症状。烂芽芽鞘褐变，之后芽枯死腐烂，不能出土；病苗枯死发生在 3～4 叶期，初仅第一叶鞘上现中间灰色，四周有褐色的病斑，后因抽不出新叶而致病苗枯死。花秆烂茎拔节后，在基部叶鞘上形成中间灰色、边缘浅褐色的云纹状病斑，病斑融合后，茎基部呈云纹花秆状。枯株白穗病斑侵入茎壁后，形成中间灰褐色，四周褐色的近圆形或椭圆形眼斑，造成茎壁失水坏死，最后病株因养分、水分供不应求而枯死，形成枯株白穗。

3.防治方法

（1）农业防治。

第一，选用抗病、耐病品种，选用当地丰产性能好，抗、耐性强的或轻感病的良种，在同样的条件下可降低病情 20%～30%，是经济易行的控病措施。可选品种如，郑引 1 号、扬麦 1 号、丰产 3 号、华麦 7 号、鄂麦 6 号、阿夫、7023、8060、7909、鲁麦 14 号、仪宁小麦、淮 849-2、陕 229、矮早 781、郑州 831、冀 84-5418、豫麦 10 号、豫麦 13 号、豫麦 16 号、豫麦 17 号、百农 3217、百泉 3039、博爱 7422、温麦 4 号等。

第二，施用酵素菌沤制的堆肥或增施有机肥，采用配方施肥技术配合施用氮、磷、钾肥。不要偏施、施氮肥，可改良土壤理化性状和小麦根际微生物生态环境，促进根系发育，增强抗病力。

第三，适期播种，避免早播，实行合理轮作，控制田间密度，改善田间通风透光条件，适当降低播种量，及时清除田间杂草，雨后及时排水。

（2）化学防治。

小麦纹枯病的化学防治应以种子处理为重点，早春，重病田要辅以接力喷药，可采用两种防治模式，有效控制该病危害。

第一，对于种植感病品种和早播发病重的麦田，秋播时用三唑酮拌种，用药量为干种重量的 0.1%～0.15%，因拌种后会影响发芽率，每 50kg 种子加进 75mL 赤霉酸，起到逆转的作用，也可以加进增产菌 10g 混配拌种，可有效地控制纹枯病的发生并能兼治其他土传病害和苗期锈病、白粉病。如春季雨水多，纹枯病有大发生的趋势，对于重病田，可在小麦起身期喷 1 次井冈霉素。

第二，对于晚播未拌种的麦田，如果田间病株率为 10% 或病情指数达 2～3 级时，在小麦起身期，每亩用 5% 井冈霉素水剂 160～200g，兑水 50～60kg，喷麦苗基部，7 天后再喷第 2 次。在孕穗期，每亩用 20% 三唑酮乳油 50～75 克，兑水 100～120kg，喷雾。如果病虫同时发生可采用与防治麦蚜、黏虫的农药混用，便可达到兼治的目的。

翌年春季冬、春小麦拔节期，每亩用5%井冈霉素水剂125g，兑水100kg，或15%三唑醇粉剂50g，兑水60kg，或20%三唑酮乳油40~50g，兑水60kg，或12.5%烯唑醇可湿性粉剂100克，兑水100kg，均匀喷雾，防效比单独拌种的提高10%~30%，增产2%~10%。此外，还可选用33%纹霉净可湿性粉剂，或50%甲基立枯灵可湿粉400倍液喷雾。

如果纹枯病在秋苗期发生早且重，暖冬年或春季气温偏高，雨水偏多，病害有可能大发生时，防治指标应据实掌握，防治时间应适当提前。

### （五）小麦全蚀病

小麦全蚀病又称小麦立枯病、黑脚病，是一种根部病害，只侵染麦根和茎基部1~2节。在苗期，病株矮小，下部黄叶多，种子根和地中茎变成灰黑色，严重时造成麦苗连片枯死。拔节期冬麦病苗返青迟缓，分蘖少，病株根部大部分变黑，在茎基部及叶鞘内侧出现较明显灰黑色菌丝层。

#### 1. 症状

在自然条件下，病菌不产生无性孢子。小麦变种的子囊壳群集或散生于衰老病株茎基部叶鞘内侧的菌丝束上，烧瓶状，黑色，周围有褐色菌丝环绕，颈部多向一侧略弯，有具缘丝的孔口外露于表皮，大小为（385~771）μm×（297~505）μm，子囊壳在子座上常不连生。子囊平行排列于子囊腔内，早期子囊间有拟侧丝，后期消失，棍棒状，无色，大小为（61~102）μm×（8~14）μm，内含子囊孢子8个。子囊孢子成束或分散排列，丝状，无色，略弯，具3~7个假隔膜，多为5个，内含许多油球，大小为（53~92）μm×（3.1~5.4）μm。成熟菌丝栗褐色，隔膜较稀疏，呈锐角分枝，主枝与侧枝交界处各生1个隔膜，成"A"形。在P天A培养基上，菌落灰黑色，菌丝束明显，菌落边缘菌丝常向中心反卷，人工培养易产生子囊壳。对小麦、大麦致病力强，对黑麦、燕麦致病力弱。禾谷变种的子囊壳散生于茎基叶鞘内侧表皮下，黑色，具长颈和短颈。子囊、子囊孢子与小麦变种区别不大，唯子囊孢子1头稍尖，另1头钝圆，大小为（67.5~87.5）μm×（3~5）μm，成熟时具3~8个隔。在大麦、小麦、黑麦、燕麦、水稻等病株的叶鞘、芽鞘及幼嫩根茎组织上产生大量裂瓣状附着枝，大小为（15~22.5）μm×（27.5~30）μm。在培养基上，菌落初白色，后呈暗黑色，气生菌丝绒毛状，菌落边缘的羽毛状菌丝不向中心反卷，不易产生子囊壳。该菌对小麦致病力较弱，但对大麦、黑麦、燕麦、水稻致病力强。该菌寄主范围较广，能侵染10多种栽培或野生的禾本科植物。

#### 2. 病害特征

在小麦抽穗后，田间病株成簇或点片状发生早枯白穗，病根变黑，易于拔起。在茎基部表面及叶鞘内，布满紧密交织的黑褐色菌丝层，呈"黑脚"状，后颜色加深呈黑膏药状，上密布黑褐色颗粒状子囊壳。该病与小麦其他根腐型病害区别在于种子根和次生根变黑腐败，茎基部生有黑膏药状的菌丝体。在幼苗期，病原菌主要侵染根和地下茎，使之变黑腐烂，地上表现病苗基部叶片发黄，心叶内卷，分蘖减少，生长衰弱，严重时死亡。病苗返青推迟，矮小稀疏，根部变黑加重。拔节后茎基部1～2节叶鞘内侧和茎秆表面在潮湿条件下形成肉眼可见的黑褐色菌丝层，称为"黑脚"，这是全蚀病区别于其他根腐病的典型症状。重病株地上部明显矮化，发病晚的植株矮化不明显。由于茎基部发病，植株早枯形成"白穗"。田间病株成簇或点片状分布，严重时会造成全田植株枯死。在潮湿情况下，小麦近成熟时，病菌在病株基部叶鞘内侧生有黑色颗粒状凸起，即病原菌的子囊壳。但在干燥条件下，病株基部"黑脚"症状不明显，也不产生子囊壳。

小麦全蚀病是一种根部病害，只侵染麦根和茎基部1～2节。抽穗后田间病株成簇或点片状发生早枯白穗，病根变黑，易于拔起。

小麦各生育时期的症状及诊断见以下内容。

幼苗分蘖期至返青拔节期，基部叶发黄，并自下而上似干旱缺肥状。苗期，初生根和地下茎变灰黑色，病重时次生根局部变黑。拔节后，茎基1～2节的叶鞘内侧和病茎表面生有灰黑色的菌丝层。诊断：将变黑根剪成小段，用乳酚油封片，略加温使其透明，镜检根表如有纵向栗褐色的葡萄菌丝体，即为全蚀病株。

抽穗灌浆期，病株变矮、褪色，生长参差不齐，叶色、穗色深浅不一，潮湿时出现基腐（基部1、2个茎节）性的"黑脚"，最后植株早枯，形成"白穗"。剥开基部叶鞘，可见叶鞘内表皮和茎秆表面密生黑色菌丝体和菌丝结。小麦近成熟时，若土壤潮湿，病株叶鞘内表皮可生有黑色颗粒状凸起的子囊壳。

3. 防治方法

（1）农业防治。

第一，选用抗病、耐病品种，如烟农15号、济南13号、济宁3号等。

第二，对怀疑带病种子用51℃～54℃温水浸种10分钟或用甲基硫菌灵药液浸种10分钟。病区要严格控制种子外调，新的轻病区及时采取扑灭性措施，消灭发病中心，对地块实行3年以上的禁种。水旱轮作，病菌易失去生活力。粪肥必须高温发酵后施用。要多施基肥，发挥有机肥的防病作用。选用农艺性状好的耐病良种。

第三，实行稻麦轮作或与棉花、烟草、蔬菜等经济作物轮作，也可改种大豆、油菜、马铃薯等，可明显降低发病率。

（2）化学防治。

第一，用种子重量 0.2% 的 2% 立克秀拌种，防效 90% 左右。

第二，严重地块，用 3% 苯醚甲环唑悬浮种衣剂 80mL，兑水 100 ~ 150mL，拌 10 ~ 12.5kg 麦种，晾干后即可播种也可贮藏再播种。

第三，小麦播种后 20 ~ 30 天，每亩用 15% 三唑酮可湿性粉剂 150 ~ 200g 兑水 60L，顺垄喷洒，翌年返青期再喷 1 次，可有效控制全蚀病为害，并可兼治白粉病和锈病。

第四，在小麦全蚀病、根腐病、纹枯病、黑穗病与地下害虫混合发生的地区或田块，可选用 40% 甲基异柳磷乳油 50mL 或 50% 辛硫磷乳油 100mL，加 20% 三唑酮乳油 50mL 后，兑水 2 ~ 3kg，拌麦种 50kg，拌后堆闷 2 ~ 3 小时，然后播种。可有效防治上述病害，兼治地下害虫。

第五，小麦白粉病、根腐病、地下害虫及田鼠混合发生的地区或田块，用 50% 辛硫磷乳油 150mL，加 20% 三唑酮乳油 20mL，兑水 2 ~ 3kg，拌麦种 50kg，可有效地防治根腐病、

第六，白粉病，兼治地下害虫。

第七，提倡施用稀土纯营养剂，每亩用 50g，兑水 20 ~ 30kg，于生长期或孕穗期开始喷洒，隔 10 ~ 15 天 1 次，连续喷 2 ~ 3 次。

### (六) 小麦黄矮病毒病

小麦黄矮病毒病又叫黄叶病、嵌边黄等，是由蚜虫传播的病毒病，小麦从幼苗到成株期皆能感病。该病由大麦黄矮病毒引起，能侵染小麦、大麦、燕麦、黑麦、玉米、雀麦、虎尾草、小画眉草、金色狗尾草等。

#### 1. 症状

黄矮病毒属病毒，病毒粒子为等轴对称正 20 面体。在电镜下观察病叶韧皮部组织的超薄切片，病毒粒子直径 24μm，病毒核酸为单链核糖核酸。病毒在汁液中的致死温度为 65℃ ~ 70℃。

#### 2. 病害特征

幼苗期发病，叶片逐渐褪绿，出现与叶脉平行的黄绿相间条纹，后呈鲜黄色，植株生长缓慢，明显矮化，分蘖少，根系入土浅，易拔起。拔节期发病，一般从新叶下 1 ~ 2 片叶开始黄化，自上而下，自叶尖沿叶脉向叶身扩展，叶色稍深，变窄、变厚、质脆，叶背有蜡质光泽，植株不矮化。孕穗期发病，仅旗叶发黄，自尖端向下逐渐延伸，根系不健全，主根短，次生根少，不矮化。

主要表现为叶片黄化、植株矮化。叶片典型症状是新叶发病从叶尖渐向叶基扩展变黄，黄化部分占全叶的 1/3 ~ 1/2，叶基仍为绿色，且保持较长时间，有时出现

与叶脉平行但不受叶脉限制的黄绿相间条纹。病叶较光滑。发病早，植株矮化严重，但因品种而异。冬麦发病不显症，越冬期间不耐低温易冻死。能存活的病菌翌春使分蘖减少，病株严重矮化，不抽穗或抽穗很小。拔节孕穗期感病的植株稍矮，根系发育不良。植株抽穗期发病，仅旗叶发黄，矮化不明显，能抽穗，粒重降低。与生理性黄化区别在于，生理性的从下部叶片开始发生，整叶发病，田间发病较均匀。黄矮病下部叶片绿色，新叶黄化，旗叶发病较重，从叶尖开始发病，先出现中心病株，然后向四周扩展。

3. 防治方法

(1) 农业防治。

第一，种植抗耐病品种。

第二，适时播种，避免早播。

第三，对已发病田块，增加肥水管理，能减少损失。

第四，加强栽培管理，及时消灭田间及附近杂草。冬麦区适期迟播，春麦区适当早播，确定合理密度，加强肥水管理，提高植株抗病力。

第五，冬小麦采用地膜覆盖，防病效果明显。

(2) 化学防治。

于麦苗返青前后，每亩用50%抗蚜威可湿性粉剂10～16g，或40%氧化乐果乳油1500倍液，或5%来福灵乳油或20%速灭杀丁乳油3000～4000倍液，每亩用60～75kg药液，作茎叶喷施。喷药还可以用40%乐果乳油1000～1500倍液，或50%灭蚜松乳油1000～1500倍液，2.5%氯氟氰菊酯，或溴氰菊酯、氯氰菊酯乳油2000～4000倍液，50%对硫磷乳油2000～3000倍液。

撒毒土，每亩用40%氧乐果乳油40～60mL，或用辛硫磷、杀螟松、乐果等制剂，均匀拌入15～25kg细干土中，然后撒施。40%乐果乳油50g兑水1kg，拌细土15kg撒在麦苗基叶上，可减少越冬虫源。

在发病初期，每亩可用生物农药2%武夷菌素50mL，兑水45～60kg喷雾。

### (七) 小麦丛矮病

小麦丛矮病主要危害小麦，由北方禾谷花叶病毒引起。小麦、大麦等是病毒主要越冬寄主。套作麦田有利灰飞虱迁飞繁殖，发病重；冬麦早播发病重；邻近草坡、杂草丛生麦田病重；夏秋多雨、冬暖春寒年份发病重。

1. 症状

北方禾谷花叶病毒，属弹状病毒组。病毒粒体杆状，病毒质粒主要分布在细胞质内，常单个或多个，成层或簇状包在内质网膜内。在传毒介体灰飞虱唾液腺中病毒质粒只有核衣壳而无外膜。病毒汁液体外保毒期 2~3 天，稀释限点 10~100 倍。丛矮病潜育期因温度不同而异，一般 6~20 天。

2. 病害特征

染病植株上部叶片有黄绿相间条纹，分蘖增多，植株矮缩，呈丛矮状。冬小麦播后 20 天即可显症，最初症状心叶有黄白色相间断续的虚线条，后发展为不均匀黄绿条纹，分蘖明显增多。冬前染病株大部分不能越冬而死亡，轻病株返青后分蘖继续增多，生长细弱，叶部仍有黄绿相间条纹，病株矮化，一般不能拔节和抽穗。冬前未显症和早春感病的植株在返青期和拔节期陆续显症，心叶有条纹，与冬前显症病株比，叶色较浓绿，茎秆稍粗壮，拔节后染病植株只有上部叶片显条纹，能抽穗的籽粒秕瘦。

3. 防治方法

(1) 农业防治。

第一，在小麦返青时彻底清除麦田及其周围的杂草，消灭灰飞虱适宜生存的环境，以减少传毒虫源。

第二，适时浇返青水。浇返青水对灰飞虱有杀灭作用，可以减少传毒虫源。

第三，小麦平作，合理安排套作，避免与禾本科植物套作。

第四，精耕细作、消灭灰飞虱生存环境，压低毒源、虫源。适期连片播种，避免早播。麦田冬灌水保苗，减少灰飞虱越冬。小麦返青期早施肥水提高成穗率。

(2) 化学防治。

当春季气温稳定在 5℃时，就要喷药防治。可用 40% 的氧化乐果乳油 1000 倍液，或 50% 的辛硫磷 1000 倍液，每亩喷施药液 50~75kg，隔 5~7 天喷 1 次，连喷 2 次。喷药时麦田四周 5m 以内的地方都要喷到。靠近路边、水沟、地头、地边的更应注意防治。

出苗后喷药保护，包括田边杂草也要喷洒，压低虫源，可选用 40% 氧化乐果乳油、50% 马拉硫磷乳油 1000~1500 倍液，均匀喷雾。

小麦返青盛期也要及时防治灰飞虱，压低虫源，可用 25% 噻嗪酮可湿性粉剂或 10% 吡虫啉可湿性粉剂 750~1000 倍液，均匀喷雾。

### (八) 小麦散黑穗病

小麦散黑穗病俗称黑疸、乌麦、灰包。主要侵害小麦。

1. 症状

裸黑粉菌，属担子菌亚门真菌，异名厚垣孢子球形，褐色，一边色稍浅，表面布满细刺，直径 5~9μm。厚垣孢子萌发温限 5℃~35℃，以 20℃~25℃最适。萌发时，生先菌丝，不产生担孢子。侵害小麦，引致散黑穗病，该菌有寄主专化现象，小麦上的病菌不能侵染大麦，但大麦上的病菌能侵染小麦。厚垣孢子萌发，只产生4个细胞的担子，不产生担孢子。

2. 病害特征

病株抽穗比健株略早，小穗畸形，外包灰色薄膜，里面充满黑粉。健穗开花前后，病穗薄膜破裂，病菌孢子随风吹散，只留下穗轴直立田间。

主要在穗部发病，病穗比健穗较早抽出。最初病小穗外面包1层灰色薄膜，成熟后破裂，散出黑粉(病菌的厚垣孢子)，黑粉吹散后，只残留裸露的穗轴。病穗上的小穗全部被毁或部分被毁，仅上部残留健穗。一般主茎、分蘖都出现病穗，但在抗病品种上，有的分蘖不发病。

小麦同时受腥黑穗病菌和散黑穗病菌侵染时，病穗上部表出腥黑穗，下部为散黑穗。散黑穗病菌偶尔也侵害叶片和茎秆，在其上长出条状黑色孢子堆。

病菌主要为害麦穗，最初病穗外包一层灰白色薄膜，转而充满黑粉，后来薄膜破裂，黑粉随风吹散，仅剩枝梗和穗轴。黑粉吹到正在开花的小麦柱头上，侵入子房。这时，被感染的小麦结出的带菌与正常种子无区别。播种后，随着种子发芽生长，菌丝萌动进入生长点，分布全株，第二年小麦抽穗时形成黑穗。带病种子是唯一的初侵染来源。

3. 防治方法

(1) 农业防治。

第一，建立无病种子田。无病留种田应设在远离大面积麦田300m以外的地方。在小麦抽穗前，注意对种子田的检查，及早拔除残留的病穗，以保证种子完全不受病菌的侵染。

第二，变温浸种。先将麦种用冷水预浸4~6小时，捞出后用52℃~55℃温水浸1~2分钟，使种子温度升到50℃，再捞出放入56℃温水中，使水温降至55℃浸5分钟，随即迅速捞出，经冷水冷却后晾干播种。

第三，恒温浸种。把麦种置于50℃~55℃热水中，立刻搅拌，使水温迅速稳定至45℃，浸3小时后捞出，移入冷水中冷却，晾干后播种。

第四，石灰水浸种。用优质生石灰500g，溶在50kg水中，滤去渣滓后静浸选好的麦种30kg，要求水面高出种子10~15cm，种子厚度不超过66cm，气温达20℃时浸3~5天，气温达25℃时浸2~3天，达30℃时浸1天即可，浸种以后不再用清水冲洗，摊开晾干后即可播种。

第五，拔除病株。在病株黑粉散落以前彻底地拔除病株，集中烧毁。这是消灭散黑穗病菌源的最可靠办法。

（2）化学防治。

用种子重量 63% 的 75% 萎锈灵可湿性粉剂拌种，或用种子重量 0.08%～0.1% 的 20% 三唑酮乳油拌种。也可用 40% 拌种双可湿性粉剂 100g，拌麦种 50kg 或用 50% 多菌灵可湿性粉剂 100g，兑水 5kg，拌麦种 50kg，拌后堆闷 6 小时，可兼治腥黑穗病。

### （九）小麦秆黑粉病

小麦秆黑粉病是一种真菌病害。病菌随病株残体在土壤、粪肥中越冬，也可以随小麦种子做远距离传播。

#### 1. 症状

病菌冬孢子呈圆形或椭圆形，褐色，大小为 (12～16) μm×(9～12) μm，由 1～4 个冬孢子形成圆形或椭圆形的冬孢子团，褐色，大小 (35～40) μm×(18～35) μm，四周有很多不孕细胞，无色或褐色。冬孢子萌发后形成先菌丝，顶端轮生 3～4 个担孢子。担孢子柱形至长棒形，稍弯曲。该菌存有不同专化型和生理小种。

#### 2. 病害特征

当株高 0.33m 左右时，在茎、叶、叶鞘等部位出现与叶脉平行的条纹状孢子堆。孢子堆略隆起，初白色，后变灰白色或黑色，病组织老熟后，孢子堆破裂，散出黑色粉末，即冬孢子。病株多矮化、畸形或卷曲，多数病株不能抽穗而卷曲在叶鞘内，或抽出畸形穗。病株分蘖多，有时无效分蘖可达 100 余个。

受害病株矮小，分蘖增多，在叶鞘、叶片及茎秆上呈现灰白色条状病斑，稍隆起，斑内充满黑粉，后表皮破裂，散出黑粉，叶片卷缩、干枯。病株不抽穗或抽小穗而不结实，或结细小而皱缩的种子。病菌附在健康种子表面、土壤或肥料中。小麦播种后，病菌从萌发的幼芽鞘侵入。

#### 3. 防治方法

（1）农业防治。

第一，选用抗病品种，如北京 5 号、阿勃、矮丰 1 号、矮丰 2 号。换用无病种子。

第二，土壤传病为主的地区，可与非寄主农作物进行 1～2 年轮作。

第三，精细整地，提倡施用日本酵素菌沤制的堆肥或净肥，适期播种，避免过深，以利出苗。

（2）化学防治。

土壤传病为主的地区提倡用种子重量 0.2% 的 40% 拌种双或 0.3% 的 50% 福美双拌种。其他地区最好选用种子重量 0.03%、有效成分的 20% 三唑酮，或用种子重量 0.015% ~ 0.02% 的，有效成分的 15% 三唑醇等内吸杀菌剂拌种。

### （十）小麦土传花叶病毒病

小麦土传花叶病毒病是由小麦土传花叶病毒引起的一种病害，该病毒主要为害冬小麦的叶片。除小麦外，还侵染大麦、燕麦、黑麦等禾本科植物。

1. 症状

小麦土传花叶病毒，属病毒。病毒粒体为直棒状二分体，长粒体直径为 300μm，短粒体直径为 92 ~ 160μm，病毒粒体直径约 22μm。小麦土传花叶病毒形态明显别于弯曲的线条状的小麦梭条斑花叶病毒。致死温度 60℃ ~ 65℃，稀释限点 100 ~ 1000 倍。在低温干燥的组织中可存活 10 个月左右。

2. 病害特征

受侵害的小麦在秋苗时褪绿症状不明显。早春麦苗返青起身时，便出现很多褪绿条纹，病株一般较正常植株矮。在发病初期，病株新叶表现褪绿条纹，与绿色组织相间，成花叶症状，少数新叶扭曲畸形；后期病斑扩散增多，可导致整个病叶发黄、枯死，发病严重者植株矮化、黄化，分蘖成穗少。

该病可导致小麦减产 10% ~ 70%，主要侵染冬小麦，多发生在生长前期。冬前小麦土传花叶病毒侵染麦苗，斑驳不明显。翌春，新生小麦叶片症状逐渐明显，出现长短和宽窄不一的深绿和浅绿相间的条状斑块或条状斑纹，表现为黄色花叶，有的条纹延伸到叶鞘或颖壳上。病株穗小粒少，但多不矮化。小麦土传花叶病毒病症状与小麦梭条斑花叶病相近，需镜检病毒粒体或用血清学方法区分。

3. 防治方法

（1）农业防治。

第一，选用抗病或耐病的品种，如四川的繁 6、绵阳 19、山东的 6596 ~ 33、石家庄的小红麦等。

第二，轮作与豆科、薯类、花生等进行 2 年以上轮作，调节播种期。

第三，加强肥水管理，施用农家肥要充分腐熟，提倡施用酵素菌沤制的堆肥。

第四，提倡高畦或起垄种植，严禁大水漫灌，禁止用带菌水灌麦，雨后及时排水，形成不利多黏菌侵入的条件。加强管理，防止病残体、病土或病田流水传入无病区。

第五，零星发病区采用土壤灭菌法，或用 40℃ ~ 60℃高温处理 15cm 深土壤数分钟。

（2）化学防治。

发病初期可用 20% 吗啉胍、芸苔素加多元微肥防治，7 天 1 次，连续 2 ~ 3 次。

## 二、小麦主要虫害防治

### (一) 小麦蚜虫

小麦蚜虫俗称油虫、腻虫、蜜虫，是小麦的主要害虫之一，可对小麦进行刺吸为害，影响小麦光合作用及营养吸收、传导。该虫小麦抽穗后集中在穗部为害，形成秕粒，使千粒重降低造成减产。该虫害全世界各麦区均有发生，主要为害麦类和其他禾本科农作物与杂草，若虫、成虫常大量群集在叶片、茎秆、穗部吸取汁液，被害处初呈黄色小斑，后为条斑，造成枯萎、整株变枯至死。

1. 分布

小麦蚜虫分布极广，几乎遍及世界各产麦国，我国为害小麦的蚜虫有多种，通常较普遍而重要的有麦长管蚜、麦二叉蚜、黍缢管蚜、无网长管蚜。

在国内除无网长管蚜分布范围较小外，其余在各麦区均普遍发生，但常以麦长管蚜和麦二叉蚜发生数量最多、为害最重。一般麦长管蚜无论在南北方密度均相当大，但偏北方发生更重；麦二叉蚜主要发生于长江以北各省，尤以比较少雨的西北冬春麦区频率最高。就麦长管蚜和麦二叉蚜来说，除小麦、大麦、燕麦、糜子、高粱和玉米等寄主外，麦长管蚜还能为害水稻、甘蔗和茭白等禾本科农作物，及早熟禾、看麦娘、马唐、棒头草、狗牙根和野燕麦等杂草，麦二叉蚜能取食赖草、冰草、雀麦、星星草和马唐等禾本科杂草。

2. 形态特征

麦长管蚜无翅孤雌蚜体长 3.1mm，宽 1.4mm，长卵形，草绿色或橙红色，头部略显灰色，腹侧具灰绿色斑，触角、喙端节、财节、腹管为黑色，尾片色浅，腹部第 6 ~ 8 节及腹面具横网纹，无缘瘤。中胸腹岔短柄，额瘤显著外倾，触角细长，全长不及体长，第 3 节基部具 1 ~ 4 个次生感觉圈。喙粗大，超过中足基节。端节圆锥形，是基宽的 1.8 倍。腹管呈长圆筒形，长为体长 1/4，在端部有网纹十几行。尾片长圆锥形，长为腹管的 1/2，有 6 ~ 8 根曲毛。有翅孤雌蚜体长 3.0mm，椭圆形，绿色，触角黑色，第 3 节有 8 ~ 12 个感觉圈排成 1 行。喙不达中足基节。腹管长圆筒形，黑色，端部具 15 ~ 16 行横行网纹，尾片长圆锥状，有 8 ~ 9 根毛。

麦二叉蚜无翅孤雌蚜体长 2.0mm，卵圆形，淡绿色，背中线为深绿色，腹管浅为绿色，顶端为黑色。中胸腹岔具短柄。额瘤较中额瘤高。触角 6 节，全长超过体之半，喙超过中足基节，端节粗短，长为基宽的 1.6 倍。腹管长圆筒形，尾片长圆锥形，长为基宽的 1.5 倍，有长毛 5 ~ 6 根。有翅孤雌蚜体长 1.8mm，长卵形。触角第 3 节具 4 ~ 10 个小圆形次生感觉圈，排成 1 列。

黍缢管蚜无翅孤雌蚜体长 1.9mm，宽卵形。活体为黑绿色，嵌有黄绿色纹，被有薄粉。腹管基部四周具锈色纹。触角 6 节，黑色，长超过体之半。中胸腹岔无柄。中额瘤隆起。喙粗壮较中足基节长，长是宽的 2 倍。腹管长椭圆形。尾片长圆锥形，具 4 根毛。

有翅孤雌蚜体长 2.1mm，长卵形，活体头、胸为黑色，腹部为深绿色，具黑色斑纹。第 7、8 节腹背具中横带。腹管为黑色。触角第 3 节具圆形次生感觉圈 19～28 个，第 4 节具 2～7 个。

3. 虫害特征

可对小麦进行刺吸为害，以成虫和若虫刺吸麦株茎、叶和嫩穗的汁液。麦苗被害后，叶片枯黄，生长停滞，分蘖减少；后期麦株受害后，叶片发黄，麦粒不饱满，严重时麦穗枯白，不能结实，甚至整株枯死。主要包括直接为害和间接为害两方面。

直接为害主要以成、若蚜吸食叶片、茎秆、嫩头和嫩穗的汁液。麦长管蚜前期集中在叶正面或背面，后期集中在穗上刺吸汁液，致受害株生长缓慢，分蘖减少，千粒重下降。该虫是麦类作物重要害虫，也是麦蚜中的优势种。麦二叉蚜喜在农作物苗期为害，受害部形成枯斑，其他蚜虫无此症状。常在麦类叶片正、反两面或基部叶鞘内外吸食汁液，致麦苗黄枯或伏地不能拔节，严重的麦株不能正常抽穗，直接影响产量，此外还可传带小麦黄矮病。

间接为害是指麦蚜能在为害的同时，传播小麦病毒病，其中以传播小麦黄矮病为害最重。

4. 发生规律

麦蚜的越冬虫态及场所均依各地气候条件而不同，南方无越冬期，在北方麦区、黄河流域麦区，该虫以无翅胎生雌蚜在麦株基部叶丛或土缝内越冬，北部较寒冷的麦区，多以卵在麦苗枯叶上、杂草上、茬管中、土缝内越冬，而且越向北，以卵越冬率越高。从发生时间上看，麦二叉蚜早于麦长管蚜为害，麦长管蚜虫害一般到小麦拔节后才逐渐加重。麦蚜为间歇性猖獗发生，这与气候条件密切相关。麦长管蚜喜中温不耐高温，要求湿度为 40%～80%，而麦二叉蚜则耐 30℃的高温，喜干怕湿，湿度 35%～67% 为适宜。一般早播麦田，蚜虫迁入早，繁殖快，为害重；夏秋农作物的种类和面积直接关系麦蚜的越夏生存率和繁殖率。前期多雨气温低，后期一旦气温升高，常会造成小麦的大爆发。

5. 发生条件

麦长管蚜 1 年发生 20～30 代，在多数地区以无翅孤雌成蚜和若蚜在麦株根际或四周土块缝隙中越冬，有的可在背风向阳的麦田的麦叶上继续生活。该虫在我国中部和南部属不全周期型，即全年进行孤雌生殖不产生性蚜世代，夏季高温季节在山区或高海拔的阴凉地区的麦类自生苗或禾本科杂草上生活。在麦田春、秋两季出现两个高峰，夏天和冬季蚜量少。秋季冬麦出苗后从夏寄主上迁入麦田进行短暂的繁殖，出现小高峰，为害不重。11月中、下旬后，随气温下降开始越冬。春季返青后，气温高于6℃开始繁殖，低于15℃繁殖率不高，气温高于16℃，麦苗抽穗时转移至穗部，虫田数量迅速上升，直到灌浆和乳熟期蚜量达高峰，气温高于22℃，产生大量有翅蚜，迁飞到冷凉地带越夏。该蚜在北方春麦区或早播冬麦区常产生孤雌胎生世代和两性卵生世代，世代交替。在这个地区多于9月迁入冬麦田，10月上旬均温14℃~16℃进入发生盛期，9月底出现性蚜，10月中旬开始产卵，11月中旬均温4℃进入产卵盛期并以此卵越冬。翌年3月中旬，进入越冬卵孵化盛期，历时1个月，春季先在冬小麦上为害，4月中旬开始迁移到春麦上，无论春麦还是冬麦，到了穗期即进入为害高峰期。6月中旬又产生有翅蚜，迁飞到冷凉地区越夏。麦长管蚜适宜温度10℃~30℃，其中18℃~23℃最适，气温12℃~23℃产仔量48~50头，24℃则下降。主要天敌有瓢虫、食蚜蝇、草蛉、蜘蛛、蚜茧蜂、蚜霉菌等。

麦二叉蚜生活习性与长管蚜相似，1年发生20~30代，具体代数因地而异。在冬春麦混种区和早播冬麦田的种群消长动态：秋苗出土后，该虫开始迁入麦田繁殖，3叶期至分蘖期出现一个虫害小高峰，进入11月上旬以卵在冬麦田残茬上越冬。翌年3月上、中旬越冬卵孵化，在冬麦上繁殖几代后，有的以无翅胎生雌蚜继续繁殖，有的产生有翅胎生蚜在冬麦田繁殖扩展。4月中旬有些迁入春麦上，5月上、中旬大量繁殖，出现为害高峰期，并可引起黄矮病流行。麦二叉蚜在10℃~30℃发育速度与温度正相关，7℃以下存活率低，22℃胎生繁殖快，30℃生长发育最快，42℃迅速死亡。该蚜虫在适宜条件下，繁殖力强，发育历期短，在小麦拔节、孕穗期，虫口密度迅速上升，常在15~20天，百株蚜量可达万头以上。

黍缢管蚜1年发生10~20代。在北方寒冷地区，禾谷缢管蚜产卵于稠李、桃、李、榆叶梅等李属植物上越冬，翌春繁殖后迁飞到禾本科植物上，属异寄主全周期型。在温暖麦区则可以无翅孤雌成蚜和若蚜在冬麦田或禾本科杂草上越冬。该虫营不全周期生活，冬季天暖仍在麦苗上活动，夏秋季主要在玉米上为害，麦收后转移到黍子和自生麦苗上，北方秋后迁往草丛中越冬，在冬麦区或冬麦、春麦混种区，秋末小麦出土后，迁回麦田繁殖。禾谷缢管蚜在30℃左右发育最快，喜高湿，不耐干旱。天敌同麦长管蚜。

6.防治方法

（1）农业防治。

第一，合理布局农作物，冬、春麦混种区尽量使其单一化，秋季农作物尽可能为玉米和谷子等。

第二，选择一些抗虫耐病的小麦品种，造成不良的食物条件，如鲁麦23。

第三，播种前用种衣剂加新高脂膜拌种，可驱避地下病虫，隔离病毒感染，不影响萌发吸胀功能，加强呼吸强度，提高种子发芽率。

第四，冬麦适当晚播，实行冬灌，早春耙磨镇压。农作物生长期间，要根据农作物需求施肥、给水，保证氮、磷、钾和墒情匹配合理，以促进植株健壮生长。雨后应及时排水，防止湿气滞留。在孕穗期要喷施壮穗灵，强化农作物生理机能，提高授粉、灌浆质量，增加千粒重，提高产量。

（2）生物防治。

充分利用瓢虫、食蚜蝇、草蛉、蚜茧蜂等天敌。据测定，七星瓢虫成虫日食蚜100头以上，生产上利用麦蚜复合天敌当量系统，能统一多种天敌的标准食蚜单位和计算法，准确测定复合天敌发生时综合控蚜能力，是采用其他措施的依据。测定天敌控蚜指标，把该指标与化防指标、当量系统结合起来，为充分发挥天敌作用提供保证。必要时可人工繁殖释放或助迁天敌，使其有效地控制蚜虫。

（3）化学防治。

化学防治麦二叉蚜要抓好秋苗期、返青和拔节期的防治，当孕穗期有蚜株率达50%，百株平均蚜量200～250头或浮浆初期有蚜株率70%，百株平均蚜量500头时，即应进行防治。麦长管蚜以在扬花末期防治最佳。小麦拔节后用药要打足水，每亩用水2～3桶才能打透。

在小麦黄矮病流行区，主要采用苗期治蚜，可用50%灭蚜松乳油150mL，兑水5kg，喷洒在50kg麦种上，堆闷6～12小时后播种。也可用3%克百威颗粒剂或5%涕灭威颗粒剂，每亩用1.5kg盖种，持效期可达1～1.5个月。

在非黄矮病流行期，重点防治穗期麦蚜，必要时在田间喷洒25%噻嗪酮可湿性粉剂，或10%吡虫啉可湿性粉剂2500倍液，或2.5%高渗吡虫啉可湿性粉剂3000倍液，或18%高渗氧乐果乳油1500倍液，或50%马拉硫磷乳油1000倍液，或50%杀螟松乳油2000倍液，或2.5%溴氰菊酯乳油3000倍液。

干旱地区，每666.7m用40%乐果乳油50mL，兑水1～2kg，拌细砂土15kg，或用80%敌敌畏乳油75mL，拌土15kg，于小麦穗期的清晨或傍晚撒施。为了保护天敌，尽量选用对天敌杀伤力小的抗蚜威等农药。

当麦蚜、白粉病混发时，用11%氧乐·唑酮乳油100mL，兑水50kg，均匀喷雾，防治麦蚜效果与氧乐果相同，防治白粉病效果与三唑酮相当。

我们建议防治小麦蚜虫，尽量使用吡蚜酮、烯啶虫胺等新产品。

### (二) 小麦黏虫

小麦黏虫属鳞翅目夜蛾科害虫。别名粟夜盗虫、剃枝虫，俗名五彩虫、麦蚕等，寄主为麦、稻、粟、玉米等禾谷类粮食作物，及棉花、豆类、蔬菜等16科104种以上植物。

1. 分布

除新疆未见报道外，该虫遍布全国各地。

2. 虫害特征

小麦黏虫的幼虫主要危害麦、稻、粟、玉米等禾谷粮食作物，大发生时亦可取食豆类、蔬菜、棉花等，以幼虫食叶为害，大发生时可将农作物叶片全部食光，造成严重损失。因其群聚性、迁飞性、杂食性、暴食性，成为全国性重要农业害虫。

3. 发生规律

小麦黏虫的初孵幼虫有群集性，1、2龄幼虫多在麦株基部叶背或分蘖叶背光处为害，3龄后食量大增，5~6龄进入暴食阶段，食光叶片或把穗头咬断，其食量占整个幼虫期90%左右，3龄后的幼虫有假死性，受惊动迅速卷缩坠地，畏光，晴天白昼潜伏在麦根处土缝中，傍晚后或阴天爬到植株上为害。幼虫发生量大、食料缺乏时，常成群迁移到附近地块继续为害，老熟幼虫入土化蛹。适宜该虫生存的温度为10℃~25℃，相对湿度为85%。产卵适温19℃~22℃，适宜相对湿度为90%左右，气温低于15℃或高于25℃，产卵明显减少，气温高于35℃即不能产卵。湿度直接影响初孵幼虫存活率的高低。该虫成虫需取食花蜜补充营养，遇有蜜源丰富，产卵量高；幼虫取食禾本科植物的发育快，羽化的成虫产卵量高。成虫喜在茂密的田块产卵，生产上长势好的小麦、粟、水稻田、生长茂密的密植田及多肥、灌溉好的田块，利于该虫大发生。

4. 发生条件

该虫生活习性年发生世代数全国各地不一，从北至南世代数为：东北、内蒙古1年发生2~3代，华北中南部1年发生3~4代，江苏淮河流域1年发生4~5代，长江流域1年发生5~6代，华南1年发生6~8代。黏虫属迁飞性害虫，其越冬分界线在北纬33度一带。在33度以北地区任何虫态均不能越冬；在湖南、江西、浙江一带，以幼虫和蛹在稻桩、田埂杂草、绿肥田、麦田表土下等处越冬；在广东、福建南部终年繁殖，无越冬现象。北方春季出现的大量成虫系由南方迁飞所至。成虫产卵于叶尖或嫩叶、心叶皱缝间，常使叶片成纵卷。初孵幼虫腹足未全发育，所以行走如尺蠖；初龄幼虫仅能啃食叶肉，使叶片呈现白色斑点；3龄后幼虫可蚕食叶片成缺刻，5~6龄幼虫进入暴食期。幼虫共6龄。老熟幼虫在根际表土1~3cm做土室化蛹。发育起点温度：卵 13.1℃ ±1℃，幼虫 7.7℃ ±1.3℃，蛹 12.0℃ ±0.5℃，成虫产卵 9.0℃ ±0.8℃；整个生活史为 9.6℃ ±1℃。有效发育积温：卵期 4.3 日度，幼虫期 402.1 日度，蛹期 121.0 日度，成虫产卵 111 日度；整个生活史为 685.2 日度。成虫昼伏夜出，傍晚开始活动。黄昏时觅食，半夜交尾产卵，黎明时寻找隐蔽场所。成虫对糖醋液趋性强，产卵趋向黄枯叶片。在麦田，该虫喜把卵产在麦株基部枯黄叶片叶尖处折缝里；在稻田，多把卵产在中上部半枯黄的叶尖上，着卵枯叶纵卷成条状。每个卵块一般 20～40 粒，成条状或重叠，多者达 200～300 粒，每雌一生产卵 1000～2000 粒。

5. 防治方法

(1) 农业防治。

第一，利用成虫多在禾谷类农作物叶上产卵习性，在麦田插谷草把或稻草把，每亩插入 60～100 个，每 2～5 天更换新草把，把换下的草把集中烧毁。

第二，糖醋盆法。用糖 6 份，醋 3 份，白酒 1 份，水 10 份，90% 晶体敌百虫 1 份调匀，或用泡菜水加适量农药，在成虫发生期设置。每亩地设 1～2 个糖醋诱杀盆，逐日诱杀成虫，可显著压低田间卵和幼虫的发生密度。

第三，黑光灯诱杀成虫。

(2) 生物防治。

充分利用步行甲、蛙类、鸟类、寄生蜂、寄生蝇等天敌，必要时可人工繁殖释放或助迁天敌，使其有效地控制小麦黏虫。

(3) 化学防治。

由于黏虫是间歇性猖獗的害虫，发生时具有"突发性"的特点，又有远距离迁飞危害的特性，为搞好防治，必须做好预测预报工作，掌握防治有利时机，采取综合措施，及时控制危害，在做好成虫诱测、雌蛾卵巢发育进度和抱卵量、田间查卵的基础上，在第 2 龄盛期组织群众开展"两查三定"，查黏虫幼虫和天敌发育进度，定防治适期，根据情况定防治措施。当麦田黏虫达 2～3 龄盛期阶段，为药剂防治的有利时机。

化学防治可采用 90% 晶体敌百虫 1000 倍液，50% 马拉硫磷乳油 1000～1500 倍液；90% 晶体敌百虫 1500 倍液加 40% 乐果乳油 1500 倍液喷雾，每亩喷兑好的药液 60～75kg。目前药剂防治效果好的有 20% 除虫脲 1 号，每亩用 20% 除虫脲 1 号 40～50g 或 25% 灭幼脲 3 号 20～30g，兑水 60～75kg 喷雾，防治效果均在 90% 以上，持效期长达 20 天，对瓢虫、食蚜蝇、蚜茧蜂和草蛉等多种天敌均无明显杀伤作用。另外，每亩用 0.04% 二氯苯醚菊酯粉剂 1.5～2kg 防效在 90% 以上，对天敌的杀伤力小于敌百虫等有机磷农药。

### (三) 小麦吸浆虫

小麦吸浆虫属昆虫纲双翅目瘿蚊科害虫。小麦红吸浆虫主要分布在黄河与长江流域的平原低湿地区；小麦黄吸浆虫分布在高原地区的高山多雨地带。在高原地区的河谷地带，两种常混合发生。在欧、亚小麦产区也常两种混合发生，北美则仅有麦红吸浆虫。

1. 分布

小麦吸浆虫为世界性害虫，广泛分布于亚洲、欧洲和美洲主要小麦栽培国家。国内的小麦吸浆虫亦广泛分布于全国主要产麦区，我国的小麦吸浆虫主要有两种，即小麦红吸浆虫和小麦黄吸浆虫。小麦红吸浆虫主要发生于平原地区的渡河两岸，而小麦黄吸浆虫主要发生在高原地区和高山地带。小麦红吸浆虫主要分布在黑龙江、内蒙古、吉林、辽宁、宁夏、甘肃、青海、河北、山西、陕西、河南、山东、安徽、江苏、浙江、湖北、湖南及江河沿岸的平原麦区；麦黄吸浆虫主要分布在山西、内蒙古、河南、湖北、陕西、四川、甘肃、青海、宁夏等高纬度地区。

2. 形态特征

小麦红吸浆虫雌成虫体长 2 ~ 2.5mm，翅展 5mm 左右，体橘红色，前翅透明，有 4 条发达翅脉，后翅退化为平衡棍，触角细长，14 节，雄虫每节中部收缩使各节呈葫芦结状，膨大部分各生 1 圈长环状毛。雌虫触角呈念珠状，上生 1 圈短环状毛。雄虫体长 2mm 左右。

卵长 0.09mm，长圆形，浅红色。幼虫体长 3 ~ 3.5mm，椭圆形，橙黄色，头小，无足，蛆形，前胸腹面有 1 个 "Y 形" 剑骨片，前端分叉，凹陷深。蛹长 2mm，裸蛹，橙褐色，头前方具白色短毛 2 根和长呼吸管 1 对。

小麦黄吸浆虫，雌体长 2mm 左右，体鲜黄色。卵长 0.29mm，香蕉形。幼虫体长 2 ~ 2.5mm，黄绿色或姜黄色，体表光滑，前胸腹面有剑骨片，剑骨片前端呈弧形浅裂，腹末端生凸起 2 个。蛹鲜黄色，头端有 1 对较长毛。

3. 虫害特征

小麦吸浆虫主要以幼虫潜伏在颖壳内吸食正在灌浆的麦粒汁液，造成秕粒、空壳。小麦吸浆虫以幼虫为害花器、籽实和麦粒，是一种毁灭性害虫。一般受害麦田减产 10% ~ 30%，重者减产 50% ~ 70%，甚至造成绝收。

河北小麦红吸浆于 20 世纪 60 年代、80 年代后期及 90 年代中期（1994—1996）3 次猖獗发生，其原因一是随着肥水条件和高产栽培技术的推广，湿润肥沃的条件利其羽化和存活，"小麦—玉米—小麦" 的种植方式发生重。二是吸浆虫抗逆力强，条件不适时可在土壤中休眠 6 ~ 12 年。三是缺少抗、耐虫品种。四是虫情监测困难，漏查较多。

### 4.发生规律

小麦红吸浆虫和小麦黄吸浆虫均1年发生1代，遇不良环境幼虫有多年休眠习性，所以也有多年一代的。以老熟幼虫在土中结圆茧越冬、越夏。黄淮流域3月上、中旬越冬幼虫破茧上升到土表，4月中、下旬大量化蛹，蛹羽化盛期在4月下旬至5月上旬。成虫出现后，正值小麦抽穗扬花期，随之大量产卵（黄吸浆虫略早于小麦红吸浆虫）。小麦黄吸浆虫多产卵于在初抽穗麦株的内外颖及其侧片上，1处产5~6粒，卵期7~9天。小麦红吸浆虫多产卵于在已抽穗尚未扬花的麦穗颖间和小穗间，1处3~5粒，卵期3~5天。幼虫孵化后，随即转入颖壳，附在子房或刚灌浆的麦粒上吸取汁液为害。老熟幼虫为害后，爬至颖壳及麦芒上，随雨珠、露水或自动弹落在土表，钻入土中10~20cm处作圆茧越夏、越冬。

雨水及土温、湿度对小麦吸浆虫的发生影响很大。小麦拔节、抽穗扬花前后雨水多、土壤潮湿，有利于越冬幼虫上升表土化蛹、羽化和幼虫入侵为害；小麦乳熟后、收获前雨水多，幼虫就能顺利入土。夏季高温是越夏幼虫死亡的主要原因。天敌以寄生蜂为主，有一定的抑制作用。

### 5.发生条件

小麦红吸浆虫1年发生1代或多年完成1代，以末龄幼虫在土壤中结圆茧越夏或越冬。翌年，当地下10cm处地温高于10℃时，小麦进入拔节阶段，越冬幼虫破茧上升到表土层，10cm地温达到15℃左右，小麦孕穗时，再结茧化蛹，蛹期8~10天；10cm地温20℃上下，小麦开始抽穗，小麦红吸浆虫开始羽化出土，当天交配后把卵产在未扬花的麦穗上，各地成虫羽化期与小麦进入抽穗期一致。该虫畏光，中午多潜伏在麦株下部丛间，多在早、晚活动，卵多聚产在护颖与外颖、穗轴与小穗柄等处，每雌产卵60~70粒，成虫寿命约30多天，卵期5~7天，初孵幼虫从内外颖缝隙处钻入麦壳中，附在子房或刚灌浆的麦粒上为害15~20天，经2次蜕皮，幼虫短缩变硬，开始在麦壳里蛰伏，抵御干热天气，这时小麦已进入蜡熟期，遇有湿度大或雨露时，苏醒后再蜕1层皮爬出颖外，弹落在地上，从土缝中钻入10cm处结茧越夏或越冬。该虫有多年休眠习性，遇有春旱年份有的不能破茧化蛹，有的已破茧，又能重新结茧再次休眠，休眠期有的可长达12年。

小麦黄吸浆虫1年发生1代，成虫发生较麦红吸浆虫稍早，雌虫把卵产在初抽出的麦穗上内、外颖之间，幼虫孵化后为害花器，以后吸食灌浆的麦粒，老熟幼虫离开麦穗时间早，在土壤中耐湿、耐旱能力低于麦红吸浆虫。其他习性与麦红吸浆虫近似。小麦吸浆虫发生与雨水、湿度关系密切，春季3—4月间雨水充足，利于越冬幼虫破茧上升土表、化蛹、羽化、产卵及孵化。此外麦穗颖壳坚硬、扣和紧、种皮厚、籽粒灌浆迅速的品种受害轻。抽穗整齐，抽穗期与吸浆虫成虫发生盛期错开的品种，成虫产卵少或不产卵，可逃避其危害。主要天敌有宽腹姬小蜂、光腹黑蜂、蚂蚁、蜘蛛等。

两种吸浆虫基本上都是1年发生1代，以成长幼虫在土中结茧越夏和越冬，翌年，在春季小麦拔节前后，有足够的雨水时，越冬幼虫开始移向土表。小麦孕穗期，幼虫逐渐化蛹。小麦抽穗期，成虫盛发，并产卵于麦穗上。主要天敌有宽腹姬小蜂、光腹黑蜂、蚂蚁、蜘蛛等。

6.影响因素

温度：幼虫耐低温不耐高温，越冬死亡率低于越夏。越冬幼虫在10cm土深，温度7℃时破茧活动，12℃~15℃化蛹，20℃~23℃羽化成虫，温度上升至30℃以上时，幼虫即恢复休眠。

湿度：在越冬幼虫破茧活动与上升化蛹期间，雨水多或灌溉羽化率就高。湿度高时，不仅卵的孵化率高，且初孵幼虫活动力强，容易侵入为害。小麦扬花前后雨水多、湿度大、气温适宜常会引起吸浆虫的大发生。天气干旱、土壤湿度小则对其发生不利。

土壤：壤土的土质疏松、保水力强利于发生。黏土对其生活不利，砂土更不适宜其生活。小麦红吸浆虫幼虫喜碱性土壤，小麦黄吸浆吸虫喜较酸性的土壤。

成虫盛发期与小麦抽穗扬花期吻合，虫害发生重，两期错位则发生轻。

7.防治方法

（1）农业防治。

第一，选用抗虫品种。小麦吸浆虫耐低温而不耐高温，因此越冬死亡率低于越夏死亡率。土壤湿度条件是越冬幼虫开始活动的重要因素，是吸浆虫化蛹和羽化的必要条件。不同小麦品种，小麦吸浆虫的为害程度不同，一般芒长多刺、口紧小穗密集、扬花期短而整齐、果皮厚的品种，对吸浆虫成虫的产卵、幼虫入侵和为害均不利。因此要选用穗形紧密、内外颖毛长而密、麦粒皮厚、浆液不易外流的小麦品种，如徐州21号、徐州211、马场2号、洛阳851、洛阳852、樊寨4号、咸农151、武农99号、临50744等，各地可因地制宜使用。

第二，轮作倒茬。麦田连年深翻，小麦与油菜、豆类、棉花和水稻等农作物轮作，对压低虫口数量有明显的作用。在小麦吸浆虫严重田及其周围，可实行棉麦间作或改种油菜、大蒜等农作物，待雨多年份过后再种小麦，就会减轻危害。如调整农作物布局改善农田环境，推广大豆、小麦或小麦、棉花一体化种植模式，优化组装综防技术。

（2）生物防治。

充分利用宽腹姬小蜂、光腹黑蜂、蚂蚁、蜘蛛等天敌，必要时可人工繁殖释放或助迁天敌，使其有效地控制小麦吸浆虫。

（3）化学防治。

狠抓各虫态防治。小麦吸浆虫在地下生活时间长、虫体小、数量多，应进行三步防治。

第一步，在小麦播种前撒毒土防治土中幼虫，于播前进行土壤处理。每亩用40%甲基异柳磷或50%辛硫磷乳油200mL，对水5kg，喷在20kg干土上，拌匀制成毒土撒施在地表，耙入或翻入土表层有效。

第二步，在小麦孕穗期撒毒土防治幼虫和蛹，是防治该虫关键时期。当土温为15℃时，小麦正处在孕穗阶段，这时吸浆虫移至土表层开始化蛹、羽化，是抵抗力弱的时期。在南方麦区，3月下旬—4月上旬是冬小麦拔节期，北方春麦于5月进入拔节期，此时土内幼虫破茧上升土表，每亩用40%甲基异柳磷或50%辛硫磷乳油150mL，按上法制成毒土，均匀撒在地表后，进行锄地，把毒土混入表土层中。也可在小麦抽穗前3~5天，于露水落干后撒毒土，毒土制法同上，可有效地灭蛹和刚羽化在表土活动的成虫。

第三步，在小麦抽穗、开花期防治成虫。小麦抽穗时土温20℃，成虫羽化出土或飞到穗上产卵，这时结合防治麦蚜，必要时喷洒50%辛硫磷乳油，或80%敌敌畏乳油2000倍液，或2.5%溴氰菊酯乳油，或20%杀灭菊酯乳油4000倍液，或36%克螨蝇乳油1000倍液。水源不方便的地区或坡地，每亩用80%敌敌畏乳油100mL，兑水1~2kg喷拌在20kg细土上，或用50%辛硫磷乳油200mL，加水5kg喷在20~25kg的细土上，制成毒土撒施在麦田中也有较好防效。该虫卵期较长，发生重的区域可连续防治2次。

我们特别强调，对于吸浆虫发生严重的麦田，最好与棉花、油菜等其他农作物进行轮作，以避开虫源。药剂防治可采取"一撒加一喷"的方法：在小麦拔节到孕穗前，每亩用50%辛硫磷0.5~1kg拌细沙15~20kg，均匀撒施，撒药后浇水，以杀死刚羽化成虫、幼虫和蛹；在小麦抽穗后到扬花前的期间，再用4.5%氯氰菊酯等菊酯类农药加40%毒死蜱乳油800倍混合，均匀喷雾，可有效杀灭吸浆虫的成虫和卵，而且可同时兼治麦蚜、红蜘蛛，一喷多治，防治效果显著。

### （四）麦秆蝇

麦秆蝇属于昆虫纲双翅目黄潜蝇科害虫，又名黄麦秆蝇，俗称麦钻心虫、麦蛆等，是小麦的主要害虫之一。麦秆蝇主要为害小麦，也为害大麦和黑麦以及一些禾本科和莎草科的杂草。

1. 分布

在我国15个省、市、自治区已有该虫记载，在内蒙古、华北及西北春麦区分布尤为广泛，在冬麦区分布也较普遍，并在局部地区为害严重，是中国北部春麦区及华北平原中熟冬麦区的主要害虫之一。该虫分布广泛、北起黑龙江、内蒙古、新疆，南至贵州、云南，西达新疆、西藏、青海，四川的甘孜、阿坝地区也有发生；新疆、内蒙古、宁夏以及河北省张家口地区、山西省北部、甘肃部分地区的春小麦的受害最为严重，在晋南及陕西关中北部，冬麦区亦能受害。

2. 形态特征

成虫体长：雄 3.0～3.5mm，雌：3.7～4.5mm。体为黄绿色。复眼为黑色，有青绿色光泽。单眼区褐斑较大，边缘越出单眼之外。下颚须基部为黄绿色，腹部 2/3 部分膨大成棍棒状，黑色。翅透明，有光泽，翅脉为黄色。胸部背面有 3 条黑色或深褐色纵纹，中央的纵线前宽后窄直达梭状部的末端，其末端的宽度大于前端宽度的 1/2，两侧纵线各在后端分叉。越冬代成虫胸背纵线为深褐或黑色，其他世代成虫则为土黄或黄棕色。腹部背面亦有纵线，其色泽与越冬代成虫胸背纵线同，其他世代成虫腹背纵线仅中央 1 条明显。足黄绿色，跗节暗色。后足腿节显著膨大，内侧有黑色刺列，腔节显著弯曲。触角黄色，小腮须黑色，基部黄色。长椭圆形，两端瘦削，长 1mm 左右。卵壳白色，表面有 10 余条纵纹，光泽不显著。末龄幼虫体长 6.0～6.5mm。体蛆形，细长，呈黄绿或淡黄绿色。口钩黑色。前气门分枝，气门小孔数为 6 个，多数为 7 个。围蛹雄体长为 4.3～4.8mm，雌体长为 5.0～5.3mm。体色初期较淡，后期为黄绿色，通过蛹壳可见复眼、胸部及腹部纵线和下颚须端部的黑色部分。

3. 虫害特征

该虫以幼虫钻入小麦等寄主茎内蛀食为害，初孵幼虫从叶鞘或茎节间钻入麦茎，或在幼嫩心叶及穗节基部 1/5～1/4 处呈螺旋状向下蛀食，使寄主形成枯心、白穗、烂穗，不能结实。由于幼虫蛀茎时被害茎的生育期不同，可造成下列 4 种受害状。

（1）分蘖拔节期受害，形成站心苗，如主茎被害，则促使无效分蘖增多而丛生，群众常称之为"下退"或"坐罢"。

（2）孕穗期受害，因嫩穗组织被破坏并有寄生菌寄生而腐烂，造成烂穗。

（3）孕穗末期受害，形成坏穗。

（4）抽穗初期受害，形成白穗，其中，除坏穗外，在其他被害情况下被害株完全无收。

4. 发生规律

在春麦区，该虫 1 年发生 2 代，以幼虫在披碱草等禾本科杂草中越冬。越冬代成虫多产卵于小麦叶片基部，幼虫孵化后入茎为害。第1代成虫一般在麦收时大部羽化，飞离麦田至野生寄主上产卵越冬。在山西南部及关中冬麦区，该虫1年发生4代，以幼虫在麦苗或野生寄主内越冬。越冬代成虫在返青的冬麦上产卵寄生为害。第1代成虫羽化时，值冬麦生育后期，第2、3代幼虫寄生在冬麦无效分蘖、春小麦、落粒麦苗或野生寄主上，第3代成虫羽化后，在秋季早播麦苗或野生寄主上产卵寄生并越冬。冬、春麦区都主要以第1代幼虫为害。

5. 发生条件

该虫在华北春麦区，内蒙古春麦区等1年发生2代，在冬麦区1年发生3～4代，以第1代幼虫为害春麦，第2代幼虫在寄主根茎部或土缝中或杂草上越冬。各代各虫态发生期依地区而异。在内蒙古西部，越冬代成虫一般于5月下旬至6月上旬开始大量发生，盛发期延续到6月中旬。越冬代成虫产卵前期为1～19天，平均5.5天，产卵期间1～22天，平均11.1天，每雌平均产卵11.8粒，最高41粒，卵均散产，大多产在叶面基部。卵经4～5天或5～7天孵化，盛孵期在6月上、中旬。幼虫经20余天成熟化蛹。第1代蛹期为3～12天，平均9.9天，7月中旬为化蛹盛期。第1代成虫在7月下旬羽化，一般在麦收时已大部分羽化离开麦田，转移到野生寄主上产卵，以至越冬。在晋南冬麦区，麦秆蝇年生4代，以幼虫在麦苗或野生寄主内越冬。以越冬代(第4代)及第1代幼虫为害冬麦。越冬代成虫羽化盛期为4月中、下旬，在返青的冬麦上产卵、孵化、寄生为害。第1代成虫羽化时，冬麦已达生育后期，第2、3代幼虫寄生于冬麦的无效分蘖、春小麦、落粒麦苗或野生寄主上，不影响产量。第3代成虫羽化后，在秋播麦苗上或野生寄主上产卵、孵化、寄生至越冬，在冬季较暖之日仍能活动取食。关于在冬麦区越冬代及第1代幼虫对冬麦为害的相对重要性，据在京郊丰台区调查，越冬代幼虫为害率较第1代幼虫为高，而在山西及陕西等地，越冬代幼虫只在过于早播的麦田内发生为害，为害面比较集中。秋季，麦苗更小，幼虫亦能转株为害。虽主茎被害，但冬前，仍可抽穗结实，对产量的影响一般不太显著。第1代幼虫则为害生育期较晚的小麦，早播冬麦由于生育期相对提前，被害较轻。而晚播麦田正处于拔节或孕穗期，被害较重，造成烂穗白穗，发生为害范围也较越冬代广分散，影响产量较大。因此，无论在春麦或冬麦区，越冬代成虫开始盛发都是化学防治关键时期。

成虫活动习性测报工作需在越冬代成虫发生期间系统调查成虫密度。成虫喜光，于早晚及夜间栖息于叶片背面，且多在植株下部。晴朗之日10时左右，阳光较强，气温升高，开始大量活动，在麦株顶端附近飞舞。此时，用捕虫网扫捕，侦查虫情，效率较高。中午前后日光强烈，温度过高，成虫又潜伏在植株下部。至14时以后又逐渐活跃，17～18时为活动高峰。雌虫在田间产卵时刻亦以此时为主。在微风情况下，成虫活动性强，如风增大到4、5级以上，活动显著减弱，常潜伏于植株中、下部叶片上。风速的大小显著影响网捕成虫的结果，调查虫情时必须注意。

产卵习性：成虫产卵时，对寄主及田间小气候有明显的选择性。

（1）对植株生育期的选择。1960年对甘肃防号不同生育期的麦茎进行调查，结果在拔节期、孕穗期、抽穗期、开花期着卵茎率依次为93.0%、52.0%、5.0%及1.5%，幼虫入茎成活率依次为20.0%、12.5%、0及0。由此可见，拔节、孕穗期是小麦易受麦秆蝇为害的危险生育期，进入抽穗后着卵显著减少，而且幼虫入茎后也不能成活。一般早、中熟品种比晚熟品种受害轻，同一品种由于早播等措施前期，生长快的受害也较轻。原因是麦秆蝇产卵对植株生育期有明显的选择性。

（2）对春小麦品种的选择。麦秆蝇对不同品种的春小麦，在产卵时有明显的选择，主要原因是不同品种生育期的差别。但生育期相同的品种，叶片基部有长而密的茸毛的品种着卵较少，被害较轻；相反，叶片基部宽、叶面光滑无茸毛或茸毛短而稀的品种着卵较多，被害较重。品种间对麦秆蝇抗性的明显的差别为选育抗虫丰产的新良种提供了必要性和可能性。

（3）对麦田小气候条件的选择。不同栽培技术和条件，直接影响小麦的生长发育，也影响麦田小气候。一般小麦生长茂密的麦田，通风透光较差，湿、温系数较高，不适于麦秆蝇生活，诱导麦株产生抗虫能力，成虫密度较低，着卵较少，受害较轻。生长稀疏的麦地则相反。

6. 影响因素

越冬代成虫发生期与春季气温有关，温度高则出现早，为害重。成虫产卵对植株有严格选择性，拔节末期着卵最多，拔节初期次之，孕穗期更少，抽穗期则极少。麦秆蝇的发生消长与寄主植物的品种有密切关系，早、中熟品种比晚熟品种受害轻；生育期相同的品种，凡叶片基部较窄、茸毛长而密的品种着卵少，受害轻，相反则重。受害程度与耕作栽培技术也有关，在春麦区，一般适期早播、合理密植、水肥条件好、生长发育快、拔节早、茂密旺盛的麦田受害较轻；土壤盐碱化、地势低洼、排水不良、施肥不足、迟播、播种过深、麦苗生长不良，受害就重，前期生长缓慢的麦田受害更重。

7. 防治方法

（1）农业防治。

第一，加强小麦的栽培管理。因地制宜深翻土地，精耕细作，增施肥料，适时早播，适当浅播，合理密植，及时灌排等一系列丰产措施可促进小麦生长发育，避开危险期，造成不利麦秆蝇的生活条件，避免或减轻受害。

第二，选育抗虫良种。有关科研单位、良种场和乡、村科研实验站，应加强对当地农家品种的整理和引进外地良种，进行品种比较试验，选择适应当地情况，既丰产又抗麦秆蝇、抗锈、抗逆的良种。对丰产性状好但易受麦秆蝇为害的品种，则需经过杂交培育加以改造，培育出适应当地生产需要的新良种。

（2）化学防治。

加强麦秆蝇预测、预报，冬麦区在 3 月中、下旬，春麦区在 5 月中旬开始查虫，每隔 2 ~ 3 天于 10 时前后在麦苗顶端扫网 200 次，当 200 网有虫 2 ~ 3 头时，约在 15 天后即为越冬代成虫羽化盛期，是第 1 次药剂防治适期。冬麦区平均百网有虫 25 头，即需防治。

化学防治根据各测报点逐日网扫成虫结果，在越冬代成虫开始盛发并达到防治指标，该虫尚未产卵或产卵极少时，据不同地块的品种及生育期，进行第 1 次喷药，隔 6 ~ 7 天后视虫情变化，对生育期晚尚未进入抽穗开花期、植株生长差、虫口密度仍高的麦田续喷第 2 次药。每次喷药必须在 3 天内突击完成。

当麦秆蝇成虫已达防治指标，应马上喷洒，每亩用 2.5% 敌百虫粉剂或 1.5% 乐果粉剂 1.5kg。

如麦秆蝇已大量产卵，及时喷洒 36% 克螨蝇乳油 1000 ~ 1500 倍液，或 80% 敌敌畏乳油与 40% 乐果乳油 1 : 1 混合后对水 1000 倍液，或 10% 吡虫啉可湿性粉剂 3000 倍液，或 25% 速灭威可湿性粉剂 600 倍液，每亩喷兑好的药液 50 ~ 75kg，把卵控制在孵化之前。

在越冬代成虫开始盛发时，第 1 次用药后，经 6 ~ 7 天喷第 2 次。用速灭杀丁乳油 4000 ~ 5000 倍液，喷雾。

### （五）小麦红蜘蛛

小麦红蜘蛛是一种对农作物危害性很大的昆虫，小麦红蜘蛛也称麦蜘蛛、火龙、红旱、麦虱子等，主要有麦长腿蜘蛛和麦圆蜘蛛两种。小麦、大麦、豌豆、苜蓿、杂草等一旦被侵害将导致植株矮小，发育不良，重者干枯死亡。

1. 分布

麦圆蜘蛛多发生在北纬 37 度以南各省，如山东、山西、江苏、安徽、河南、四川、陕西等地。麦长腿蜘蛛主要发生于黄河以北至长城以南地区，如河北、山东、山西、内蒙古等地。

2. 形态特征

麦圆蜘蛛成虫体长 0.6 ~ 0.98mm，宽 0.43 ~ 0.65mm，体呈黑褐色，体背有横刻纹 8 条，在体背后部有隆起的肛门。4 对足，第 1 对长，第 4 对居次，2、3 对等长。具背肛。足、肛门周围红色。卵麦粒状，长约 0.2mm，宽 0.1 ~ 0.14mm，初产暗红色，以后渐变淡红色，上有五角形网纹。初孵幼螨足3对，等长，身体、口器及足均为红褐色，取食后渐变暗绿色。幼虫蜕皮后即进入若虫期，足4对，体形与成虫大体相似。

麦长腿蜘蛛成虫体长0.62~0.85mm，体纺锤形，两端较尖，紫红色或褐绿色。4对足，其中1、4对特别长。雌成虫形似葫芦状，黑褐色，体长0.6mm，宽约0.45mm。体背有不太明显的指纹状斑。背刚毛短，共13对，纺锤形，足4对，红或橙黄色，均细长。第1对足特别发达，中垫爪状，具2列黏毛。卵有2型：越夏卵圆柱形，长0.18mm，卵壳表面有白色蜡质，顶部覆有白色蜡质物，似草帽状，卵顶具放射形条纹；非越夏卵球形，粉红色，长0.15mm，表面生数10条隆起条纹。若虫共3龄，1龄称幼螨，3对足，初为鲜红色，吸食后为黑褐色，2、3龄有4对足，体形似成螨。

3. 危害特征

麦长腿蜘蛛和麦圆蜘蛛都进行孤雌生殖，有群集性和假死性，均靠爬行和风力扩大蔓延为害，所以在田间常呈现出从田边或田中央先点片发生、再蔓延到全田发生的特点。成虫、若虫均可为害小麦，以刺吸式口器吸食叶汁，首先为害小麦下部叶片，而后逐渐向中、上部蔓延。受害叶上最初出现黄白色斑点，以后随红蜘蛛增多，叶片出现红色斑块，受害叶片局部甚至全部卷缩，变黄色或红褐色，麦株生育不良、植株矮小、穗小粒轻、结实率降低、产量下降，严重时整株干枯。

4. 发生规律

早春降雨是影响蜘蛛该年度间发生程度的关键因素。麦长腿蜘蛛年生3~4代，以成虫和卵越冬，翌春2—3月成虫开始繁殖，越冬卵开始孵化，4—5月田间虫量多，5月中、下旬后成虫产卵越夏，10月上、中旬越夏卵孵化，为害麦苗。该虫完成一个世代需24~46天，多行孤雌生殖，把卵产在麦田中硬土块或小石块及秸秆或粪块上。成、若虫亦群集，有假死性，主要发生在旱地麦田里。

5. 发生条件

麦圆蜘蛛1年发生2~3代，即春季繁殖1代，秋季1~2代，完成1个世代需46~80天，以成虫或卵及若虫越冬。冬季几乎不休眠，耐寒力强，翌春2、3月越冬卵陆续孵化为害。3月中、下旬至4月上旬虫口数量大，4月下旬大部分死亡，成虫把卵产在麦茬或土块上，10月越夏卵孵化，为害秋播麦苗。该虫多行孤雌生殖，每雌产卵20多粒，春季多把卵产在小麦分蘖丛或土块上，秋季多产在须根或土块上，多聚集成堆，每堆数十粒，卵期20~90天，越夏卵期4~5个月。

麦长腿蜘蛛1年发生3~4代，以成虫和卵越冬，第2年3月越冬成虫开始活动，卵也陆续孵化，4—5月进入繁殖及危害盛期，5月中、下旬成虫大量产卵越夏，10

月上、中旬越夏卵陆续孵化危害麦苗，完成 1 世代需 24 ~ 26 天。

两种麦蜘蛛均以孤雌生殖为主。麦长腿蜘蛛喜干旱，生存适温为 15℃ ~ 20℃，最适相对湿度在 50% 以下。麦圆蜘蛛多在早 8、9 点以前和下午 4、5 点以后活动。不耐干旱，生活适温 8℃ ~ 15℃，适宜湿度在 80% 以上，遇大风多隐藏在麦丛下部。

6. 防治方法

(1) 农业防治。

第一，灌水灭虫。在红蜘蛛潜伏期灌水，可使虫体被泥水黏于地表而死。灌水前先扫动麦株，使红蜘蛛假死落地，随即放水，收效更好。

第二，精细整地。早春中耕，能杀死大量虫体；麦收后浅耕灭茬，秋收后及早深耕，因地制宜进行轮作倒茬，可有效消灭越夏卵及成虫，减少虫源。

第三，加强田间管理。一要施足底肥，保证苗齐苗壮，并要增加磷钾肥的施入量，保证后期不脱肥，增强小麦自身抗病虫害能力。二要及时进行田间除草，对化学除草效果不好的地块，要及时采取人工除草办法，将杂草铲除干净，以有效减轻其危害。实践证明，一般田间不干旱、杂草少、小麦长势良好的麦田，小麦红蜘蛛引发的虫害很难发生。

(2) 化学防治。

小麦红蜘蛛虫体小、发生早且繁殖快，易被忽视，因此应加强虫情调查。从小麦返青后开始每 5 天调查 1 次，当麦垄单行 33cm 有虫 200 头或每株有虫 6 头，大部分叶片密布白斑时，即可施药防治。检查时注意不可翻动需观测的麦苗，防止虫体受惊跌落。防治方法以挑治为主，即哪里有虫防治哪里、重点地块重点防治，这样不但可以减少农药使用量，降低防治成本，还可提高防治效果。在小麦起身拔节期于中午喷药，小麦抽穗后气温较高，10 时以前和 16 时以后喷药效果最好。可用人工背负式喷雾器加水 50 ~ 75kg，药剂喷雾要求均匀周到、匀速进行。如用拖拉机带车载式喷雾器作业，要用二挡匀速进行喷雾，以保证叶背面及正面都能喷到药剂。

通过多年田间应用试验，防治红蜘蛛最佳药剂为 1.8% 虫螨克 5000 ~ 6000 倍液，防治效果可达 90% 以上；其次是 15% 哒螨灵乳油 2000 ~ 3000 倍液、1.8% 阿维菌素 3000 倍液、20% 扫螨净可湿性粉剂 3000 ~ 4000 倍液、20% 绿保素 (螨虫素 + 辛硫磷) 乳油 3000 ~ 4000 倍液，防治效果达 80% 以上。

# 第五节　谷子病虫害的识别与防治策略

谷子病虫害防治技术的高低会对谷子质量有直接影响。因此，加强谷子病虫害防治技术研究，对种植过程中农药使用进行严格控制已经成为提升谷子质量主要方式之一。

在谷子种植期间其常见的病害有白发病、黑穗病、谷瘟病等，主要的虫害有地老虎、蝼蛄等。此外，也存在鸟害的情况。大部分农民对病虫害进行防治时，都会选择喷洒农药的方式，选择这一防治方式的主要原因是这一防治方式比较简单、高效。但很多种植人员在选择农药防治病虫害的过程中，并未对农药进行科学地使用，也未考虑到在使用农药防治病虫害过程中，农药会有部分残留在谷子上，致使谷子安全质量受到影响。除去药物防害以外，生物防治、农业防治、物理防治也是较为常见的病虫害防治方式。加强农民谷子病虫害无公害防治意识，根据绿色生产理念选择科学方式对谷子种植病虫害进行防治，通过预防与综合有机结合的方式提升病虫害防治质量，这些做法对谷子病虫害防治水平、谷子质量提升具有重要作用。

## 一、谷子常见病虫害

### (一) 谷子白发病

谷子发白病是谷子病害中最为常见的一种疾病，在各个地区谷子种植地，都有这一病害的身影。这一病害属于真菌病害一种，其具有较强传染性。

1. 谷子白发病主要病症特点

在谷子生长初期，也就是幼苗期，患有谷子白发病的谷子幼苗叶子会与健康谷叶有所不同。首先，谷子白发病谷叶与叶茎中间会有白黄色条纹，叶子背面会附有一层白色粉末，这个粉末就是霉菌。在谷穗成长期，患有这一病症的谷子苗部分叶子也会呈现白黄色，但是叶子并不是伸展状，而是蜷缩在一起，在远处看，这个谷子苗好像只剩下一个谷秆。在谷子成熟期，患病的谷子叶子颜色会由起初的黄白色逐渐变成红褐色，并且在这一阶段，谷子的叶子也会开始腐烂，叶子裂开后呈现丝状。如果有病株叶子还未变成红褐色，叶子也会呈现蜷缩状，待病菌逐渐延伸到谷穗处后，会有部分或者是全部谷穗颖片伸长，并呈四分五裂状。

2. 白发病发生规律

在谷子种植地土地，温度达到20℃以上、土地湿润程度达到60%时，病菌会逐渐生成并扩散。此外，土壤温度过高、过低等都会对谷子正常生长速度，病害抵抗能力产生影响。同时，白发病也可以通过土地传播病菌，如果谷子连续在同一片土地上种植，并且土壤中已经被白发病所侵害，那么谷子发病概率也比较大。

### (二) 谷 (粟) 瘟病

谷瘟病也是谷子真菌病中的一种。随着近些年谷子浇灌技术的发展,渗水地膜浇灌技术也被应用到谷子浇灌种植中。但是,这一浇灌种植技术也为谷瘟病发生创造了条件。

1. 谷瘟病主要病症特点

在谷瘟病发病过程中,其主要会对谷子的叶片、叶谷瘟病等部位产生影响。在谷瘟病发病初期,谷子的叶子上会有暗褐色小斑点,随着谷子生病时间增加,叶子上的斑点也会逐渐扩大,并且斑点中心处会呈现出灰白色,斑点边缘处会变成紫褐色。遇到高温时,叶子上的斑点上会生出灰色的霉菌。随着这一疾病的逐渐发展,谷子叶子上的斑点也会由一个变成多个,逐渐扩散,最终对整片叶子产生影响。在谷子秸秆茎节患病初期,谷子的秸秆会出现黄褐色与黑褐色的小斑点,随着谷子秸秆的逐渐增长,秸秆茎节处的病斑范围也会逐渐增大,直至病斑将茎节全部围绕,谷子枯死。谷子主要茎秆患病会让谷子呈现半枯死状,对谷穗产生影响。其主要病症颜色为黄白色,谷穗还未成熟时出现这一疾病,会使谷子穗颗粒不饱满。

2. 谷瘟病发病规律

如果种植地出现连续阴雨天、雾水天气多、温度高达25℃以上、土壤湿度为80%以上、光照不足时,谷瘟病极易产生。此外,如果在种植时间较早、谷株之间间隔距离比较小、通风与光照不好、施肥过多等情况下,也会为谷瘟病出现创造条件。

### (三) 粟灰螟

人们经常将粟灰螟称作为钻心虫病。粟灰螟属于鳞翅目螟蛾科类动物的一种,其大部分都是在幼虫期间对谷子进行迫害。在谷子生长期,谷子茎秆会变成空心,在谷子成熟期,谷穗会变成白穗,鼓粒不饱满或者是没有鼓粒。

1. 粟灰螟的生活特点

粟灰螟不喜光,但是其飞行能力较弱,经常在晚上飞行、白天休息。其在产卵时,多会选择生长高度在6～11cm的谷子,也有粟灰螟会将卵产在地面,但是这一现象比较少见。其卵的形状多为块状,主要在谷叶背面产卵,卵期基本为一周左右。在幼虫形成后,其主要生长期可以划分成五个时期。第一个时期是群集时期,这一时期幼虫比较小。第二个时期为初步分散期,这一时期幼虫在蛀孔时经常会在孔附近留下粪便或者是植物屑。在幼虫蛀孔成功后,其会进入下一个时期,这一时期的粟灰螟虫会在谷子茎秆内进行破坏,影响谷子生长。在第四与第五时期,粟灰螟会逐渐变化成蛹，准备过冬。

2. 粟灰螟发生规律

粟灰螟会在每年 5 月天气逐渐回暖时开始化蛹，化蛹最为集中的时期为 5 月中下旬与 6 月初。在 5 中下旬开始化蛹后，粟灰螟会逐渐长出羽毛，并在 6 月初期开始逐渐产卵。由于粟灰螟成虫时间比较短，在 6 月初的卵子在 6 月上旬就会对谷子进行破坏，并且这一虫子也会在一代一代繁殖中循环进入鼎盛期，对谷子进行循环破坏。在进入 9 月，天气逐渐转凉后，成熟的粟灰螟也会逐渐进入冬眠期。

### (四) 线虫病

1. 线虫病发病症状

谷子线虫病害主要影响的是谷子的穗部。这一病害发生的主要特点是谷子在开花前农民无法很好将病穗与正常成长成熟中的谷穗进行区分，受到害虫影响的谷穗基本无法开出花，即使有少部分谷穗开花，花的颜色也会变成暗绿色，并且呈现出营养不良状，同时，在谷子开花后，谷子的子房、花柱、花丝枯萎，经受不住风吹与雨林。在谷粒成熟后，谷子很干瘪。如果农民种植的是红秆、紫秆谷子品种，在谷子患上线虫病后，谷穗朝着阳光一面的穗部会由最初的颜色逐渐变成红色与紫色。待谷穗进入灌浆期后，受病虫害迫害的谷穗会逐渐变成黄褐色，谷子秸秆也会逐渐变成仓绿色。

2. 线虫生活特点

线虫的种类有很多种，但是不同线虫对于谷子影响也不相同。线虫生长过程中，线虫主要寄居在土壤或者是植物秸秆内。由于不同线虫的饮食习惯不同，因此在线虫对谷子进行迫害时，农户可以根据线虫种类有针对性地开展防护措施，这样既可以减少线虫对谷穗的影响，也可以减少经济损失。

## 二、谷子病虫的绿色防控技术

### (一) 基本农业绿色防控技术

在选种时期，可以选择一些具有抗病虫害的种子进行种植，种植土地要符合轮作规则，尽量选择晚播种方式进行种植。在种植完成后，要经常清理田地杂草、根据相关要求合理施肥。

1. 谷子种植地清理

谷子种植地的谷茬、地里杂草、谷子秸秆堆等都是害虫过冬主要聚集地，所以，在种植前，要将谷子地附近、地里的杂草等都进行清理，从根源上减少害虫生长概率。清理时间可以选择在种植年4月。在选择这一清理方式时，种植农民要在相关部门允许下进行清理，并且在清理过程中确保清理的范围不能过大，以免出现不能及时发现的意外隐患。此外，相关人员也可以选择药物清除方式，但是在利用药物进行清除时，首先，要保证药物清除效果。其次，要保证药物清除后不会对谷子地造成影响，以免对谷子种植与生产等产生影响。最后，农民在进行药物清理时，要做好相关防护措施，避免药物杀虫给自身生命安全带来危害。

2. 种植过程中采用轮作方式

轮作可以降低病虫害成长概率。在选择轮作农作物时，可以选择马铃薯、大豆、黄豆、红小豆、绿豆、玉米、小麦等进行轮作，轮作时间最好选择两年以上。

3. 对播种时间进行选择

在播种时间选择上，可以对晚播种时间进行确定，在各种因素都满足的情况下再进行播种。例如，在选择晚播种时间时，可以与病虫害初步发育期错开，这样既能够在播种时直接减少病虫害对谷子的破坏，也可以减少病虫害发生概率。同时，选择这一时期播种，也可以满足谷子生长要求，促使谷种在播种后快速增长，提升病虫害抵抗力。

4. 合理施肥

合理施肥可以促进谷子的生长，增加谷子产量，提升谷子质量。在施肥时，可以选择有机肥，可以适当增加磷钾施肥量，以此促进谷子幼苗茁壮成长，从幼苗生长初期就将其抗病虫害能力提升。

有机肥大多数都是农家肥，在施肥时，可以多次少量施肥，这样既可以保证肥料中养分不被浪费，也可以保证谷子在生长过程中持续的营养供给。此外，种植人员也可以根据谷子的生长情况适当加入尿素、磷酸二氢钾等肥料。在选择肥料种类时，尽量避免选择一次性肥料，以免谷子成长期缺少肥料养分支持影响谷子成熟质量。例如，农民可以将施肥分两次进行，第一次施肥时间可以选择在种植期间，选择这一时期施肥的主要原因是使谷子在初步成长期获得充足养分，快速成长，提升谷子抗病虫害侵害质量。第二次施肥时间可以选择7月末，这一期间谷子还处于生长期，农民选择在这一阶段通过机械化施肥也可以降低对谷子秧苗的负面影响，有效避免谷子由于秧苗过高出现秧苗折断问题出现。与此同时，在这一成长阶段进行施肥，可以为谷子成长补充养分，为后期谷子生长、成熟等打下基础。

### (二) 物理防治技术

物理杀虫技术可以有针对性地进行杀虫，对于喜光害虫，可以借助灯光进行杀虫，对于其他害虫，也可以选择性诱剂进行杀虫。同时，采用物理技术对害虫进行防治，也符合绿色防害理念。

### 1. 灯光诱杀

灯光诱杀这一杀虫方式主要利用的是成熟害虫的趋光性。利用这一方式进行杀虫时，可以将时间集中在 6—8 月谷子生长期，通过在谷子田地中设置带有震动杀虫功能的灯光进行杀虫，田地可以每亩 / 盏杀虫灯。

### 2. 性诱剂诱杀

这一杀虫技术主要是针对粟灰螟、玉米螟、黏虫等消除准备的。种植人员在利用性诱剂进行杀虫时，可以在谷子地设置害虫诱惑装置进行补抓有诱杀。这一方式主要杀害的是成年害虫，成年害虫被诱杀后，会在较大程度上减少害虫的繁殖，从而降低害虫对谷子产生的影响。

### （三）生物防治

生物防治技术与物理防治技术都属于无公害防害技术，对谷子质量的提升具有重要作用。谷子在生长期间出现病虫害后，种植农户利用生物防治方式进行杀虫，可以降低防治过程中对谷苗生长的影响。例如，可以利用食盐进行防虫，可以根据田地面积大小，对食盐使用量进行控制，进行防虫。再如，在播种前进行防虫。种植谷子的农户可以在播种前将选好的种子放在 50℃的温水中，进行浸泡，浸泡时间可以在 15 分钟左右，这样既可以将种子上的虫卵清洗掉，也可以提升种子出苗率，同时可以有效预防线虫的出现。如果农户种植谷子的面积比较大，家中经济条件允许，农户可以在谷子生长期间、病虫害高发期通过天敌捕杀的方式去除害虫与防虫。

### （四）化学防治

化学防治作为常见病虫害方式之一，无论在传统谷子种植病虫害防治中，还是在绿色理念谷子病虫害防治中，都是较为有效、经济价值较好的一种防治方式。在种植人员利用化学防治方式对害虫进行预防与消除过程中，首先应该对病虫害发生类别进行确定，然后再有针对性地选择防治方式，这样既可以提升防治效果，也可以减少化学防治过程中对谷子产生的影响。例如，在防治谷子白发病时，最好选择在种子播种前期进行防治，主要防治方式为将纯度为 35% 的药物与谷子种子充分搅拌，对种子进行保护。在防治谷瘟病时，可以选择纯度为 40% 的克瘟散乳油 800 倍液通过喷雾方式进行防治。喷雾方式可以利用器械化来完成。在对谷子锈病进行防治时，可以采用药物喷洒方式进行病虫害防治，可以使用的药物为 25% 的三唑酮可湿性粉剂 1000 倍液。在种植农户对谷子田地中的地下害虫进行防治时，可以利用辛硫磷颗粒撒的杀虫作用进行防治，直接将适量的辛硫磷颗粒撒均匀撒在谷子地里即可。此外，也可以根据田地面积按照 6∶3∶1∶2 的比例将白糖、米醋、白酒、水进行混合，并在充分混合后放在谷子地中诱杀害虫。

综上所述，在种植谷子时，想要将谷子的产量与质量进行提升，就不能忽视病虫害防治对谷子生长的影响。绿色除害作为提升谷子食用安全系数、提高谷子质量的有效方式之一，在病虫害防治过程中，可以通过生物、化学、物理等多种绿色防治措施相结合的方式对病虫害进行预防，在构建完整预防方式的过程中，为谷子产量和质量的提升做好基础准备。

# 第六节　高粱病虫害的识别与防治策略

## 一、高粱病虫害的识别

高粱为禾本科高粱属一年生草本植物，在我国各地均有栽培，不过在高粱的种植过程中，常常会受到病虫害的侵染，如苗枯病、炭疽病、黏虫等，需及时防治。做好高粱病虫害的防治工作，是实现高粱种植产量效益的关键。

### （一）高粱常见病害

1. 紫斑病

识别：发生于高粱生长的中后期，主要为害叶片和叶鞘。下部叶片先发病，逐渐向上扩展，严重时高粱叶片从下向上提前枯死。

防治方法：秋后及时深翻土地，生长后期及时追肥，尽早打去病株下部的 1~2 片老叶，在发病初期用药防治。

2. 苗枯病

识别：高粱生长到 4~5 片叶子时即可发病，始于下部叶片，后向上扩展，染病叶片生紫红色条斑，渐联合，致叶片从顶端逐渐枯死。

防治方法：实行 3 年以上轮作，合理密植，施用充分腐熟的有机肥，雨后及时排水，严禁大水漫灌，苗床内用卫保或三保奇花普防一次再移栽。

3. 炭疽病

识别：苗期发病，为害叶片、叶鞘，导致叶枯，造成死苗，中后期侵害茎基部和穗部，造成茎腐和穗腐，以叶片和叶鞘症状为明显。

防治方法：收获后及时处理病残体，实行 3 年以上轮作，严格进行种子处理，流行年份或个别重病田块从孕穗期施药，药剂可用卫保或三保奇花。

4. 黑穗病

识别：高粱黑穗病有丝黑穗病、散黑穗病、坚黑穗病、花黑穗病和长粒黑穗病五种，都是从穗部识别。

防治方法：与非寄主植物轮作，使用充分腐熟的有机肥，在"乌米"出现后但尚未破裂前及时拔除病株，并集中深埋或销毁。

### （二）高粱常见虫害

1. 芒蝇

识别：芒蝇以幼虫为害高粱，初孵幼虫多于7时前从喇叭口或叶缝侵入心叶，再由心叶间隙钻入生长点附近取食，造成枯心苗或穗畸形。

防治方法：适时播种，及时拔除枯心苗，毒饵诱杀成虫，毒土点杀或药液灌心。

2. 蚜虫

识别：一般发生在高粱苗期和抽穗举灌浆期，多以成、若蚜群集在高粱下部叶片背面吸汁液，使受害叶片发红，重者叶枯。

防治方法：按6：2比例与大豆间种，以改善田间生态条件，黄板黏杀，发生初期用药喷雾防治。

3. 高粱条螟

识别：被害叶可见网状小斑和许多不规则的小孔，3龄后开始蛀茎为害，蛀食早的可咬断生长点造成枯心苗，迟的茎秆被蛀则易造成风折枯死。

防治方法：防治上以在高粱扬花前后和灌浆初期两个时期用药为宜，可选用清源保、三保奇花、绿晶生物制剂、Bt制剂等。

4. 黏虫

识别：以幼虫为害，主要发生于5—6月高粱苗期，大发生时可将高粱叶片茎秆全部食光，造成严重损失。

防治方法：用糖醋盆、黑光灯等诱杀成虫，压低虫口。根据预测、预报，在幼虫3龄前及时施药防治。

## 二、绿色防控策略

绿色防控策略是应用农业、生物、物理等防治措施，有效控制病虫害的发生和危害，目的是确保高粱高产、优质、高效和生产安全。

## (一) 农业防治

1. 选用优质抗病虫高粱品种

选用优质抗病虫高粱品种，如锦杂 100、锦杂 101 等。

2. 合理安排作物茬口

实行 3 年以上轮作，结合春耕、秋耕整地，耕作灭茬，及时清理田间残茬秸秆，消灭病虫越冬场所，减少越冬虫量。

3. 注重肥水管理

施用充分腐熟的有机肥，合理施用氮肥，增加磷钾肥用量，及时做好田间排涝除湿。

4. 集中连片种植

集中连片种植，方便统防、统治。

## (二) 物理防治

1. 黄板诱杀

利用蚜虫趋黄色特点，悬挂黄板黏杀有翅蚜虫，每亩挂黄板 20 ~ 25 张。

2. 杀虫灯诱杀

利用害虫的趋光特性进行诱集，安装黑光灯、频振式杀虫灯诱杀害虫成虫，该方法对螟虫、黏虫、蝼蛄、地老虎等多种害虫具有很好的防治效果，一般每 $1hm^2$ 安放一盏灯。

3. 食饵诱杀

利用害虫的趋化性，在其所喜欢的食物中掺入适量毒剂来诱杀害虫。一般用糖醋酒液配成毒饵诱杀地老虎、黏虫等害虫；用麦麸、谷糠作饵料，掺入适量敌百虫、辛硫磷等制成毒饵诱杀蝼蛄、地老虎等害虫。

## (三) 生物防治

在高粱穗期，病虫为害严重，选用生物制剂和高效低毒、低残留农药进行防治。可用苏云金杆菌 (Bt) 乳剂、青虫菌液或苏云菌核型多角体病毒喷雾防治，或喷施康宽 (氯虫苯甲酰胺) 和福戈 (氯虫苯甲酰胺 + 噻虫嗪) 防治。防治时间一般为高粱齐穗至扬花末期。

## 第七节　花生病虫害的识别与防治策略

### 一、花生主要病虫害

花生的主要病害有茎腐病、立枯病、冠腐病、白绢病、叶斑病、病毒病；主要虫害有根结线虫、地下害虫、红蜘蛛、蚜虫、棉铃虫。此处，花生也遭鼠害。

### 二、花生病虫害防治技术

#### (一)播种前

1. 轮作倒茬

实行与禾本科农作物或甘薯、棉花等轮作，有效降低田间病原。

2. 科学施肥

播前施足底肥，生育期内科学追肥，并注意补肥。

3. 精选良种

选用适宜当地栽培的抗病品种，并在播前精选种子，并晒种。

4. 灭鼠

及时采用灌水或毒饵诱杀的办法消灭鼠类。

#### (二)苗期(播种至团棵)

在播种后，鼠害、草害、地下害虫和茎腐病、立枯病、冠腐病、白绢病害为主要防治对象，此处，在苗期，防治红蜘蛛、蚜虫以及其他食叶性害虫。

1. 拌种

在选晒种的基础上，搞好种子处理，用花生专用菌衣地虫灵(药种比1∶50)拌种，或用地衣芽孢杆菌(药种比1∶60)拌种，或按种子量的0.2%加50%多菌灵可湿性粉剂，加适量水混合拌种，可防鼠、防虫、防病。

2. 播后苗前杂草防治

及时采用48%腐乐灵乳油每亩110g或50%扑草净每亩130g或43%甲草胺乳剂200g，兑水50kg喷雾除草；若是麦垄套种，则于花生1～3复叶期、阔叶草2～5叶期，采用48%苯达松水剂170mL配10.8%高效氟吡甲禾灵30mL，兑水40kg，喷雾，可杀死单双子叶并防莎草。

3. 叶部病害防治

及时（一般 7 月中旬开始）喷施 20％吗胍·硫酸铜水剂，或 25％酸式络氨铜水剂每亩用 30~50g，或喷施 50％多菌灵可湿性粉剂 400 倍液，或 70％甲基硫菌灵 500 倍液，可有效控病菌繁殖体的生长，防止花生叶部病害的侵染和发生。

4. 缺素症防治及提高抗逆性

及早喷施高能锌、高能铜、高能硼或复合微肥，以防花生缺素症的发生，提高花生植株抗逆能力。

5. 防治蚜虫、蓟马

花生蚜虫一般于 5 月底至 6 月初出现，第一次高峰有翅蚜，夏播则在 6 月中上旬，首先为点片发生期，之后田间普遍发生。蓟马则在麦收后转入花生为害，一般选用 10％吡虫啉可湿性粉剂 2000 倍液，或每亩用 10％吡虫啉可湿性粉剂 10g、25％噻虫嗪水分散粒剂 2~4g，或 80％烯啶·吡蚜酮可湿性粉剂 4g，兑水 15kg 均匀喷雾，第一次防治在 6 月中旬，第二次则在 6 月下旬，同时能兼治蛴螬成虫。

6. 苗后杂草防除

继续拔除个别杂草。

### (三) 开花下针期

此期是管理的关键时期，用 0.004％芸薹素内酯 10g 兑水 15kg，喷匀为度或用 1.4％的复硝酚钠 10g 兑水 15kg，间隔 15 天喷 2~3 次，增产显著，且提高品质。多年来，花生区常用多效唑控制旺长，企图增加产量，其实多效唑在花生上不可过量使用，过量造成根部木质化，收获时出现秕荚和果柄断掉，造成无法机械收获而减产。这个时期的主要虫害是蚜虫、红蜘蛛和二代棉铃虫以及其他一些有害生物。蚜虫、红蜘蛛应按苗期防治方法继续防治或兼治。对二代棉铃虫则在百墩卵粒达 40 粒以上时每亩用 Bt 乳剂 250mL 加 0.5％阿维菌素（又名齐螨素）40mL，兑水 30~50kg 喷雾，7 天后再防治 1 次。或每亩用 50％辛硫磷乳油 50mL 加 20％杀灭菊酯 30mL，兑水 50kg，喷雾，并能兼治金龟子和其他食叶性害虫。

### (四) 荚果期

荚果期为多种病虫害生发期，主要有 2、3 代棉铃虫、蛴螬、叶斑病等，鼠害的防治也应从此时开始。防治上应采取多种病虫害兼治策略，混配施药。

1. 蛴螬防治

(1) 成虫防治。

防治成虫是减少田间虫卵密度的有效措施，根据蛴螬的生活习性，抓住成虫盛发期和产卵前期，采用药剂扑杀或人工扑杀相结合的办法。采用田间插榆、杨、桑等枝条的办法，每亩均匀插6～7撮，并在枝条上喷500倍40%辛硫磷乳油毒杀。

（2）幼虫防治

6月下旬至7月上旬是当年蛴螬的低龄幼虫期，此期正是大量果针入土结荚期，是治虫保果的关键时期。可结合培土迎针，顺垄施毒土或灌毒液，配合灌水防治。每亩用3%辛硫磷颗粒剂5kg加细土20kg，覆土后灌水。也可每亩使用40%辛硫磷乳油300mL兑水700kg，灌穴后普遍灌水。防治花生蛴螬要在卵盛期和幼虫孵化初盛期各防治1次。

2. 棉铃虫及其他食叶害虫防治

棉铃虫对花生的危害以第3代最重，应着重把幼虫消灭在3龄以前，可每亩用Bt乳剂250mL加40%辛硫磷乳油50mL，兑水50kg，在产卵盛期喷雾；也可选用40%辛硫磷乳油50mL加20%氰戊菊酯30mL，兑水50kg，在产卵盛期喷雾，于7天后再喷防一遍。

3. 棉花叶斑病防治

花生叶斑病只要按质、按量、按时进行防治，就能收到良好效果，一般7月中下旬至8月上旬是叶斑病的始盛期，当病叶率达10%～15%时，每亩用80亿单位地衣芽孢杆菌60～100g，或28%井冈·多菌灵悬浮剂80g或45%代森铵水剂100克，或80%新万生（大生）可湿性粉剂100g，兑水50kg喷雾防治，10天后再喷1次，效果更好。如果以防治花生网斑病为主，则以80亿单位地衣芽孢杆菌新万生或代森锰锌为主。

4. 棉花锈病防治

花生锈病是一种爆发性流行病害。一般在8月上中旬发生，8月下旬流行。8月上中旬田间病叶率达15%～30%时，及时用15%粉锈宁可湿性粉剂100g，或12.5%禾果利可湿性粉剂30g，或12.5%戊唑醇可湿性粉剂30～50g，或12.5%氟环唑40～60g，兑水常量喷雾，隔7天喷1次，连防2次。或用15%三唑酮可湿性粉剂800倍液防治。锈病流行年份，避免用多菌灵药剂防治叶斑病，以免加重锈病危害。

5. 及时防治田间鼠害

6～8月中下旬是各种鼠为害盛期，应在此之前选用毒饵防除。

以上病虫害混发时，则应混合用药，以减少用药次数，兼治各种病虫害。另外，还应喷生长调节剂2.85%萘乙·硝钠水剂，每亩用量为50g，或芸薹素内脂加单元素微肥如高能钾、高能锌、高能硼、高能铜、高能钼、高能锰胶囊，轮流或结合起来用药防病虫。

**（五）收获期**

以综合预防为主，减轻来年病虫草鼠害的发生。

（1）防止收获期田间积水，造成荚果霉烂。

（2）结合收获灭除蛴螬。

（3）收获后及时晾晒，防止霉烂，预防茎腐病。

（4）消除田间杂草及病株残体，降低叶斑病、茎腐病的土壤带菌率，减少杂草种子。

（5）利用农作物空白期抢刨田间鼠洞，破坏其洞道并人工捕鼠，减轻来年鼠害。

# 第八节  甘薯病虫害的识别与防治策略

甘薯，又叫红薯、地瓜等，是一年生草本植物，甘薯的适应性强，在很多地区都能种植，而且产量很高，甘薯里含有优质的淀粉，可以直接生吃、蒸着吃、煮着吃、煎着吃，还可以加工成粉条、淀粉、酒精等，甘薯的根、茎、叶又是优质的饲料。

## 一、甘薯主要的病害以及防治措施

### （一）甘薯瘟病

甘薯瘟病，俗称烂头、发瘟，是甘薯的毁灭性病害。该病在甘薯的各个生长期都可以发病，苗期染病之后，植株枯萎，茎基部腐烂。甘薯成株期染病之后，中午阳光强烈时，红薯秧萎蔫呈青枯状，发病后期须根变黑腐烂，然后脱落；甘薯块染病之后，病情较轻时呈现褐色水渍状病斑，发病较重时甘薯块呈黄褐色，中间空心或者腐烂。

防治措施：种植甘薯首先要选择抗病虫害能力强的品种；最好不要进行连作，可以和高粱、甘蔗、大豆等轮作；一定要用充分腐熟的农家肥，在种植前彻底清园，在种植过程中，如果有甘薯发病，要及时地清除掉病株，带出甘薯地进行烧毁。甘薯收获之后，也要把地里的残枝枯叶、病根、甘薯块都清理干净，减少病源。

化学防治：栽前可用72%农用硫酸链霉素4000倍液浸苗10分钟，对苗期发病有一定抑制作用。

### (二)甘薯茎线虫病

甘薯茎线虫病又叫空心病,俗称"糠心病"。该病害除了危害甘薯外,还危害马铃薯、蚕豆、小麦、玉米、蓖麻、小旋花、黄蒿等农作物和杂草。该病主要危害甘薯的秧苗、茎蔓及块根。秧苗染病之后,植株矮小发黄,出现发育不良的症状;茎部感染病害之后,开始患病部位为白色,最后呈褐色并干腐;甘薯块染病之后,一种情况是出现糠心现象,还有一种情况是甘薯变软呈褐色斑块或者裂开。

防治措施:对发病较重的地块不要连做种植,要与高粱、玉米、棉花等进行三年以上轮做种植;选择抗病品种进行种植,在育苗前要用51℃~54℃的温水浸泡种块进行消毒,并用药剂给育苗床进行消毒处理。药剂浸薯苗:用50%辛硫磷乳油或40%甲基异柳磷乳剂100倍液浸10分钟。药剂处理土壤:用5%涕灭威颗粒剂每亩用2~3kg。

### (三)甘薯黑斑病

甘薯黑斑病又叫黑疤病,是甘薯的主要病害之一,在甘薯的各个生长期均可发病,甘薯感染该病后,会引起死苗、甘薯块腐烂,给农民朋友造成严重损失,患病的甘薯块根变成黑绿色,味苦,病部木质化、坚硬、干腐。患了黑斑病的甘薯一定不要再食用,因为这种甘薯有毒素。

防治措施:种植甘薯要合理轮作,对苗床进行消毒处理。浇水或者下雨之后要进行中耕松土,合理追肥,提高植株的抗病能力。给甘薯翻秧,在块根形成期要喷施控旺药剂,防止红薯秧徒长,使块根快速膨大,增强抗病能力。发病初期可喷施50%多菌灵可湿性粉剂、75%白菌清500倍液进行灭杀,每隔7~10天1次,连喷3~4次。

### (四)甘薯软腐病

甘薯软腐病为甘薯贮藏期的主要病害之一,俗称水烂。染病初期,表面长出白色霉层,后变为黑色,患病部位呈褐色水渍状,病斑上生出黑色霉层,该病发展迅速,2~3天整个甘薯就会出现软腐状,并伴有臭味。

防治措施:为了防止甘薯软腐病,要在合适的时间进行收获,早甘薯应在霜降前收获,晚甘薯要在立冬前收获,防止甘薯块受冻。注意收获时要小心,避免弄伤甘薯块,引起发病;储存甘薯时要把病块,伤块拣出来,把完整、没有病虫害的甘薯块晾干水汽之后储存。最好用新的甘薯窖储存甘薯,如果是老窖,在储存甘薯前要清理干净,并用药剂进行消毒处理。甘薯入窖之后一个月内,在天气好的时候要打开窖口通风换气，随着气温的下降，要密封窖口，防止甘薯受冻。

### (五) 甘薯根腐病

甘薯根腐病是一种土传性病害，育苗期染病会造成出苗率低、出苗晚的现象，还会使幼苗发黄矮小。大田染病之后，茎蔓上有黑褐色病斑，结的甘薯块小，发病较重的话，甘薯块根腐烂。地上部分叶片变黄、脱落，最后会造成植株死亡。气候温暖，天气干旱容易引发甘薯根腐病。

防治措施：甘薯根腐病的发生与品种、茬口、土质、气候关系密切，因此种植甘薯要选择抗病品种，避免连作，要和玉米、高粱、谷子等不易发生根腐病的农作物轮作；种植甘薯要选择健壮、无病虫害的幼苗进行栽种；天气干旱时要及时浇水，防止病害发生。

## 二、甘薯主要的虫害以及防治措施

### (一) 甘薯小象虫

甘薯小象虫主要为害鲜甘薯、甘薯苗和茎蔓以及甘薯片等，受害薯块有恶臭和苦味，不能食用和饲用，而且还会引起甘薯黑斑病、软腐病等病菌侵染病症，使甘薯失去食用价值。

防治措施：栽种甘薯要选择和花生、烟叶、大豆、高粱等农作物轮作；栽种前要清理田间杂草以及农作物残体；栽种之后加强田间管理，追施农家肥，要进行中耕培土，防止甘薯块露在外面引起虫害。

诱杀：春季气温回升，越冬的成虫开始出来觅食，此时可用小薯块浸 300～500 倍乐果，或 95% 晶体敌百虫 500～800 倍液进行诱杀。苗地和越冬薯地喷药：用 50% 杀螟松乳剂 1000 倍液、或 25% 亚胺硫磷 500 倍液，喷雾。药液保苗：扦插甘薯时把薯苗浸在 40% 乐果乳剂、或 50% 杀螟松乳剂 500 倍液中，取出晾干扦插，晴天处理效果更好。

### (二) 甘薯茎螟

甘薯茎螟幼虫钻入薯茎为害，造成中空膨大，常导致薯蔓折断而妨碍养分输导，影响甘薯的正常生长与结薯。

防治措施：种植甘薯要合理轮作；甘薯收获之后药清理田间的茎蔓、烂根及杂草等，减少越冬虫卵和成虫。

薯苗药剂处理：剪苗栽插前 1～2 天，用 40% 乐果乳油 1000 倍液或 90% 晶体敌百虫、80%敌敌畏乳油800～900倍液进行苗床喷雾、或用乐果药液浸苗1～2分钟后扦插。

### (三)甘薯卷叶虫

甘薯卷叶虫主要为害甘薯的叶片，在炎热的夏天容易引发该虫害，6—9月是虫害盛期，严重时，红薯叶片大量卷曲，植株生长不良，造成甘薯块根膨大受阻，降低甘薯产量。防治措施：甘薯收获之后要清理田间农作物残留和杂草，并喷施药剂杀虫。在田间管理时，如果发现有卷叶要及时摘除，并带出大田进行烧毁，防止虫害蔓延。

参考用药：用48%乐斯本乳油1500倍液，或20%丁硫克百威乳油1000倍液喷雾防治，每亩喷施药液量40～50kg，喷药时间以下午4—5时进行为宜。

# 第四章　绿色植保理念下主要蔬菜病虫害的识别与防治策略

## 第一节　叶菜类蔬菜病虫害的识别与防治策略

### 一、大白菜主要病虫害及其防控技术

大白菜，为十字花科芸薹属，高 40～60cm，全株大多无毛，有时叶下面中脉上有少数刺毛。原产我国北方和地中海沿岸，是我国的传统蔬菜，目前南方地区已成为大白菜主产区，种植面积占秋、冬、春菜种植面积的 40%～60%，其种植面积和消费量在全国各类蔬菜中居首。白菜以柔嫩的叶球、莲座叶或花茎供食用，可炒食、做汤、腌渍，是我国居民餐桌上必不可少的一道美蔬。在北方的冬季，大白菜更是餐桌上的常客，故有"冬日白菜美如笋"之说。在大白菜生产中，受到病毒病、霜霉病、根肿病及菜青虫、菜蚜等病虫害的影响较大，造成品质和产量下降，不利于增加农民收入。本文从大白菜主要病虫害的发病症状、发病规律及防治技术等方面进行介绍。

#### (一) 病毒病

1. 发病症状

病毒病又称孤丁病或花叶病，在各生育期均可发病。在苗期受害后心叶叶脉失绿后产生浓淡不均的绿色斑驳或花叶；在成株期受害，叶片皱缩、凹凸不平，呈黄绿相间的花叶，在叶脉上也有褐色的坏死斑点或条纹，严重时，植株停止生长，矮化，不包心，病叶僵硬扭曲，皱缩成团。

2. 发病规律

病毒病是危害大白菜的重要病害，主要由芜菁花叶病毒和黄瓜花叶病毒引起。田间病害主要通过蚜虫靠汁液接触传染。大白菜对温度适应范围甚小，生育适温为 18℃～21℃，温度上限为 25℃。高温干旱环境易发病，在 28℃时，芜菁花叶病毒的潜育短，只有 3～14 天。相对湿度在 80% 以上时，不利于发病，若相对湿度在 75%以下时，一般容易发生病毒病。在苗期，大白菜一般在生出 6 片真叶以前容易受害发病，受害越早，发病越重，6 片真叶以后受害程度明显减轻。

### （二）霜霉病

**1. 发病特征**

白菜霜霉病是秋季露地大白菜的重要病害之一，可在大白菜的全生育期造成危害，白菜整个生长期内均有可能发病，且以叶片发病为主。发病初期，叶面会出现水渍状褪绿斑，后转为黄褐色，病斑扩大后常受叶脉限制而呈三角状。在高温条件下，病部常出现近圆形枯斑，严重时茎及叶柄上也产生白霉。潮湿情况下，病斑背面产生白霉，严重时外叶大量枯死。白菜进入包心期，条件适宜时叶片上病斑增多并联片，叶片枯黄，病叶由外叶向内叶发展，严重时植株不能包心。种株受害时，叶、花梗、花器和种荚上都可长出白霉，花梗、花器肥大畸形，花瓣呈绿色，种荚呈淡黄色，瘦瘪。

**2. 发病规律**

霜霉病由芸薹霜霉菌侵染引起。病菌主要以卵孢子在病残体及土壤中，或附着在种子表面越冬，成为初侵染源。在白菜育苗期间和春季定植后，卵孢子萌发产生芽管，或由潜伏在种子上的菌丝侵入幼苗。而秋季棚室白菜的菌源主要来自大白菜等十字花科蔬菜。病菌侵入寄主后产生孢子囊，借气流传播进行频繁的再侵染。病菌产生孢子囊的最适温度为8℃~12℃。孢子囊萌发的温度为3℃~25℃，以7℃~13℃最为适宜。

### （三）根肿病

**1. 发病特征**

根肿病是一种由鞭毛菌亚门芸苔根肿菌侵染十字花科植物根，并使其发生病变而造成的一种土传真菌病害。病菌通过休眠孢子囊在土壤中越冬或越夏。在适宜条件下，休眠孢子囊萌发生成的游动孢子侵入寄主幼根、根毛，发育成变形体，最后变形体进入根部皮层组织和形成层细胞内，刺激其分裂和增大，9~10天即可形成根肿块，俗称大根病。病害发生后直接妨碍营养成分向植株地上部分输送，蔬菜长到中期，或严重的在前期，就出现根部腐烂，造成成片的蔬菜大面积死亡。

**2. 发病规律**

该病菌在土壤中长期生存，经土壤传染白菜及其他十字花科植物。调制种子时，带菌土粒附在种子上，可以导致种子传染。病原菌的发育温度为9℃~30℃，最适温度为20℃~24℃。孢子萌发芽管和病害进展的适温为18℃~25℃。土壤呈酸性有利于病菌繁殖，pH值7.2以上的碱性土壤则难以使病菌繁殖。病菌以休眠孢子囊残留在土壤中或黏附在种子上越冬或越夏，从幼根或伤口侵入寄主，借雨水、灌溉水和农具等传播。干旱年发病少。

### (四) 菜蚜

1. 发病症状

菜蚜在蔬菜叶背或留种株的嫩梢嫩叶上为害，造成节间变短、弯曲，幼叶向下畸形卷缩，植株矮小，影响包心或结球，造成减产。留种菜受害不能正常抽薹、开花和结籽。

2. 发病规律

在温暖地区或温室内该虫以无翅胎生雌蚜繁殖，终年危害。长江以北地区在蔬菜地内产卵越冬，次年春3—4月孵化为干母，在越冬寄主上繁殖几代后产生有翅蚜，向其他蔬菜上转移，扩大受害面积。

### (五) 绿色防控技术

1. 重点实施农业防控措施

(1) 合理间套作或带状种植。安排合适的茬口，前茬可选择葱蒜类、茄果类、瓜类、早豆角等茬口，避免在附近种甘蓝；或与玉米等高秆农作物间套种，可减轻病害的发生；与葱、蒜套作，可减轻小菜蛾，菜青虫为害。

(2) 合理耕地与拖肥，及早翻地、晒整、复种地块。在前茬农作物收获后，白菜播种前7~8天破开原垄，深翻一次，重新打垄、镇压、待播。晒茬地块实行秋翻、秋起垄，翻深20cm左右。也可进行旋耕、翻旋结合，整平、耙细、起垄、高垄栽培，可显著减轻软腐病的发生。施足底肥，每亩施优质腐熟农家肥料4~5t，磷酸二铵15~23 kg，硫酸钾5~10kg。

(3) 合理选种及处理种子。要因地制宜选用适应性强、优质、高产、抗病虫的优良品种，如保收2号、3号，超丰金黄白，秋白1号，佳白2号等。用0.4% 种子量的50% 福美双可湿性粉剂或0.3% 种子量的25% 瑞毒霉可湿性粉剂拌种，可防治苗期霜霉病、黑斑病等。用3% 中生菌素可湿性粉剂按种子量的1%~1.5%拌种，或用50% 琥胶肥酸铜可湿性粉剂按种子量的0.4%拌种，可防治苗期软腐病、黑腐病等细菌性病害。

(4) 适期播种。北方林区的秋白菜一般在7月中旬播种为好，切忌过早播种，每亩播种量为100~150g。若播种量过多，幼苗拥挤，形成大、小苗。

(5) 做好田间管理。小苗期应及时浇水，切忌受旱，小水勤浇，降低地温，可明显减轻病害的发生。及时间苗、定苗，严格剔除病苗，并带出田外处理。第一次间苗后施少量提苗肥，肥后浇水。看气候、苗情适期蹲苗。一般当外叶深绿、油绿、叶盘肥大时结束蹲苗。及时中耕松土，促进根系发育，干旱年份浅耕促墒，涝年深中耕，促水分蒸发，提高地温，有利于发根，增强植株抗病性。

进入莲座期以后，要及时进行追肥，每 667m² 追施腐熟人粪尿 1667kg 或尿素 15～20kg、硫酸钾 15kg。每隔 7～10 天喷洒 1 次 0.2% 磷酸二氢钾，共喷 2～3 次，以防止后期脱肥，增强植株抗病力。田间作业时，避免伤根和造成机械伤口，减少病菌侵入的途径。

2. 使用环境友好型农药

（1）病害防治。

第一，防治霜霉病可用 72% 克露可湿性粉剂 600～800 倍液、72.2% 普力克水剂 600～800 倍液，于定苗后和莲座中期各喷药 1 次。

第二，防治黑斑病可用 70% 甲基托布津可湿性粉剂 1000 倍液、50% 多菌灵可湿性粉剂 500 倍液，50% 代森锰锌可湿性粉剂 500 倍液喷雾。

第三，防治软腐病可用 72% 农用硫酸链霉素可溶性粉剂 5000 倍液、77% 可杀得可湿性粉剂 500～800 倍液、3% 克菌康（中生菌素）可湿性粉剂 800～1000 倍液进行喷雾。

在 8 月中下旬至 9 月初，及时用 10% 吡虫啉可湿性粉剂 2000～4000 倍液灌根 1～2 次，以减轻地蛆的为害，对白菜软腐病的防治效果也好。

（2）虫害防治。

第一，防治蚜虫。白菜在 6 叶期前最易感染病毒病，苗期染病后，抗病力减弱，容易再感染霜霉病等其他病害。蚜虫是病毒病的传播媒介，要及时防治，可采用 3% 莫比朗乳油 2000～3000 倍液防治。

第二，防治地下害虫。用芽孢杆菌（乳状菌）制剂防治金龟子幼虫，还可用黑光灯诱杀金龟子、蝼蛄，用毒饵诱杀蝼蛄等。

第三，防治菜青虫、小菜蛾、甘蓝夜蛾。可用苏云金杆菌 500～600 倍液、25% 灭幼脲 3 号悬浮剂 1000 倍液，48% 乐斯本乳油 1000～1500 倍液喷雾防治。

## 二、莴苣主要病虫害的识别与防治

### （一）主要病虫害的识别与发生

#### 1. 霜霉病

霜霉病是由莴苣盘梗霉引起的一类世界性真菌病害，其在苗期和成株期均可发生，主要为害叶片，多从下部叶片开始，逐渐向上蔓延。发病初期叶片正面出现褪绿斑点，受叶脉限制呈多角形，严重时叶背产生白色霜状毒层；当环境条件持续低温高湿时，会产生水渍状病斑，最后病斑连成片导致叶片枯死。

长江中下游地区莴苣霜霉病的发病盛期在3—5月和10—11月。病原菌喜低温高湿环境，早春及秋季低温多雨、昼夜温差大的年份发病重；连作、地势低洼、排水不良的田块发病较重；种植过密、通风透光性差、肥水施用过多的田块发病重。

2. 灰霉病

灰霉病是由灰葡萄孢引起的一类世界性真菌病害。苗期、成株期均可发病，为害叶片和茎部。初期于叶尖或叶缘产生褐色不规则病斑，后期扩大成黑褐色湿腐不规则大斑；或在茎叶连接处，沿被害部分叶柄向前扩展，形成深褐色病斑，潮湿时，病部表面产生灰色霉层，最后整株腐烂或倒折，湿度大时长出菌核。

长江中下游地区发病盛期为2—5月，莴苣在整个生育期中主要在苗期感病。莴苣植株本身抗逆性差，栽培过密、棚内低温高湿、光照差、通风不良的田块发病重。

3. 菌核病

菌核病是由核盘菌和小菌核菌引起的一类世界性真菌病害。受害部位主要是茎基部。受害部位初期为黄褐色至褐色水浸状；严重时，可在发病部位产生浓密的白色絮状菌丝；后期由菌丝体集结成黑色鼠粪状菌核，致植株腐烂或枯死。

长江中下游地区菌核病的发病盛期在3—5月和9—11月，莴苣根茎膨大期至采收期最易感病。降雨多的年份发病较重；连作、地势低洼、排水不良、栽培过密以及前茬农作物菌核病严重、残留菌核量多的田块发病较重。

4. 病毒病

病毒病由莴苣花叶病毒引起。苗期，发病症状为叶片出现淡绿或黄白色不规则斑块，或为褐色坏死斑点及花叶；成株期严重时，叶片皱缩，叶缘下卷成筒状，植株矮化。

长江中下游地区莴苣病毒病的发病盛期在10—12月，此时正值翅蚜迁飞高峰期。高温少雨、蚜虫发生量大的年份发病重，以及栽培管理粗放、多年连作、氮肥施用过多的田块发病较重。

5. 软腐病

软腐病是由胡萝卜软腐欧文氏菌引起的细菌性病害，主要为害肉质茎或根茎部。肉质茎染病，初生水浸状斑，深绿色不规则，后变褐色，迅速软化腐败；根茎部染病，根茎基部变为浅褐色，渐渐软化腐败，病情严重时可深入根髓部。

长江中下游地区该病的发病盛期主要在3—4月和10—12月，高温高湿以及连作条件下易发病。

6. 黑斑病

黑斑病是由微疣匐柄霉菌引起的真菌性病害，又名轮纹病，主要为害叶片。该病形成近圆形、黄褐色具同心轮纹病斑，在不同条件下病斑大小差异较大。潮湿时，病斑易穿孔，通常在田间病斑表面看不到霉状物，后期病斑布满全叶。

长江中下游地区该病发病盛期在3—4月和10—12月。常年连作、经常大水漫灌、温暖潮湿、结露持续时间长以及偏施氮肥的田块发病较重。

7. 褐斑病

褐斑病是由莴苣褐斑尾孢霉引起的真菌性病害，主要为害叶片。病斑近圆形或不规则形，叶正面病斑浅褐色或褐色，中央灰白色，边缘黄褐色或暗褐色，叶背颜色稍浅。

长江中下游地区主要在3—4月和10—12月发生该病，多雨和结露持续时间长的天气利于发病。

8. 莴苣指管蚜

莴苣指管蚜，属同翅目蚜科。虫体红褐色或紫红色。常群集于植株嫩梢、花序及叶片背面，行为敏感，遇震动易落地逃逸。

该虫生长的最适温度为22℃~26℃，相对湿度为60%~80%，长江中下游地区的发生盛期在3—4月和10—12月。

9. 南美斑潜蝇

南美斑潜蝇，属双翅目潜蝇科。成虫将卵产在叶肉内，幼虫孵化后在叶片上下表皮之间潜食叶肉，嗜食中肋、叶脉，形成透明空斑，造成幼苗枯死。

该虫常沿叶脉形成潜道，有别于美洲斑潜蝇为害形成的潜道。

长江中下游地区南美斑潜蝇在莴苣上的发生盛期为3—4月和10—12月。

### (二) 主要病虫害轻简化绿色防控技术

大棚莴苣病虫害防控应坚持"预防为主、综合防治"的植保方针，优先采用农业防治、物理防治和生物防治措施，科学使用高效、低毒、低残留的化学农药，配合新机械和助剂，最大程度减少化学农药的使用量，提高农药有效利用率。

1. 农业防治

农业防治通过加强田间管理，调整和改善农作物生长的微生态环境，创造不利于病原菌和害虫发生、传播的条件，以控制、避免或减轻病虫为害，是综合防控体系中最基本、最重要、成本最低的一类防治方法，但往往也是最容易被忽视的环节。

(1) 选育和栽培抗病品种。

选育和栽培抗病品种是植物病害综合防治技术中最经济、最有效的手段之一。针对主要病害，选择相应抗病品种，培育壮苗，如根、茎、叶呈紫色或深绿色的品种比白皮品种更抗霜霉病。

（2）土壤消毒。

土壤消毒可防治土传病害。收获前茬农作物后，清洁田园，整平土地。每亩施氰氨化钙 60kg，旋耕机旋耕，旋耕深度为 25~30cm，地表覆盖地膜或废旧大棚膜，大棚内四周作坝，从膜下灌水至高于畦面 3~5cm，覆盖大棚膜，四周盖紧压实。高温闷棚 30 个晴天后，揭开大棚膜，撤除地膜，晾晒通风 5~7 天，待土壤干湿适宜后浅耕。此法宜每 3 年进行 1 次。

长期利用氰氨化钙对土壤消毒可以杀灭菌核病、线虫等土传病害的有害病原菌。但是氰氨化钙在消灭土壤有害菌的同时，还会抑制有益菌活性。因此，在土壤消毒后应注意增施有机肥和补充复合微生物菌剂，以恢复土壤的微生态功能。生防芽孢杆菌是土壤消毒后进行生态功能恢复重建的重要生防资源，可以有效改善土壤微生物群落结构，丰富其多样性，使其达到更健康、更稳定的生态环境，如利用 100 亿 CFU/g 枯草芽孢杆菌可湿性粉剂，稀释 300 倍对苗床喷淋或定植后随缓苗水滴灌。

（3）清除病残体。

生长期内定期清洁棚室、防除杂草，肉质茎膨大期摘除下部老叶。及时清除发病植株并带出棚室集中销毁，减少初始病原菌。清除感病组织时注意用塑料袋等密封，以免分生孢子扩散传播。

（4）合理轮作。

定植前深翻炕地，合理轮作。有条件的可与非菊科农作物实行 3 年以上轮作。

（5）温湿度控制。

病害发生初期，严格控制棚室内的温、湿度。当棚室温度超过 25℃、相对湿度大于 60% 时，应适时将大棚两侧及前后薄膜揭开，进行通风降温、除湿。保持土壤湿润，但切忌大水漫灌。采用全地膜覆盖可有效降低棚室内湿度，减少叶片表面结露。有条件的采用滴灌、管灌等膜下灌溉技术，可以有效避免浇水后棚内湿度快速上升。

2. 物理防治

在棚室通风口处覆盖 30~40 目防虫网，阻止害虫进入棚室。农作物定植后，在棚室内悬置黄色黏虫板监测并诱杀有翅蚜、斑潜蝇等微小害虫，每亩放置 25~30 块（25cm×30cm）。通过铺设银灰色地膜以及在棚室内悬挂银灰色条膜驱避有翅蚜。

3. 生物防治

病虫害发生前期或初期，优先选择植物源、微生物源等生物制剂进行防治，以降低农作物生长中后期病虫害的发生概率和虫源基数，是减少化学、农药使用量的重要途径之一。生物农药发挥作用需要一定的时间，因此应该特别注意在病害发生前期和虫害发生初期尽早用药。

（1）霜霉病。

每亩可选择 1% 申嗪霉素悬浮剂 80～120g，3% 多抗霉素可湿性粉剂 167～250g，0.5% 几丁聚糖水剂 120～160mL，1% 蛇床子素水乳剂 150～200mL 或 80% 乙蒜素乳油 5000～6000 倍液进行喷雾；或每 667m² 选用 2 亿 CFU/g 木霉菌可湿性粉剂 125～250g 兑水灌根或喷淋。间隔 7～10 天施用 1 次，连续施用 2～3 次。

（2）灰霉病和菌核病

可每 667m² 用 2 亿 CFU/g 木霉菌可湿性粉剂 125～250g 灌根或喷淋；也可每亩选择 0.3% 丁子香酚可溶性液剂 90～120mL，1% 香芹酚水剂 58～88mL，2% 苦参碱水剂 30～60mL，20% β- 羽扇豆球蛋白多肽可溶性液剂 160～220mL，100 亿 CFU/g 枯草芽孢杆菌可湿性粉剂 75～100g 或 1 亿 CFU/g 哈茨木霉菌水分散粒剂 60～100g 兑水喷雾。间隔 7～10 天施用 1 次，连续施用 2～3 次。

（3）软腐病

可每 667 m² 选择 5% 大蒜素微乳剂 60～80g，100 亿 CFU/g 枯草芽孢杆菌可湿性粉剂 75～100g，100 万 CFU/g 寡雄腐霉菌可湿性粉剂 20～24g 或 3% 多抗霉素可湿性粉剂 200～400g 喷雾；也可用 50 亿 CFU/g 多黏芽孢杆菌可湿性粉剂 1000～1500 倍液灌根或喷淋。间隔 7～10 天施用 1 次，连续施用 2～3 次。

（4）病毒病

可每亩选 1% 氨基寡糖素可溶性液剂 430～540mL，2% 香菇多糖水剂 34～43 mL 或 6% 寡糖·链蛋白可湿性粉剂 75～100g，间隔 7～10 天喷雾 1 次，连续喷施 2～3 次。

（5）黑斑病和褐斑病

每亩可选 4% 嘧啶核苷类抗生素水剂 150mL，3% 多抗霉素可湿性粉剂 200～400g 或 80% 乙蒜素乳油 75～100mL 等喷雾。间隔 7～10 天施用 1 次，连续施用 2～3 次。

（6）莴苣指管蚜

每亩可选 150 亿 CFU/g 球孢白僵菌可湿性粉剂 200g，2.5% 鱼藤酮乳油 100～150mL，2% 苦参碱水剂 20～30mL 或 5% 桉油精可溶性液剂 70～100g，间隔 7 天喷雾 1 次，根据发生情况喷施 2 次左右。

（7）南美斑潜蝇

每亩可用 25% 乙基多杀菌素水分散粒剂 11～14g 或 1.8% 阿维菌素乳油 10～20mL，在低龄幼虫期喷雾 1 次，视虫情间隔 7～10 天可施第 2 次。

4. 化学防治

（1）高效低毒化学农药靶标精准防控。

当病虫害发生严重，物理防治和生物防治等措施不能有效控制时，应及时选择高效、低毒、低残留的化学农药进行防治。注意轮换用药，避免长期单一用药，交替使用、合理混用保护性广谱药剂（百菌清、多菌灵等）和内吸性药剂。不得超过规定施药量和最多使用次数，严格执行安全间隔期。

第一，霜霉病。每亩可选择722g/L普力克（霜霉威盐酸盐）水剂60~100mL、80%代森锰锌可湿性粉剂120~200g、25%吡唑醚菌酯悬浮剂30~40mL或75%百菌清可湿性粉剂85~100g等兑水喷雾。用药间隔期7~10天，连续喷施2~3次。

第二，灰霉病。每亩可选43%腐霉利悬浮剂25~40g、25%嘧霉胺可湿性粉剂120~150g或50%异菌脲可湿性粉剂50~100g等喷雾防治。用药间隔期7~10天，连续喷施2~3次。

第三，菌核病。可每667m²用50%啶酰菌胺水分散粒剂30~50g、50%腐霉利可湿性粉剂30~60g、40%菌核净可湿性粉剂100~150g、80%多菌灵可湿性粉剂94~125g或36%甲基硫菌灵悬浮剂1550倍液喷雾，间隔期7~10天，连续喷施2~3次；发病重的棚室，可在整畦时每亩加40%多菌灵可湿性粉剂4kg处理土壤。

第四，软腐病。667m²可选择30%噻森铜悬浮剂100~135mL等，间隔7~15天喷施1次，每季不超过3次。

第五，病毒病。每亩可选择80%盐酸吗啉胍可湿性粉剂60~70g或60%吗胍·乙酸铜水分散粒剂60~80g等喷雾，间隔期7~10天，连续喷施2~3次。

第六，黑斑病和褐斑病。每亩可用50%异菌脲可湿性粉剂60g、10%苯醚甲环唑水分散粒剂60g、53.8%氢氧化铜干悬浮剂75g、50%多菌灵可湿性粉剂120g等喷施防治。间隔期7~10天，连续喷施2~3次。

第七，莴苣指管蚜。若虫发生高峰期，每亩选20%啶虫脒可溶性液剂6~12g、70%吡虫啉水分散粒剂1~3g、46%氟啶·啶虫脒水分散粒剂5.0~7.5g或25g/L高效氯氟氰菊酯乳油2500~4000倍液等喷雾，间隔期7天，根据发生情况喷施2次左右。

第八，南美斑潜蝇。若虫发生初期，用19%溴氰虫酰胺悬浮剂2.8~3.6mL/m²进行苗床喷淋，或每亩用1.8%阿维·啶虫脒微乳剂45~60mL、80%灭蝇胺水分散粒剂15~18g/667 m²等喷雾，间隔期7天，根据发生情况喷施2次左右。

（2）助剂辅助化学农药减量增效。

在药液中添加新型喷雾助剂，可以有效降低药液表面张力，增加农药雾滴在植物叶片蜡质层的铺展性能和耐雨水冲刷能力，减少雾滴在植株表面的弹跳，并促进有效成分在靶标对象内的吸收和传导。助剂的应用可以使农药有效利用率提高15%~30%、农药用量减少10%~20%，在化学防治中对实现农药的减量增效具有重要意义。

将化学农药的使用剂量按照推荐剂量减少 10%～20%，按两次稀释法加入喷雾助剂，一般有机硅类增效剂稀释 3000 倍，植物源和矿物源增效剂稀释 1000 倍，混匀后均匀喷施。常用的喷雾助剂有农用有机硅、天 - 柠檬烯、青皮橘油等。

（3）精量电动弥粉机快速喷粉防治。

在长江流域，冬春季节如遇连续阴雨和低温寡照天气，建议采用精量电动弥粉机配合系列微粉剂进行喷粉防治，该方法省工、省时、省药、省水，药剂分布均匀，不增加棚室湿度。喷粉前关闭棚室的通风口；根据病虫害种类选择专用弥粉剂，利用混药袋进行药剂混合；从棚室最里端开始，操作人员站在过道上，摇动喷粉管从植株上方喷粉，边喷边后退，行进速度 12～15m/min，直至退出门外，关好门。最好选择在傍晚进行喷粉操作。应在病害发生前或发生初期开始施药，根据病情每隔10～15 天喷 1 次，每 667m² 喷粉量不超过 200g。

在霜霉病发病初期，可每亩用格瑞微粉 1 号（50% 烯酰吗啉可湿性粉剂 +10% 氨基酸叶面肥）100g 喷粉；发病前期每亩用微粉 6 号（75% 百菌清可湿性粉剂 +10% 氨基酸叶面肥）150g 或微粉 1 号 50g 预防。

在灰霉病和菌核病发病初期，每亩可用微粉 2 号（50% 异菌脲可湿性粉剂 +60% 乙霉·多菌灵可湿性粉剂）150～200g 防治；发病前期，每亩可用生物杀菌套装微粉 7 号（100 亿 CFU/g 枯草芽孢杆菌 +10% 氨基酸叶面肥）150g、广谱性杀菌套装微粉 6 号 150g 或微粉 2 号 75～100g 预防。

在软腐病发病前期，每亩可用生物杀菌套装微粉 5 号（5 亿 CFU/g 荧光假单胞杆菌可湿性粉剂 +10% 氨基酸叶面肥）150g 预防。

在黑斑病和褐斑病发病前期，每亩可用生物杀菌套装微粉 7 号 150g 预防。

（4）烟剂与烟雾机应用

在保护地相对密闭的空间里，点燃烟剂，进行闷棚处理，第 2 天开棚通风，可有效降低棚室内湿度，提高防治效果。如 10% 异丙威烟剂，在棚内均匀设若干放烟点，将药芯深度插入药粉中，由内向外点燃，吹灭明火，每 667 m² 用量 250～300g，可有效控制蚜虫、斑潜蝇等害虫发生；每亩 20% 百菌清·腐霉利烟剂 250～300g 可有效控制霜霉病、灰霉病、菌核病等病害的发生。利用新型植保机械烟雾机，可显著提高施药的效率和农药利用率，同时不增加棚内湿度，对高湿病害和隐蔽性虫害的防治效果较好。一般 7～10 天施药 1 次，根据病虫害发生情况施用 2～3 次。

综上所述，大棚莴苣的病虫害防治，应加强前期病虫害诊断技术，增强科学用药意识；应用高效、低毒、低残留化学农药，替代有效成分含量低、用量多的高残留农药；引入植保新机械，在秋冬冷凉季节和连续阴雨天气使用粉尘法或烟雾法施药，替代传统的喷雾技术；大力推广高温闷棚、防虫网覆盖、色板诱杀等高效实用的非化学防治措施，鼓励使用生物农药，减少化学农药的使用量。

# 第二节　豆类蔬菜病虫害的识别与防治策略

## 一、豆类蔬菜病害

### (一) 豆类蔬菜锈病

1. 症状

豆类蔬菜锈病主要为害叶片和茎部，叶片染病初期在叶面或叶背产生细小圆形赤褐色肿斑，破裂后散出暗褐色粉末，后期又在病部生出暗褐色隆起斑，纵裂后露出黑色粉质物。茎部染病，病征与叶片相似。

2. 防治方法

(1) 农业防治。

①适时播种。南方防止冬前发病，减少病原基数，生育后期避过锈病盛发期。②选用早熟品种。在锈病大发生前收获。③合理密植。及时开沟排水，及时整枝，降低田间湿度。④不种夏播豌豆或早豌豆。减少豌豆冬春菌源，冬播时清水洗种也可减轻发病。

(2) 化学防治。

在发病初期，喷洒15％三唑酮可湿性粉剂1500倍液或10％苯醚甲环唑水剂1500倍液，每隔10天左右喷1次，连续喷2～3次。

### (二) 菜豆白粉病

1. 症状

该病主要为害叶片、茎蔓和种荚。叶片受害，初期在叶面上产生白粉状淡黄色小斑，后扩大为不规则形的粒斑，并相互连合成片，病部表面被白粉覆盖，叶背则呈褐色或紫色斑块。叶片严重发病后，迅速枯黄。茎蔓和种荚受害，也产生粉斑，严重时布满茎、荚，致使枯黄坏死。

2. 发病规律

本病由子囊菌亚门菜豆白粉菌真菌侵染引起。菜豆白粉病是以分生孢子进行多次重复侵染，使病害在其寄主农作物间辗转传播为害。菜豆白粉病病菌寄主范围很广，可侵害豆科、茄科、葫芦科等13科60多种植物。日暖夜凉、昼夜温差大的多露潮湿的环境，有利其发生流行。菜豆品种间抗病性有较大差异，一般细荚菜豆较大荚菜豆抗病力强。

3.防治方法

（1）农业防治。

①因地制宜选种抗病品种。②实行轮作。抓好以加强肥水管理为中心的栽培防病措施，合理密植，清沟排渍，增施磷、钾肥，不偏施氮肥。

（2）药剂防治。

在发病初期或菜豆第一次开花时用15％三唑酮可湿性粉剂1500倍液或10％苯醚甲环唑水剂1500倍液，每隔10～15天喷1次，连喷3～4次。

### （三）菜豆镰孢菌根腐病

菜豆在种植期间，需要多加注意菜豆的多种病虫害，根腐病主要为害菜豆的根部，严重时造成菜豆减产、减值。

1.症状

菜豆镰孢菌根腐病主要为害根部和茎基部，病部产生褐色或黑色斑点，病株易拔出，纵剖病根，维管束呈红褐色，病情扩展后向茎部延伸，主根全部染病后，地上部茎叶萎蔫或枯死。但是该病只要预防和治疗得当，为害是可以减轻的。

2.防治方法

（1）农业措施。

采用深沟高垄、地膜覆盖栽培。生长期合理运用肥水，不能大水漫灌；浇水后及时浅耕、灭草、培土，以促进发根。注意排除田间积水，及时清除田间病株残体，发现病株及时拔除，并向四周撒石灰消毒。

（2）土壤处理。

苗床消毒可选用95％噁霉灵原药，按$50g/m^2$的剂量消毒。

（3）化学防治。

田间发病后及时防治，发病初期，可采用下列杀菌剂或配方进行防治：5％丙烯酸·噁霉·甲霜水剂800～1000倍液、20％甲基立枯磷乳油800～1000倍液加70％敌磺钠可溶粉剂800倍液、再加入适量复硝酚钾兑水灌根，每株灌250mL药液，视病情隔5～7天灌1次。

### （四）菜豆常见病害

在菜豆无公害生产中，病虫害防治是关键技术措施。生产上除采取用抗病品种、选择两年以上没有种过豆科农作物的田块、高畦种植、合理追肥、清洁田园和清除植株病残体等农业防治措施外，还应选用高效、低毒、低残留的农药进行防治。

1. 炭疽病

(1) 症状。

叶、茎、荚都会染病。叶片受害出现黑褐色多角形小斑点。茎上病斑为褐色、长圆形，稍凹陷。荚上的病斑暗褐色、近圆形，稍凹陷，边缘有粉红色晕圈。种子上的病斑为黑色小斑。

(2) 发病规律。

炭疽病为真菌性病害，周年可发生。其菌丝体和分生孢子随病残体在土壤中存活或伴着种子、风雨传播。在高温高湿、低洼积水、肥水不足、植株长势差条件下，植株容易发病。

(3) 防治方法。

用 10% 苯醚甲环唑水分散粒剂 1000 倍液喷雾，严格掌握喷药后的采收安全间隔期。

2. 根腐病

(1) 症状。

菜豆染病初期，下叶变黄、枯萎，但不脱落。病株主根上部和地下部分变为黑褐色，病部稍下陷，有时开裂到皮层内；侧根逐步变黑、腐烂。主根变黑腐烂时，病株枯死。

(2) 发病规律。

病菌在土壤中可存活多年，借风雨、流水传播。在土壤黏重、积水、连作、高温的条件下及太阳雨后，易使植株发病。

(3) 防治方法。

发病初期喷施或浇灌 30% 噁霉灵水剂 1000 倍液、50% 多菌灵可湿性粉剂 800 倍液、70% 甲基硫菌灵可湿性粉剂 800 倍液。

3. 细菌性疫病

(1) 症状。

菜豆植株地上叶、茎、豆荚及种子等所有部分都可感染细菌性疫病，在潮湿环境下，茎部或者种脐部常有黏液状菌脓溢出，有别于炭疽病。发病初期，从叶尖或叶缘开始出现暗绿色、水渍状的小斑点，后为不规则的褐色斑，边缘有黄色晕圈，病斑直径一般不超过 1mm，严重时病斑连片，病部变脆硬、易破，潮湿时分泌出淡黄色菌脓。

(2) 发病规律。

该病由地毯草黄单胞菌菜豆致病变种，隶属于细菌纲薄壁菌门黄单胞菌属。病菌主要在菜豆种子内越冬，也可随病残体留在土壤中越冬。高温、高湿利于病害发生。栽培管理不当、种植密度过大、保护地不通风、大水漫灌、虫害发生较重、肥力不足，或偏施氮肥造成植株衰弱，或徒长以及杂草丛生的田块，病害均较重。

（3）防治方法。

避免连作，有条件的地区可实行水旱轮作或与非豆科植物轮作3年以上。可选用72%农用链霉素可溶粉剂3000倍液、80%乙蒜素乳油1500倍液、3%中生菌素可湿性粉剂500~600倍液喷雾防治，发病初期每隔7~10天喷1次，连喷2~3次。或用25%络氨铜水剂1000倍液、20%噻菌铜悬浮剂500倍液等喷雾防治。

4. 锈病

（1）症状。

该病主要为害叶片，初期产生黄白色斑点，随后病斑中央凸起，呈暗红色小斑点，病斑表面破裂后散出褐色粉末。叶片被害后，病斑密集，迅速枯黄，引起大量落叶。

（2）发病规律。

锈病为真菌性病害，病菌在病残体中越冬，随气流传播，由气孔入侵。水滴是锈病萌发和侵入的必要条件。高温高湿、生长后期多雾多雨、日均温24℃左右及低洼积水、通风不良的地块发病重。

（3）防治方法。

①种植抗病品种。②春播宜早，必要时可采用育苗移栽避病。③清洁田园，加强管理，采用配方施肥技术，适当密植。④药剂防治。发病初期喷洒10%苯醚甲环唑1000倍液、25%丙环唑乳油2000倍液、12.5%烯唑醇可湿性粉剂2000倍液，每隔15天左右喷1次，防治1~2次。

5. 煤霉病

（1）症状。

该病主要为害叶片。发病初期叶背面出现淡黄色近圆形或不规划形的病斑，叶边缘病斑不明显。病斑上着生褐色茸毛状的霉点，即是病菌的分生孢子梗及分生孢子；后期病斑为褐色，严重时叶片枯萎脱落。

（2）发病规律。

在地势低洼积水、潮湿天气、田间荫蔽的条件下，田地发病重。

（3）防治方法。

发病初期及时用药，可用70%甲基硫菌灵800倍液、50%多菌灵可湿性粉剂500倍液、70%代森锰锌可湿性粉剂600倍液交替喷雾防治，每隔7~10天喷1次，连喷2~3次。

## 二、豆类蔬菜虫害

豆科蔬菜主要有菜豆、豇豆、豌豆、蚕豆、扁豆、菜苜蓿等10多种。豆科蔬菜上的害虫种类较多。苗期有豆根蛇潜蝇和各种地下害虫；生长期主要有食叶类害虫如豆天蛾、银纹夜蛾、苜蓿夜蛾、豆芜菁和二条叶甲；潜叶性害虫有豌豆潜叶蝇、美洲斑潜蝇等；钻蛀豆荚的有豇豆螟、大豆食心虫；蛀茎的有豆秆黑潜蝇；刺吸性害虫有温室白粉虱、烟粉虱、苜蓿蚜、大豆蚜等，干旱年份叶螨常为害猖獗。

### (一) 越冬期防治

冬春季豆田灌水，可促使豇豆螟越冬幼虫死亡；深翻土地，能使越冬的豆芜菁伪蛹暴露于土面或被天敌吃掉；在豆秆黑潜蝇越冬代成虫羽化前，处理越冬寄主，或烧毁或沤肥，消灭越冬虫源。

### (二) 播种期防治

1. 选育抗虫品种

选用铁丰1号、铁丰18、辽豆3号、铁荚四粒黄等大豆品种，对大豆食心虫的抗性较强；抗蚜豇豆品种有朝阳线豇豆、三尺红、四季青等。选育早熟丰产、结荚期短、荚毛少或无毛品种，可减轻豆荚螟成虫产卵；具有大荚、果柄长度明显短于荚长品种特点的豌豆品种，比小荚、果柄长度超过荚长的品种受豌豆象为害程度要轻。

2. 调整播期避开害虫为害盛期

适当调整播期，使寄主农作物结荚期与害虫卵盛期错开，可大大减轻豌豆象与豇豆螟对寄主的为害。大豆适期早播，结合深翻、施肥、间苗等其他田间管理，使幼苗早发，以躲过成虫盛发期，可减轻豆秆黑潜蝇的为害。

3. 合理轮作换茬与间作

轮作换茬可减轻豆根蛇潜蝇、美洲斑潜蝇的为害；大豆与玉米等高秆农作物间作，利用高秆农作物阻碍豆天蛾成虫在大豆上产卵，可显著减轻豆天蛾为害；豇豆与葱类间作套种具有吸引天敌、降低斑潜蝇为害的作用；抗虫农作物苦瓜套种感虫农作物丝瓜和豆角，也可减轻美洲斑潜蝇为害。

4. 深翻土壤或药剂处理土壤

针对美洲斑潜蝇落地化蛹的特点，在种植前深翻土壤，对发生严重的田块，每亩采用5%辛硫磷2～3kg处理，可有效压低虫口数量，兼治地下害虫。

### （三）生长期防治

#### 1. 农业防治

秋季蔬菜收获后，及时耕耙，深耕灭茬。降低豆根蛇潜蝇羽化率和推迟羽化，也可消灭部分在土中活动化蛹的幼虫。早春及时清除田间、田边杂草和寄主老脚叶，可减少二条叶甲、豌豆潜叶蝇、榆叶蝉越冬虫量，及时清除田间落花、落荚以及摘除被害的卷叶和豆荚，消灭豆野螟幼虫。冬季育苗要培育"无虫苗"。在保护地育苗时，应清除残株杂草，熏杀残余成虫，避免在温室烟粉虱发生的温室育苗。整枝打权，摘除带虫老叶，带出田外处理，减轻温室烟粉虱为害。

#### 2. 生物防治

主要防治对象为温室烟粉虱、美洲斑潜蝇。美洲斑潜蝇的天敌有潜蝇茧蜂、绿姬小蜂、双雕小蜂等。

#### 3. 物理防治

在成虫高峰期，利用黄色黏板诱杀斑潜蝇和温室烟粉虱成虫，在与寄主嫩芽等高处，每隔 2m 挂一块黄色黏板，可有效诱杀成虫，减少虫口密度（黏板可买成品，也可用黄纸板涂一层机油做黏板）。利用黑光灯诱杀豆野螟、苜蓿夜蛾等。

#### 4. 化学药剂防治

早期主要防治地下害虫、豇豆螟、蚜虫、叶螨等常发性害虫，兼治豌豆潜叶蝇、豆荚螟以及豆天蛾等食叶类害虫；后期以温室白粉虱、美洲斑潜蝇、南美斑潜蝇、豇豆螟、叶螨为主，兼治其他害虫；收获后要防治蚕豆象、豌豆象等；药剂采用阿维菌素、烯啶虫胺、噻嗪酮以及苦参碱和烟碱等效果较好。各类药剂应轮换使用，采收期注意农药的安全间隔期。

豇豆螟的防治适期与寄主花期一致；美洲斑潜蝇防治适期为一龄幼虫盛发高峰期（蛀道长 1～3cm 时），防治指标一般为每 100 片小叶有 450 头时；防治温室烟粉虱应力求掌握在点、片的发生阶段。

## 第三节　瓜类蔬菜病虫害的识别与防治策略

瓜类蔬菜从生长到成熟的整个生长周期，病虫害防治一直是非常重要的环节。随着健康环保绿色无公害食品的标准越来越高，越来越多的农户在瓜菜种植中的病虫害防治上意识到还是要以预防为主，通过提高瓜类蔬菜自身的素质来提高抗病虫的能力，尽可能以无污染方法为主，化学方法为辅，保证社会经济发展与生态环境保护相协调。

## 一、瓜类蔬菜常见的病虫害类型

瓜类蔬菜常见虫害通常有 4 种，即瓜实蝇、跳甲、小菜蛾、菜青虫等。瓜类蔬菜常见病害一般有 6 种，即枯萎病、根腐病、黑斑病、晚疫病、苗期病害和花叶病等。

## 二、瓜类蔬菜病虫害常用的防治措施

### (一) 农业防治

1. 田地清理，消杀除菌

在每一季瓜类蔬菜收获后，要做好下一季种植前的消杀和除菌工作，从根本上将病虫害的生长空间压缩到最小。

(1) 要把植株残体、周围杂草、腐烂枝叶等及时清理干净，集中清理销毁。

(2) 深层次翻耕土壤，全面进行消毒，杀除各类病虫害幼虫及细菌。

(3) 瓜类蔬菜在生长期间做好环节把控和周期跟踪，生长期间每一个阶段出现生病的植株要立即清出园地，并对植株周边进行彻底检查清理，防止病虫害扩散传播。

2. 不同农作物轮作换茬间歇耕作

通常情况下，为保证瓜类蔬菜的产量和质量，在同一块土地上不能连续两年种植同一种瓜类蔬菜。农作物在换茬再进行后续种植时，同一种类的农作物最好也不要耕种，要最大程度给土地一个修复和缓冲期，防止土地板结和僵化。应充分利用倒茬间歇时间段进行多农作物品种的错峰交叉耕作，可以用姜、蒜等农作物进行轮换，在提高经济收入的同时，最大程度地提升土地利用率。

3. 合理耕作及施肥

每次种植农作物前要将土地深翻，进行精细劳作，深耕程度一般在 35cm 左右，将犁底层打破，使熟土层厚度不断增加。每年在地头把经过一年以上发酵的圈肥、绿肥等腐熟无害的有机肥翻倒、匀肥、打碎后，重新均匀施放到田地里，并施以少量化肥加以辅助。此外，应大力推广平衡施肥的测土配方技术，最大程度地减少化肥的使用，实现绿色种植，保护生态环境。

## （二）物理防治

### 1. 利用光照高温消毒，利用低温杀死病虫菌卵

通过控制温度达到扼制病菌入侵的目的，减轻病虫为害。夏季在地表上覆盖一层薄膜，利用光照进行7天左右高温处理，杀死土壤表面的害虫卵。在大棚农作物结果后期，选择晴天关闭大棚，将棚内温度提升到40℃，进行高温杀菌。冬季利用害虫休眠的习性，深翻土地，利用严寒天气将害虫冻伤或冻死。

### 2. 使用防虫网

在大棚的通风口以及门窗处安装纱网对农作物进行保护，防止昆虫进入。在高温的夏季，播种蔬菜后，将防虫网及时盖上，不仅可以起到防虫作用，还可以遮光、保湿、遮雨等。

### 3. 灯光诱虫

利用害虫的喜光性，把控夜间灭虫的最佳时机，设置定时开关，分时间段用杀虫灯、黑光灯、诱杀灯等对害虫进行捕杀，平均3小时换一次灯。

## （三）生物防治

### 1. 天敌治虫

对害虫的天敌进行保护，利用天敌防虫治害。对基层农户做好相关宣传，在当地保护没有毒的蛇、猫头鹰、青蛙、杜鹃等动物，以消灭田鼠、稻田害虫、蚊子等。这种方式既保证了农作物的安全，又可以最大程度保证当地野生食物链的自然循环。

### 2. 利用生长调节剂

严格按照农业科技技术标准，科学、安全、有效地使用一定量的乙烯、壮丰胺等生物调节剂，以加速瓜类蔬菜的生长，缩短生长周期，达到高产快产的效果，最大程度地实现瓜类蔬菜在生长阶段抗病、高产、早熟。

### 3. 利用草木灰和尿洗合剂

草木灰可治理瓜类蔬菜的根蛆害虫。因害虫怕干喜湿，草木灰可以抑制害虫的发育及生长，起到很好的防治效果。草木灰也是极好的土地肥料，可以提高瓜类蔬菜的抵抗性，同时使农作物增产。尿洗合剂是250g的尿素、150g的洗衣粉再加50kg的水进行搅拌配制而成，可以有效治理蚜虫，可在洗衣粉融化后喷施防治，不仅可以有效防治蚜虫，而且可以通过叶面喷肥的方式促进植株的生长[1]。

---

① 张雨红. 保护地蔬菜病虫害无公害综合防治技术 [J]. 种子科技，2020，38(5)：81-82.

### (四) 化学防治

病虫害大量出现时，在保证瓜类蔬菜产品质量的条件下选用低残留、低毒、高效的农药。农药的用法用量务必按照国家制定的标准严格执行，禁止生产、使用国家明令禁止的高残留、重毒害、见效慢、致癌的农药和混合剂。同时，要对症下药，严格按标准技术参数用药，必须做到正确用药[①]。

(1) 合理混合农药，扩大防治范围，可以在一定程度上起到降低成本的效果，但不可随意混用，以避免农药残留。

(2) 掌握正确的农药使用量。在生产过程中，按照农药安全使用方法严格施药，不能随便增减，在配药时一定要用计量容器。

(3) 多种农药交替使用，不可一种农药长时间使用，防止瓜类蔬菜农作物产生抗性。

(4) 依照天气变化合理用药。天气情况影响着农药的使用，如暴雨、沙尘暴、阴天等都对农药的效果产生影响。因此，在使用农药时，一定要注意天气变化，选择在晴天、无风的天气使用农药。

在生产瓜类蔬菜过程中要进行无公害处理，面对病虫害要"预防为主，防治结合"，在保护农作物上要以"农业防治、物理防治、生物防治为主，化学技术辅助防治"为首要原则，合理、合法、科学使用农药。

## 第四节　茄果类蔬菜病虫害的识别与防治策略

茄果类蔬菜 (辣椒、茄子、番茄) 是设施化栽培的主要蔬菜农作物之一。近年来，随着现代蔬菜生产呈现设施化、集约化、专业化等发展趋势，设施蔬菜连作障碍及病虫害发生日益严重培管理技术研究，从农业防控、物理防控、生物防控和化学防控等绿色防控手段入手，集成茄果类蔬菜病虫害绿色防控技术，以期为茄果类蔬菜病虫害绿色防控提供参考。

---

[①]　傅余梅. 瓜菜病虫害的无公害防治技术 [J]. 吉林蔬菜，2000(6)：20.

## 一、茄果类蔬菜主要病虫害种类及特点

### (一) 主要病虫害种类

茄果类蔬菜主要病害有病毒病、根结线虫病、立枯病、猝倒病、青枯病、灰霉病，番茄早疫病、晚疫病、叶霉病、脐腐病，辣椒根腐病、疫病，茄子褐纹病、黄萎病等。虫害主要有蚜虫、温室白粉虱、螨类、蓟马和潜叶蝇等。

### (二) 病虫害发生特点

设施病虫害的发生主要是由于冬春季节设施低温高湿、光照不足、管理不当所导致。此外，长期的连作会引起蔬菜的自毒作用和土传病虫害加重。茄果类蔬菜在苗期一般发生猝倒病、青枯病、立枯病和沤根；成株及结果期主要以疫病、病毒病、叶霉病和根结线虫病等；温室白粉虱、蚜虫和斑潜蝇等在植株整个生长期都有发生，这些虫害也是导致叶部病害的主要根源。

## 二、茄果类蔬菜病虫害防控技术

### (一) 农业防控

1. 品种选择

选用优质、高产、抗病、抗低温弱光、适应性广、商品性好的品种。针对连作障碍引起的根结线虫病等，可采取嫁接育苗控制。

2. 精细管理

茄果类如连作障碍严重，导致土传病害加重，可以实施合理轮作，或与葱蒜类共生栽培。选种后采用营养钵 (盘) 育苗，培育壮苗；定植前要深耕土壤，精细整地，施入腐熟有机肥作基肥，适当增施磷钾肥；植株生长期控制好浇水、施肥次数和用量，加强通风，控制好棚内温湿度。因地制宜采用地膜覆盖、高垄栽培，采用滴灌、膜下暗灌等方式浇水，防止积水，降低湿度。有条件的可以采取基质栽培，即将日光温室地面整平后，按 1.5m 宽槽距开挖上口宽 35cm、底宽和高均为 25cm、横断面为等腰梯形的栽培土槽。槽间铺盖地膜，内填基质。基质常见配方 (体积比) 为发酵稻壳：腐熟鸡粪：河沙为 3：1：1；发酵稻壳：腐熟鸡粪：腐熟牛粪：河沙为 3：1：5：1；玉米或小麦发酵秸秆：发酵鸡粪：河沙为 4：1：3。

3. 清理病残

生长期间及时将发病的叶片、果实或病株清除，以免病菌蔓延；收获后，及时

把病株残体烧毁或深埋，以消灭附着的害虫和病原菌。

### (二) 物理防控

1. 种子和温室消毒

种子 (番茄种子除外) 选择晴天时晾晒 3 ~ 5h，放在 50℃ ~ 55℃温水中，迅速搅拌，水温降至 30℃时，浸种 10 ~ 12h，捞出晾干表皮水分，再放入 10% 磷酸三钠液中浸泡 20 分钟，或用 50% 多菌灵可湿性粉剂 500 倍液浸种 2h，或用福尔马林 100 倍液浸种 30 分钟，捞出后用清水洗净待催芽。7—8 月温室土壤中按每亩 60kg 施入石灰氮，精耕细耙，灌水，覆膜，闷棚，杀虫消毒，或施福气多 (噻唑膦)、阿维菌素、棉隆 (必速灭) 后高温闷棚。

2. 物理诱杀和驱避

利用防虫网防蚜虫、白粉虱等传毒；利用黄板诱杀蚜虫、温室白粉虱，蓝板诱杀蓟马等；利用设施后墙面铺银灰膜或悬挂银灰膜条避蚜防病毒；利用灯光诱杀一些趋光性害虫等。

### (三) 生物防控

1. 以虫治虫

释放丽蚜小蜂或草蛉等进行捕杀温室白粉虱，即当温室白粉虱成虫在 0.5 头 / 株时，每隔 14 天放 1 次，共释放 3 次，使丽蚜小蜂成蜂达到 15 头 / 株。人工饲养瓢虫、蜘蛛、草蛉等防治蚜虫。

2. 以菌治虫

利用根瘤菌、固氮菌防治病虫害。根瘤菌、固氮菌对土壤中的病原物作用很强，可以有效杀死病原物中的有害物质，抑制病菌的繁殖和病原物的活性。

3. 其他防治

利用植物源农药、抗生素等治虫，如利用苦参碱、烟碱防治蚜虫；利用农抗 120 灌根防治枯萎病，用农用链霉素防治软腐病等。

### (四) 化学防控

根据不同茄果类蔬菜不同病虫，正确选用高效、低毒、低残留农药，交替用药，掌握合理的用药时间和次数。病毒病可在发病初期交替喷施 20% 病毒可湿性粉剂 500 ~ 700 倍液，或 1.5% 植病灵乳剂 800 ~ 1000 倍液，隔 7 ~ 10 天喷 1 次，连防 2 ~ 3 次；防治早疫病用 69% 烯酰·锰锌可湿性粉剂 800 ~ 1000 倍液、10% 世高 (苯醚甲环唑) 水分散粒剂 1000 倍液防治；防治晚疫病可用 25% 甲霜灵可湿性粉剂、72% 杜邦克露（霜脲·锰锌）可湿性粉或 80% 大生（代森锰锌）可湿性粉剂 800～1000 倍液防治；防治灰霉病，可用每亩选用 6.5% 甲霉灵粉尘剂、5% 百菌清粉尘剂 1～1.5kg 喷粉，或用 10% 速克灵烟剂 0.5g 熏烟；防治猝倒病可用 50% 多菌灵可湿性粉剂、75% 百菌清可湿性粉剂、70% 代森锰锌可湿性粉剂，或 15% 噁霉灵水剂 600～800 倍液防治；防治根结线虫病，定植前可每亩用 10% 噻唑膦（福气多）颗粒剂 1～2kg 或 0.5% 阿维菌素颗粒剂 5kg 撒施并与土混匀，可以有效预防根结线虫病的发生。

防治蚜虫、温室白粉虱可选用 10% 吡虫啉可湿性粉剂 3000 倍液、40% 菊·杀乳油 2000～3000 倍液、2.5% 溴氰菊酯乳油 2500 倍液。单防蚜虫可用 0.3% 苦参碱水剂 1500 倍液、50% 抗蚜威可湿性粉剂 2500～3000 倍液喷雾；防治温室白粉虱也可用 10% 灭幼酮，或 25% 灭螨猛乳油 1000～1500 倍液、2.5% 天王星（联苯菊酯）乳油 3000 倍液防治；防治美洲斑潜蝇可用 48% 乐斯本乳油 600～800 倍液，或 0.9% 虫螨克（阿维菌素）乳油 3000 倍液喷雾防治。

# 第五节　根茎类蔬菜病虫害的识别与防治策略

## 一、萝卜病虫害的识别与防治策略

### （一）萝卜常见病害的识别与防治策略

1. 萝卜霜霉病

（1）症状。

该病症状以叶片发病为主，茎、花及种荚也能受害。病叶初期产生水浸状褪绿斑点，后发展为多角形或不规则形的黄褐色病斑。湿度大时，在叶背面长出白色霉层。病重时，病斑连片，造成叶片变黄、干枯。

（2）发病规律。

该病由真菌鞭毛菌亚门寄生霜霉菌侵染所致。经风雨传播蔓延，先侵染普通白菜或其他十字花科蔬菜。此外，病菌还可附着在种子上越冬，播种带菌种子直接侵染幼苗，引起苗期发病，病菌在菜株病部越冬。病菌喜温暖高湿环境，适宜发病温度为 7℃～28℃，最适发病温度为 20℃～24℃，适宜发病相对湿度 90% 以上。在多雨、多雾或田间积水的条件下，农作物发病较重。在栽培上，多年连作、播种期过早、氮肥偏多、种植过密、通风透光差的地块发病重。

（3）防治方法。

①农业防治。因地制宜选用抗病品种。重病地与非十字花科蔬菜两年轮作。提

倡深沟高畦，密度适宜，及时清理水沟保持排灌畅通，施足有机肥，适当增施磷、钾肥，促进植株生长健壮。②化学防治。用种子重量的0.3%的40%乙膦铝可湿性粉剂或75%百菌清可湿性粉剂拌种。在发病初期，每隔7~10天防治1次，连续用药防治3~4次；中等至中偏重发生年份，每隔5~7天防治1次，连续用药防治4~6次。可选用25%甲霜灵可湿性粉剂600倍液、70%代森锌可湿性粉剂600倍液、40%乙膦铝可湿性粉剂400倍液等喷雾防治。防治时注意药剂合理交替使用，最后一次喷药至收获，应严格根据国家有关农药安全间隔期的规定进行。

2. 萝卜黑腐病

(1) 症状。

萝卜黑腐病俗称黑心、烂心病。该病使萝卜根内部变黑，失去商品性，生长期和贮藏期均可为害，能造成很大损失，主要为害叶和根。幼苗期发病子叶呈水浸状，根髓变黑腐烂，叶片发病，叶缘多处产生黄色斑，后变V形向内发展，叶脉变黑呈网纹状，逐渐整叶变黄干枯。病菌沿叶脉和维管束向短缩茎和根部发展，最后使全株叶片变黄枯死。萝卜肉质根受侵染后，透过日光可看到暗灰色病变；横切萝卜可看到维管束呈放射线状、黑褐色；重者呈干缩空洞，维管束溢出菌脓，这一点与缺硼引起的生理性变黑不同。

(2) 发病规律。

病原为油菜黄单胞菌油菜变种，属细菌。寄主为萝卜、白菜类、甘蓝类等多种十字花科蔬菜。

平均气温15℃时开始发病，15℃~28℃发病重，气温低于8℃停止发病，降雨20mm以上发病呈上升趋势，光照少发病重。此外，在肥水管理不当、植株徒长或早衰、寄主处于感病阶段、害虫猖獗、暴风雨频繁条件下，农作物发病重。

(3) 防治方法。

①农业防治。在播种前或收获后，清除田间及四周杂草和农作物病残体，集中烧毁或沤肥；深翻地灭茬，促使病残体分解，减少病原和虫原。和非本科农作物轮作，水旱轮作最好。选用抗病品种，选用无病、包衣的种子，如未包衣则种子需用拌种剂或浸种剂灭菌。适时早播，早间苗、早培土、早施肥，及时中耕培土，培育壮苗。选用排灌方便的田块。开好排水沟，降低地下水位，达到雨停无积水；大雨过后及时清理沟系，防止湿气滞留，降低田间湿度，这是防病的重要措施。土壤病菌多或地下害虫严重的田块，在播种前撒施或沟施灭菌杀虫的药土。施用酵素菌沤制的堆肥或腐熟的有机肥，不用带菌肥料。施用的有机肥不得含有植物病残体。采用测土配方施肥技术，适当增施磷、钾肥。加强田间管理，培育壮苗，增强植株抗病力，有利于减轻病害。及时防治黄条跳甲、蚜虫等害虫。减少植株伤口，减少病

菌传播途径。发病时及时清除病叶、病株，并带出田外烧毁，病穴施药或生石灰。高温干旱时应科学灌水，以提高田间湿度，减轻蚜虫为害与传毒。严禁连续灌水和大水漫灌。②物理防治。52℃温水浸种20分钟后播种，可杀死种子上的病菌。③生物防治。种子灭菌，用3%中生菌素（农抗751）可湿性粉剂100倍液15mL浸拌20kg种子，吸附后阴干播种。喷施用药有72%农用链霉素可溶粉剂3000倍液、3%中生菌素（农抗751）可湿性粉剂500倍液、1%中生菌素（农抗751）水剂1500倍液、90%新植霉素可湿性粉剂3000倍液。④化学防治。拌种剂，用50%琥胶肥酸铜可湿性粉剂按种子重量的0.4%拌种，可预防苗期黑腐病的发生。播种后用药土覆盖，易发病地区，在幼苗封行前喷施1次除虫灭菌剂，这是防病的关键。喷施用药，72%农用链霉素3000倍液、50%代森铵水剂600倍液、12%松脂酸铜乳油600倍液。特别注意的是，一定要在采收前7~10天停止用药。

3. 萝卜软腐病

（1）症状。

主要为害根、短茎、叶柄及叶。根部多从根尖开始发病，出现油渍状的褐色病斑，发展后使根变软腐烂，继而向上蔓延使心叶变黑褐色软腐，烂成黏滑的稀泥状；肉质根在贮藏期染病亦会使部分或全部变黑褐、软腐；采种株染病常使髓部溃烂变空。植株所有发病部位除黏滑烂泥状外，均发出一股难闻的臭味。

（2）发病规律。

萝卜软腐病致病菌属胡萝卜欧文氏菌胡萝卜亚种细菌。

软腐病菌喜高温、高湿条件。雨水过多、灌水过度，易于发病。连作地、前茬病重、土壤存菌多；地势低洼积水，排水不良；土质黏重，土壤偏酸；氮肥施用过多，栽培过密，株、行间郁闭，通风透光差；育苗用的营养土带菌、有机肥没有充分腐熟或带菌；早春多雨或梅雨来早、气候温暖空气湿度大；秋季多雨、多雾、重露或寒流来早时，易发病。

（3）防治方法参考萝卜黑腐病。

**（二）萝卜常见虫害的识别与防治策略**

1. 蚜虫

萝卜蚜以成蚜和若蚜常集结在嫩叶上刺吸汁液，造成幼叶畸形卷缩，生长不良。平均每株有蚜虫3~5头时，即应喷药防治：可用40%乐果800~1000倍液，或吡虫啉1000倍液喷施。

2. 菜青虫

菜青虫为菜粉蝶的幼虫，主要为害叶片。菜青虫幼虫3龄前食量小，抗药性差，药剂防治以幼虫 3 龄前防治为宜。

药剂防治：选择 10％除尽悬浮剂 1500 倍液，或 2.5％莱喜悬浮剂 1000～1500 倍液等。

3. 黄条跳甲

成虫与幼虫均造成危害。成虫咬食叶片，幼虫为害根部，萝卜肉质根受害后最后变黑、腐烂。

药剂防治：选用 50％辛硫磷 1000 倍液喷布叶面或灌根。

4. 地老虎

可用 50％的辛硫磷 1000 倍液，80％的敌百虫 1000 倍液，50％的辛氰乳油 4000 倍液，20％ 速灭杀丁 3000 倍液，2.5％ 敌杀死 3000 倍液，灌根。也可在播种或定植前用上述药剂拌毒饵播撒或用种衣剂包衣。

## 二、胡萝卜病虫害的识别与防治策略

近年来胡萝卜的种植面积越来越大，同时病虫害的发生越来越严重，严重影响产量和商品质量，从而使效益降低。为了防治病虫害，大部分种植者都使用化学药剂进行防治，虽然防治效果良好，但是会造成农药残留和农业源污染，因此，采取正确有效的防治措施不但可以有效地控制胡萝卜病虫害的发生，还可以减少污染，提高生态效益。

### (一) 常见病虫害的发生特点

1. 常见病害

(1) 黑斑病。

该病多发生于胡萝卜生长后期，会对胡萝卜的叶片、叶柄以及茎秆产生危害，在发病初期，是从叶尖或者叶缘开始发生病变，先是产生褐色带有黄色晕圈的小病斑，然后逐步扩大，呈现出不规则的黑褐色、内部淡褐色的病斑。在发病后期，叶缘开始上卷，叶柄下部枯黄，在潮湿的环境下，病斑上还会出现黑霉，然后茎、花柄开始病变，容易折断。发生该病的主要原因是连作，田间密度过大，施肥不合理，通风不良。

(2) 黑腐病。

该病可发生在胡萝卜的整个生育期，主要危害胡萝卜的叶片、叶柄、茎和肉质根，发病环境一般为温暖多雨的天气，并且在地势低洼、排水不良的地块发病更为严重。当茎、叶柄发病时，病斑多为梭形至长条形斑。潮湿时染病部位会形成大量黑色霉层，当肉质根染病后，多在根头部形成不规则形状或圆形黑斑。如果防治不及时，病斑会不断地深入内部，导致整个根部发黑腐烂。

（3）白粉病。

该病在干旱少雨的年份较易发生，发病初期会感染下部的叶片，在叶背和叶柄上形成大量灰白色粉状斑点。如果防治不及时，会导致整个叶片形成灰白色的霉层，还会波及上部叶片，最后使叶片枯黄。当施肥不当，尤其氮肥施加过量，茎叶发生徒长时，该病害发生的较为严重。

2. 常见虫害

（1）根结线虫。

根结线虫害主要发生在地下部，地上部分也会发生，并且表现出来的症状根据发病程度的不同而不同，发生该虫害后胡萝卜的根部会分叉，还会在直根上长出分散的多个半圆形的瘤子，细根则会形成抱团的根团，且上面还会长出很多结节状不规则的白色或者黄白色根结，严重影响胡萝卜的产量和质量，另外，地上部分的长势也较弱。该虫害多发生在连作地块，并且潮湿的土壤环境不利于线虫的活动，因此，在干旱的土壤环境下易发生。

（2）地老虎

地老虎是对胡萝卜危害较大的地下害虫，会危害到胡萝卜的整个生长期，在苗期，低龄幼虫会啃食幼苗嫩叶，造成田间缺苗、少苗，中老龄幼虫则在夜间取食胡萝卜接近地面的嫩茎，严重时会导致植株死亡，造成缺苗断垄。地老虎的成虫昼伏夜出，有趋光性和趋化性，喜欢温暖潮湿的环境，在地势低洼地、地下水位高的地块发生较为严重。

### （二）病虫害绿色防治措施

胡萝卜病虫害的防治要以预防为主，实施综合防治，尽可能地减少化学防治方法的使用，要采取农业防治为主、化学防治为辅、多种防治方法相结合的绿色防控措施，从而降低病虫害的源基数，减少化学药物的用量，提高病虫害的综合防治水平。

1. 农业防治

加强品种的选择，尽可能地选择适合当地种植环境、品质好、产量高、抗病能力强的品种，要根据种植的季节、气候条件和土壤条件科学选择品种。要实施轮作，不宜连作，最好与非十字花科的农作物轮作，这样可以有效地减少病虫害的基数，在种植前需要合理地整地，选择阳光充足、地势平坦、土层深厚、土质疏松、富含有机质、排水方便的地块，并且在整地时可以施入适量的生石灰，一方面可以提高地力，另一方面可以对土壤进行消毒，然后在播种前对种子进行药剂拌种，这样可以达到良好的防治效果。加强田间管理，在苗期，要及时地间苗，合理密植，做好中耕除草、控水炼苗，提高胡萝卜抗病虫害的能力，在多雨季节，要做好排水工作，以降低田间的湿度，要合理施肥和追肥，注意氮肥的施加不宜过量，否则会导致白粉病的发生，如果田间有患病株要及时地拔除，应使用石灰对根穴进行消毒。

2. 物理防治

物理防治针对的是虫害，根据虫害发生的特点和规律对其进行有效的防治。可以利用地老虎等鳞翅目昆虫有趋光性这一特点，使用灯光进行诱杀，在田间安装黑光灯或者频振式杀虫灯来诱杀害虫，减少虫源，还可以配制毒饵放在胡萝卜的根部附近来诱杀成虫。

3. 生物防治

使用性诱剂对部分害虫成虫进行诱杀以降低害虫的交配率，从而达到控制害虫数量的目的。还可以使用害虫的天敌，如利用瓢虫防治蚜虫，用赤眼蜂等天敌防治地老虎等鳞翅目害虫。

4. 化学防治

化学防治是使用最为广泛，也是见效最快的一种防治方法，但是在使用过程中如果使用不当会造成农药残留，农业污染严重，因此，在使用时要注意用法和用量，选择合适的药剂。要根据蔬菜农药残留限量标准，选择生物农药和高效、低毒、低残留农药，并轮换交替使用，如可以使用70%的代森锰锌600倍液喷雾来防治黑腐病，使用1%的甲氨基阿维菌素1500～2000倍液灌根防治根结线虫，用90%的敌百虫乳油800倍液灌根，防治地老虎。但是要注意，为了避免农药残留超标，应在胡萝卜采收前至少20天停止用药。

### 三、马铃薯病虫害

马铃薯在甘肃地区得到广泛种植，但是，在马铃薯种植过程中，由于诸多主客观因素影响，导致马铃薯极易感染病虫害，对品质、产量造成严重影响。因此，探讨马铃薯常见病虫害绿色防治措施具有非常重要的意义。

#### (一) 马铃薯常见病虫害

1. 马铃薯病害

(1) 细菌性病害。

马铃薯较为常见的细菌性病害主要包括疮痂病、坏腐病、青枯病，此类病害虽然不会使马铃薯大幅减产，但是会使马铃薯品质大幅下降，从而也会在一定程度上降低马铃薯种植效益，并且由于细菌性病害主要由细菌所引发，所以防控及治疗起来都相对困难。

(2) 真菌性病害。

真菌性病害是马铃薯最为主要的病害，此类病害主要由真菌所引发，其病菌最初来源可能来自附近的薯田、番茄以及杂草、有机堆肥等。早疫病、晚疫病是马铃薯真菌性病害最为常见的类型。早疫病、晚疫病主要发生于马铃薯块茎形成及增长时期，此时如果田间管理不当、水肥施加不合理，就极易导致马铃薯感染早疫病、晚疫病。

(3) 病毒性病害。

马铃薯较为常见的病毒性病害主要包括马铃薯 A 病毒、马铃薯 Y 病毒、花叶病、卷叶病。病毒性病害具有非常强的传染性，只要薯田中有一株秧苗感染病毒性病害，就会在短时间蔓延扩散，导致薯田大部分秧苗造成感染。而在所有马铃薯病毒性病害中，卷叶病传播的范围最广，发生概率最大，而一旦感染该病，会对马铃薯产量造成严重损失，损失率高达 90% 左右。

2. 马铃薯虫害

马铃薯虫害包括诸多类型，主要可以分为地下害虫、地上害虫两大类。地下害虫包括马铃薯块茎蛾、白色蟒槽、地老虎、金针虫等，此类害虫主要会对马铃薯根块造成危害。地上害虫包括斑蝥、白粉虱、二十八星瓢虫、潜叶蝇、桃蚜等，此类害虫主要会对马铃薯的枝叶造成危害。而不论是地下害虫还是地上害虫，均会对马铃薯产量、品质造成不利影响。

### (二) 马铃薯病虫害绿色防治措施

1. 农业防治

(1) 精选良种。

在选择马铃薯品种时，要优先选择高产抗病脱毒良种，与此同时要确保马铃薯品种与种植的条件相契合。只有这样，才能充分发挥高产抗病脱毒品种特性，切实降低马铃薯病害发生概率。适合甘肃地区种植的脱毒马铃薯品种主要包括抗青 9-1、米拉、凉薯 14、凉薯 97 等。

(2) 种薯准备。

在种植马铃薯之前，必须对种薯予以合理选择，提倡采用小整薯种植，如果种薯块茎过大则要进行切块播种。在切块之前，需要将切刀置于 5% 高锰酸钾溶液或75% 酒精溶液浸泡消毒，每切割一个种薯就更换一把切刀，以防种薯与种薯之间交叉感染。而在切块过程中如果遇到烂薯、病薯要及时将其切除，以防病菌、真菌、细菌等在马铃薯种薯中蔓延扩散。

（3）选地整地。

为了降低马铃薯病虫害发生概率，必须做好种植地的选择及处理工作。一是要尽量选择排灌便利、肥力中上、土壤疏松、耕层深厚的沙壤土种植马铃薯。二是要做好整地工作，运用犁耙将种植地耙碎。对于地质干旱、墒情较差的地块，在整地前 2 ~ 3 天要对其进行浇灌，在浇灌时要确保浇足浇透。三是要将田间的隔生薯、病薯以及田间杂草彻底清理出去，与此同时可以与豆类以及玉米等农作物套作间作。通过这种方式，不仅可以降低马铃薯发生早疫病、晚疫病概率，而且可以有效解决马铃薯轮作产生的问题。

（4）合理轮作。

在马铃薯种植过程中要合理开展倒茬轮作，通过倒茬轮作不仅可以降低种植的病虫害基数，而且可以改善种植地理化性质，增强种植的养分，而这对于马铃薯高产、稳产的实现是极为有利的。而在马铃薯倒茬轮作过程中，最好实行 3 年以上的轮作，适合与马铃薯接茬的农作物主要包括豆类、谷类，最好不要与辣椒、茄子、番茄等茄科类农作物接茬。

（5）合理密植。

在马铃薯种植过程中，通过合理密植、双行垄作，可以减少或避免薯田存积过多积水，进而降低马铃薯发生病害虫害概率，确保马铃薯得以更好地生长。

在实际种植过程中，可以遵循以下种植规格，即每亩种植 3500 ~ 4000 窝，采用宽窄行种植，窄行间距控制在 33.3cm，宽行间距控制在 667cm，窝距控制在 26 ~ 33cm。

（6）中耕培土。

在马铃薯幼苗出土 5 ~ 10cm 后，要对其进行第 1 次中耕，在中耕过程中要配合做好除草工作，中耕深度控制在 10cm 左右即可；在第 1 次中耕后 10 ~ 15 天，要根据种植的实际情况进行第 2 次中耕，此次中耕深度可以稍浅一些；在马铃薯现蕾时，要进行第 3 次中耕，此次中耕要远离根系，并且耕地深度也要稍浅一些，以防对马铃薯匍茎造成损失，进而影响马铃薯结实。除此之外，在后两次中耕过程中要同时做好培土工作，以此来扩大马铃薯根系吸收范围，减少细菌、病菌对马铃薯块茎造成感染的机会。另外，在中耕过程中，可以适当缩小株距，扩大行距，或是在马铃薯花蕾部位喷洒适量的多效唑，以此来降低薯田湿度，控制马铃薯植株生长，而这对于降低马铃薯病害虫害发生概率是极为有利的。

（7）增施钾刀巴、磷刀巴。

在马铃薯种植过程中，要根据马铃薯的需肥特点、生长特点，结合薯田土壤特性，合理做好施肥工作。在实际施肥过程中，要以腐熟的有机肥为主，适当辅以化肥，同时重施基肥、巧施苗肥、适时追肥。在施加基肥时，每亩薯田要施加 10kg 钾肥、25kg 磷肥、1000～2000kg 腐熟的有机肥。在施加基肥后，要适时追肥。在苗期，肥料施加要以氮素化肥和清粪水为主。在马铃薯现蕾期，如果叶片发黄、植株矮小，可以适量追加氮肥和钾肥，以此来更好地促进马铃薯生长结实。

2. 物理防治

(1) 黄板诱杀。

据相关研究显示，蚜虫、粉虱等害虫对于比较明亮的颜色具有较强的趋向性。因此在对马铃薯害虫防治时，可以充分利用害虫的这一特性，通过在薯田设置黄板的方式对害虫进行诱杀。具体而言，可以将规格为 40cm×30cm 的黄板置于高出马铃薯植株顶部 20cm 的位置，每 1000m² 设置 300 块，即可对相关害虫有效防治。

(2) 频振式杀虫灯。

每亩薯田设置 1 台频振式杀虫灯，即可对地下害虫的成虫及二八星瓢虫予以有效防治。

3. 生物防治

在防治马铃薯病虫害时，还可以积极借助生物防治手段，如采用天敌防治、生物农药、性诱剂等，以此影响害虫繁殖产卵，降低害虫增长速度，这种方法对防治马铃薯病虫害的效果的提升是极为有利的。例如，可以在薯田安装性诱捕器，按照每平方公里 15 粒的比例投放诱芯，即可起到不错的防治效果。

# 第五章　绿色植保理念下果树病虫害的识别与防治策略

## 第一节　山楂病虫害的识别与防治策略

大果山楂的适应能力比较强，喜阳怕阴，对多云少晴的环境也有一定的适应能力。山楂对生长土壤的要求并不高，只要土壤肥力尚可、排水性良好，并且加强日常管理，就能有较好的收获。山楂种植地一般选在平原、丘陵或者是山地的缓坡地带，最好选在南面向阳方向，要兼顾地形的蓄水、排涝和防旱性能。

### 一、山楂树常见病害的识别与防治

#### (一) 白粉病防治方法

白粉病的常见症状是嫩芽、新梢、叶片、花朵、果实等受害部位变厚，产生畸形，背面生出白粉。白粉病可在病果、病叶上越冬，待第二年春季遇水后通过产生孢子进行空气传播。防治方法是要及时清理果园落叶，且在秋季整园过程中对患病的叶子、树枝和果实进行彻底清理并焚烧，或者结合施肥进行深埋，减少病菌传播。发病中可喷洒甲基苯硫脲 800 倍液或三唑酮可乳化浓缩物 2000～2400 倍液，每两个月喷洒 1 次。

#### (二) 花腐病防治方法

花腐病防治一是要在秋季整园时彻底清除病果，对其进行焚烧深埋处理。二是要在每年的 4 月下旬之前，向树盘中撒 1 层生石灰。三是要在半展叶和全展叶时喷洒两次防叶腐，可选用 25％三唑酮可湿性粉剂 1000 倍液控制叶腐病，或者选用 70％甲基托布津可湿性粉剂 800 倍液喷淋，在开花期可选择再喷淋 1 次，防止花腐及果腐。

#### (三) 日灼病防治方法

日灼病防治，一是要及时对山楂果树枝叶进行适当修剪，使树枝上的树叶均匀分布，减少阳光对树叶的直射。二是防止因蒸腾作用所引发的脱水。夏季对果树及时补水，还可以选用盖草法，增加果园的保水增湿能力，减少对幼果的灼烧。高温天气时，在果实和树枝上喷洒 100 倍石灰或滑石粉，减少日光伤害。

### (四)缺铁性黄叶病防治方法

缺铁性黄叶病是一种病理生理性病害，发病的叶片部分会失去绿色，但其主侧脉仍为绿色，严重时叶片和主侧脉均变为白色，并且叶片边缘变得干枯。黄叶病防治要在施肥时为每株果树施入 0.5~1kg 的硫酸亚铁，开花后可喷洒 800~1000 倍硫酸亚铁溶液，后期追肥时向每株山楂树追施有机肥 3~10kg。深耕翻土，增施有机肥，改善土壤结构，为根系的生长创造良好的条件，黄叶病也会减轻或消失。

## 二、山楂树主要虫害的识别与防治

### (一) 桃小食心虫

#### 1. 虫害特征

该虫害主要由桃小食心虫的 1~2 代造成，成熟害虫在树冠下浅土层做虫茧越冬，幼虫寄生在果核间啃食果实，导致果实中空并堆满虫粪失去食用价值，幼虫为害高峰期为 8—9 月。

#### 2. 防治方法

防治桃小食心虫，一是要在土壤解冻前后，对土壤进行深翻处理，深度为 12cm，能够灭杀土壤中的越冬害虫。二是用药土灭杀出土幼虫，幼虫出土高发期，可在地面喷施 50% 的辛硫磷乳油 1000 倍液，能够消灭大量的越冬幼虫。三是在成虫产卵的高发期，可向树上喷洒 10% 的氯氰菊酯 2000 倍液，能够取得良好防治效果。

### (二) 白小食心虫

#### 1. 为害特征

该虫害主要由白小食心虫的 1~2 代造成，蛀虫在树皮褶皱及树下杂草中结茧越冬。幼虫在果叶相连和果实相连处进入果实内部为害。虫粪排出果外与果实连在一起，形成较大的粪团。

#### 2. 防治方法

防治白小食心虫，一是彻底刮除老皮、彻底清理果园，对杂草和落叶集中焚烧或者深埋处理，减少虫源数量。二是要在花芽膨大时期，喷洒石硫合剂。三是要在每年的 5—7 月，成虫羽化的关键期，喷施 10% 的吡虫啉 5000 倍液。

### (三) 山楂红蜘蛛

1. 为害特征

红蜘蛛虫害主要由该虫的 6~9 代造成,受精的雌性成虫在树干褶皱中及附近的土壤缝隙中越冬,第二年花芽膨大期开始活动,吸食山楂树的汁液。导致受害叶片发黄甚至落叶,影响果树生长和果实成熟。

2. 防治方法

防治红蜘蛛,一是在早春时节,刮除树皮,并且集中深埋或者焚烧。在花芽的膨大期,可以喷施石硫合剂。二是在每年 5—6 月,即第一代幼虫孵化期,采取药物防治,选择 1% 的阿维菌素 4000 倍液,或者 2% 的阿维菌素 6000 倍液,效果明显。三是结合害虫上树的特点,可在树干上绑草把来诱杀雌性成虫。

### (四) 槐枝坚蚧

1. 为害特征

槐枝坚蚧虫害由该虫的 1~2 代造成。小若虫在 2 年生枝条上集体越冬,枝条背面虫体最多。若虫吸食树枝汁液,影响果树生长,严重时会导致枝条落叶、干枯。

2. 防治方法

防治槐枝坚蚧,一是在虫体较少时,采取人工除虫。二是在树萌芽前,可均匀喷洒 5 波美度石硫合剂。三是在若虫孵化的高发期,可喷施 10% 的氯氰菊酯 2000 倍液,1~2 次即可。

### (五) 山楂粉蝶

1. 为害特征

山楂粉蝶虫害由该虫第一代造成,2~3 年幼虫在叶片中的虫巢内过冬。幼虫啃食叶片,并拉丝将其做成虫巢。

2. 防治方法

防治山楂粉蝶,一是通过人工的方式摘除虫巢,并销毁。二是在害虫的为害期,可以在树上用药,重点喷施虫网,使用 10% 的吡虫啉 5000 倍液。

### (六) 苹毛金龟子

1. 为害特征

苹毛金龟子虫害每年由该虫第一代造成,成虫在较深的土层中越冬。成虫咬食叶片及花蕾,为害期主要发生在每年的 5 月。

## 2. 防治方法

防治苹毛金龟子，一是利用苹果金龟子假死性特点，采取人工震落捕杀成虫的方法。二是在花期可以在树上悬挂糖醋罐，诱杀成虫。三是在初花期，可喷施杀虫剂灭杀成虫。四是选择黑光灯诱杀成虫。

### (七) 大绿浮尘子

#### 1. 为害特征

大绿浮尘子为害一般发生在该虫的第二代。虫卵在枝条的皮内层进行越冬，第二年的 5 月中上旬开始孵化，若虫出现后一般先到周围的蔬菜或杂草上觅食。6 月下旬出现第一次成虫，8—9 月出现第二次成虫。10 月中旬左右陆续到山楂树上进行产卵，以卵态越冬。

#### 2. 防治方法

大绿浮尘子防治，一是在山楂树行间不能够间作蔬菜或者高粱等农作物，避免害虫增加。二是在成虫大量转移到山楂树产卵期间，选择马拉硫磷 1000 倍液药剂喷杀防治。三是在成虫产卵前，对枝条喷施高度石灰水，且在石灰水中添加豆浆，增强黏着力，提高防治效果。

## 三、山楂树病虫害的绿色防治方法

### (一) 植物检疫

植物检疫的宗旨是"预防为主，综合防治"。在引进或启用山楂苗木、种子、接穗时，要严格落实检验检疫制度，从源头上杜绝病虫害传播，防止带有病菌或病虫害的苗木、种子进入无病区。如需在疫区引进苗木或调运种子时，除了严格履行检验检疫制度外，在发芽之前还要对引进的苗木、种子喷洒 3 ~ 5 波美度石硫合剂，目的是杀灭病菌之后再进行种植。

### (二) 农业防治

农业防治一是在选种阶段要选取抗病虫能力强的种子或苗木。二是进行合理且适度的修剪，加强水肥管理并且改善耕作的制度。冬季时，将老化翘起的树皮刮掉并焚烧，用石硫合剂、石灰等进行树干涂抹，消灭潜伏在老翘皮中的食心虫、卷叶虫、星毛虫、红蜘蛛等害虫，定期清理果园，清除病叶和病果。三是要加强果园的日常管理，在种植的各环节都要时刻注意苗木健康状况，在育苗期、生长期都要进行科学浇水和施肥，保持良好通风和充足光照，可以有效提升果树的抗病能力。对果园进行翻整，更能有效地提高土壤保水能力，也能实现除草、提高土壤渗透性和促进根系生长发育的作用。

### (三) 物理防治

#### 1. 人工捕杀

针对许多害虫群居和假死的习性，可以选用人工捕杀的方式。例如，金龟子具有受惊假死的习性，可在白天摇晃枝干使成虫落地后进行捕杀。对一些体型较大的害虫，可以进行直接人工捕捉；要经常检查山楂树的枝干、树皮等部位，一旦发现有隆鼓包现象，便用刀挖除受害的部位，将幼虫杀死。

#### 2. 诱杀

诱杀是一种绿色的杀虫方法，杀虫效果良好，且省时省力。该方法不使用农药，避免了环境污染。

(1) 灯光诱杀。

该方法最好选择频振式杀虫灯，杀虫灯设置在距离果园 50 ~ 100m 的山坡上，开灯时间一般为 20：00 ~ 22：00，诱杀期在每年的 4 月上旬到 5 月上旬。布置密度可选择 2hm² 设置一个杀虫灯。主要诱杀桃蛀螟、金龟子、卷叶蛾、天牛等趋光性害虫。该方法杀虫效果要比药物杀虫更好。

(2) 黄板诱杀。

该方法可以杀灭蚜虫等对黄颜色有较强趋性的害虫。可将纤维板制作成为 1m × 0.2m 的长条形状，表面涂满黏油 (是用 10 号机油掺加少许的黄油)，挂在山楂树林间，每 1hm² 挂 300 ~ 375 块，略高出山楂树的树冠 20 ~ 30cm。要及时观测黄板的杀虫效果，当黄板上沾满了害虫时，为了保持黄板的黏性和杀虫效果，需要及时地涂抹黏油，按以往的经验来看，一般 7 ~ 10 天重新涂抹 1 次黏油即可。

(3) 糖醋液诱杀。

该方法的原理是利用昆虫的趋化性来诱杀成虫。将罐子里加入装满红糖、酒醋及少许农药的混合液，将其悬挂在山楂树上，可以诱杀桃蛀螟、卷叶蛾等对糖、酒、醋有趋性的害虫。糖醋液配比如下：红糖 5 份、食醋 20 份、酒 5 份、水 80 份。布置密度为每 1hm² 果园悬挂 75 ~ 90 个糖醋盆。

(4) 性诱剂诱杀。

一些雄性昆虫对雌性性外激素具有非常强烈的趋性，利用这种特性可将具有雌性性外激素的诱芯放置于飞虫诱捕器旁，这样就会吸引雄性昆虫不停地围绕诱芯飞舞直至掉入诱捕器中溺水而亡，从而降低害虫的为害程度。可选用直径 18 ~ 20cm、深度为 8cm 左右的硬塑料盆，最好选择绿色，将混有少许洗衣粉的清水倒入其中，将诱捕器挂在距地面 1.2 ~ 1.5m 高的树枝上，在塑料盆中心距离水面 1 ~ 2cm 处放置一个诱芯。布置密度为每 50m 设置一个，每 1hm² 悬挂 225 个诱捕器。需每天将盆内溺亡的昆虫捞出并随时补充水量。每 7 天或雨后添加水和洗衣粉，每个月更换 1 次诱芯。

(5) 诱虫带诱杀。

利用有些昆虫潜藏越冬的特性，设置果树专用诱杀带，为害虫提供越冬场所集中诱杀。每年的 8—10 月，即在害虫潜伏越冬之前，将幼虫带对接后用胶布绑紧固定在果树第一分枝下 5 ~ 10cm 处，也可固定在主枝基部 5 ~ 10cm 处，诱使昆虫沿树干向下寻找越冬场所。最佳解除诱虫带的时机为惊蛰过后 7 天，这时昆虫的天敌已出蛰，而害虫仍在诱杀带内。诱虫袋摘除后应立即焚烧或深埋，切勿随意丢弃或留作第二年重复使用，以防害虫逃出。

(6) 草把诱杀。

在深秋时节，当越冬的雌性成螨出现时，在果树下绑草把，将越冬的雌性成螨诱集到草把中，入冬时立即将草把解下焚烧，杀灭害虫。

(7) 农作物诱杀。

在山楂树周围零星种植向日葵、玉米等农作物，诱使桃蛀螟成虫产卵，然后将向日葵盘和玉米秸秆焚烧。在果树下间作谷类或牧草，可以驱避红蜘蛛。种植菠菜或者草木犀可以诱集蚜虫、金龟子等害虫，再集中喷洒农药以达到杀虫作用。

## (四) 生物防治

生物防治是利用物种间的相克原理抑制害虫繁衍，该方法不使用农药，对环境和果实不产生二次污染。

### 1. 利用天敌

一般昆虫的天敌可分为捕食性天敌和寄生性天敌两类，可利用天敌对昆虫进行捕杀。

### 2. 保护和吸引天敌

保护果园中原有的昆虫天敌，提供良好的生长环境，保持其种群数量，有效抑制虫害发生。捕食性昆虫天敌包括步行虫、食虫瓢虫、食蚜蝇类、螳螂、蜘蛛、青蛙、蟾蜍以及许多有益食虫鸟类；寄生性天敌包括寄生蜂、寄生蝇等；病原微生物包括苏云金杆菌、白僵菌等。可以引进金小蜂、七星瓢虫、中华长尾小蜂等天敌昆虫到果园内。

### 3. 应用生物源农药

喷洒苏云金杆菌制剂 75 ~ 150 倍稀释液或者青虫菌制剂 100 ~ 200 倍稀释液可防

治桃蛀螟；保幼激素类、杀螨抗生素等可以防治山楂叶螨。

4.化学防治

施用农药时必须严格执行农药安全使用标准。可在每年的早春萌芽之前喷洒1次3～5波美度的石硫合剂，可以预防多种病虫害。在花朵凋谢后喷洒25%的粉锈宁或50%甲基托布津650～750倍液，可以有效防治山楂白粉病；在每年的5月下旬至6月下旬，7月中旬至8月下旬期间，喷洒2.5%的溴氰菊酯3000倍液或灭幼脲3号，可以有效防治食心虫病。

# 第二节 苹果病虫害的识别与防治策略

## 一、苹果常见病害的识别与防治

### (一) 苹果轮纹病

其病原微生物能通过分生孢子器或菌丝体扩大传播范围，传播渠道多种多样，可在苹果树皮上正常越冬，存活时间长达4～5年。每年4—6月，温度回升后会产生大量的分生孢子，这是为害苹果树的初侵染源。分生孢子在10m之内随降雨扩散。通过流行病学调查发现，苹果开花10天后，病原菌可感染新生幼果；4—7月是发病高峰，7月后侵染率较小。孢子萌发后，通过表皮小孔感染果实和枝干，通常24小时内就可完成侵染，初期症状不明显，果实即将完熟时或在贮藏期出现明显症状。

防治方法：首先，应强化栽培管理，增加树体抵抗能力，改善通风透光条件，避免环剥，并合理施用氮、磷、钾肥。其次，应铲除枝干病原菌，在生长阶段提前喷药防治。轮纹病发生后应立即刮除病斑，于5月中旬—8月上旬，选择50%多菌灵可湿性粉剂100倍喷雾，为提高药液渗透能力，可添加有机硅2000倍液。开花后1周内选择3%多抗霉素水剂500倍液喷雾。第1次喷药防治正值幼果生长，不宜选用波尔多液等农药，宜选用内吸性杀菌剂。同一种药物不宜长期使用，应轮换交替。每次下大雨后应及时补喷。最后应给果实套袋，可有效防控。

### (二) 苹果树缩果病

该病是黏性土壤和山地苹果园的常见病害，主要表现为木栓型、干斑型和锈斑型3种，以木栓型为主。多见于生长中后期，初起果肉颜色发生褐变，果皮柔软，然后逐渐木栓化。其主要因素是缺硼，影响了果实生长发育和组织细胞分化。土壤板结、根系发育不良等都是导致该病发生的主要原因。

防治方法：要针对性加强果园管理，增施有机肥。要科学管理水肥，严格控制化肥使用量，利用有机肥改良土壤、增加土壤深度。在秋季果实采摘、树叶未落净前，适当喷洒多聚硼；剂量应根据树冠直径而定，一般为每株150～500g，施用硼肥后灌溉。

### (三) 苹果腐烂病

该病主要为害枝条，较少为害幼树和侧枝。腐烂病发生时，苹果树生长变慢。初期，树皮上出现圆形或卵状病斑，呈棕红色，质地柔软，表皮稍有凸出，用手挤压会出现凹痕，有水迹；发展到中后期，流出棕色液体；晚期，树皮上溃烂越来越多，只要轻轻一撕，就能轻易将其揭除。

防治方法：首先，要注意病菌发展规律，每年春夏之交和冬春交替是该病流行的高发期。日常管理中，要控制水分、清除病斑，适当修剪生长不良的枝条，以增强树体对病害的抵抗力。一旦发现病斑，应立即刮去表层，每天将混合配制的腐必清乳剂均匀地涂于病部，持续3天。其次，要在春天发芽时选择福美砷100倍溶液喷雾，可有效防控该病的发生。

### (四) 苹果树炭疽病

该病主要为害果实，也可侵染树枝。发病早期，病果表皮呈现棕色，且随病区扩展而变深，致使果实内部逐步腐烂。发病中期，果实表皮出现类似轮纹的黑斑。发病晚期，果实完全脱水腐烂，变成黑色枯萎状态，系造成大量落果的原因。有些病原菌寄生于病果，对翌年生产造成一定影响。

防治方法：首先，应注重做好冬季管理，加强树体养护，及时修剪病枝，避免翌年春季病菌持续存活、扩大为害。其次，应在春梢期选用福美砷80倍液进行大范围喷雾，有一定防效。若发生病害时，可采用倍量式波尔多喷雾，以防止果实大量脱落。

### (五) 苹果树斑点落叶病

该病主要为害幼嫩叶片、枝条、果实，早期叶片上出现浅棕色或暗棕色的斑纹，病区与健康区域之间有清晰的分界线。随气温升高，病斑不断扩展，多个病点相互结合，致使叶片发黄甚至掉落。在高湿条件下，叶片背面会出现黑色霉菌层。

防治方法：首先应在冬季清园。秋季果实采摘后，要修剪病枝、彻底清扫果园，把病枝、病叶集中运到果园外焚烧。其次应强化管理。7月要修剪病株和徒长枝，以清除病原菌；适时翻耕和除草，以改善土壤疏松程度，降低果园湿度。最后应喷药控制。早期选用25%咪鲜胺乳油500～600倍液或50%多锰锌可湿性粉剂400～600倍液喷雾，7～10天喷1次，连喷2～3次。

### (六) 套袋苹果黑点病

该病是一种常见病害，树体、花器的残骸都可成为病菌宿主；是套袋苹果生产过程中流行率较高的一类新型病害，主要发生在降雨较多的6—7月，套袋后由于通风不良、湿度大、温度高，适宜病原的繁殖传播。初期，果柄和果实连接凹陷处出现针状小斑，且随病程进展，大小可达5mm。病斑仅在果皮出现，病情较重的则连成一起。但在冬天贮藏时发病，病斑不会发展。

防治方法：首先，应强化管理，修剪生长旺盛的枝条，以促进生长。为提高通风透光率，应修剪相互交错的树枝。其次，应选择优质果袋，保证良好的防水性能。套袋前应喷雾杀菌1次，可选用68%～72%甲基硫菌灵可湿性粉剂800～1200倍液，加78%～82%代森锰锌可湿性粉剂600～800倍液等。药后第2天即可套袋，套袋时，让果袋充分膨胀，防止袋、果表面贴紧；果袋底部排水孔应完全张开，并将果袋的封口捆扎紧实。

## 二、苹果树主要虫害的识别与防治

### (一) 梨小食心虫

该虫是一种为害性大的蛀果类害虫。幼虫从果实的基部、萼凹处钻入，然后至果实中心啃食果肉。前期，苹果树受害后，其蛀洞附近常有粪便；后期，苹果树受害后，多数无粪便。在较为湿润条件下，可使蛀孔周边溃烂发黑，逐渐扩展成黑色斑点，又名"黑膏药"。

防治方法：首先，应在果园四周种植桃树，使其逐渐迁移，可有效地降低为害。其次，应在春季萌芽后、从越冬代成虫产卵旺盛到套袋前，选用20%天达虫酰肼或25%天达灭幼脲1500倍液交替喷雾，10～15天1次，连喷2～3次。最后，应适时套袋，以减少幼果受害。套袋前，选用"天达2116"600倍液加25%天达灭幼脲1500倍液，或"天达2116"600倍液加20%天达虫酰肼2000倍液喷雾，还可预防红蜘蛛为害。

### (二) 苹果绿盲蝽

该虫主要为害苹果的花朵、嫩梢、嫩叶及果实。为害后，枝梢逐渐萎缩直至完全死亡，嫩叶叶片上有很多细小的红棕色针形斑点。随着叶片慢慢生长，出现各种形态小孔。被侵害果实，出现铁锈或肉瘤，形状不规则。

防治方法：首先，应在日常管理中及时清除周边野草，采用土壤深翻方法消除越冬幼虫。其次，避免在果园混种绿盲蝽容易寄生的其他农作物。再次，夏季应适时剪枝，提高通风透光度，避免早衰。最后，应在萌芽前、开花前后、幼果阶段分别选用药剂控制，如70%吡虫啉可湿性粉剂和5%高效氯氰菊酯乳油交替喷雾，可取得明显防效[1]。

### （三）苹果小卷叶蛾

该虫属鳞翅目卷叶蛾科害虫，寄主范围较广；一般为害叶片、花芽和果实。幼虫食叶而产生凹痕，或使果皮凹凸不平（紫色）。在山东地区该虫一年发生2~3代，成熟幼虫可在树叶和树皮中正常越冬。

防治方法：应掌握发生的流行高峰期，在萌芽前期选用38%毒死蜱乳油1200倍液喷雾；在6月中下旬至7月初产卵和幼虫大发生期，应在防治梨小食心虫幼虫基础上控制小卷叶蛾为害[2]。

### （四）苹果树红蜘蛛

该虫主要为害叶片，通常不吐丝结网。初始受害时，叶面呈现绿色枯萎，并随为害进展而变成黄绿色，叶片坚硬而又易碎。在山东地区，该虫一年发生6~9代，主要以成螨的卵寄生于枝条和叶痕中越冬。因每年6—8月易夏季干旱，是该虫最常发的时期。

防治方法：首先，应注意在开花前后1~1.5周内进行防控，控制目标是成螨数量达到2~3头/叶，选用14%~16%哒螨灵乳油1400~1600倍液、18%~22%螨死净悬浮剂1800~2200倍液喷雾。其次，应在6—8月为害高峰期，选用72%~75%克螨特乳油1800~2200倍液，或12%~13%阿维三唑锡可湿粉800~1200倍液，或1.8%阿维菌素800~1200倍液喷雾。

## 三、苹果病虫害防治对策

### （一）改善养护管理技术

坚持预防为主理念，一旦病虫害发生，无论采用何种化学制剂都可能会对苹果品质和人类身体健康造成为害。因此，种植者要从根本上提高苹果树的抗病性，达

---

[1] 赵伟. 苹果树的种植技术和病虫害防治措施 [J]. 新种植户，2020(3)：67.
[2] 邢荔. 北方地区苹果树常见病虫害的发生及防治 [J]. 绿色科技，2018(23)：90-91.

到防治病害的目的。秋冬季，严格按要求进行施肥管理，剪去多余的树枝，避免养分流失。同时，要定期除草和清理。采摘后全面检查果园，清理干净病枝、病叶。若受到轮纹病侵扰，应及时选用药剂进行叶面喷雾，以增强抵抗力，防止早衰。如出现褐色或腐朽现象，可完全刮除病斑，并使用化学制剂涂抹，预防再次发生。

### (二) 确保药物使用的科学性和合理性

化学农药具有快速杀灭病虫害的功效，同时有一定毒性，会对生态环境造成一定危害，也会危及消费者身心健康。因此，要根据为害种类和情况，合理选用药剂防控。首先，应严格控制药剂品种和用量，不伤害有益昆虫，根除有害生物。其次，应选用污染环境较小的化学农药，或推广微生态农药、生物农药，对常见害虫可选用浏阳霉素、阿维霉素、华光霉素等绿色农药，以降低对生态环境影响。

### (三) 保证果实品质和质量安全

在种植管护过程中，应从各个角度建立安全体系，健全综合管理体系。可采取生物、物理控制等多种方法，全面实施苹果病虫害的综合防治技术，这不仅可提高病虫害控制能力，还可防控病虫害大规模传播。

### (四) 加大绿色病虫害防治技术的推广

病虫害防控过程中，除选择化学药剂防治外，还可推广应用绿色生态防治方法，主要包括性诱剂诱杀、天敌释放、生物农药的应用。在害虫交尾产卵高峰期，可利用赤眼蜂、草蛉、食蚜蝇、瓢虫等多种天敌，防止虫卵孵化，杀灭成虫。害虫盛发初期，设置性诱芯和配套的诱捕器，悬挂阴面植株2/3处，每亩3~4套，诱芯每4~6周更换1次，诱捕器定期回收。开花、幼果阶段对化学农药较敏感，应积极推广应用生物农药，可选用0.36%苦参碱水剂600倍液，或1%苦皮藤水剂1000倍液喷雾，防治盲椿象、梨小食心虫和小卷叶蛾。

苹果病虫害防控是一个非常繁重和精细工作。应科学建园，全面掌握苹果树生长情况，进行适当的品种更新；同时，加强修剪、肥水管理，充分利用物理、化学和生物控制技术，提高抗病能力，确保苹果优质、丰产。

## 第三节　桃树病虫害的识别与防治策略

在经济林产业迅速发展的同时，消费者对果品的品质、口感提出了更高的要求。

桃树作为核果类果树之首，桃产业的发展也被列为首要选择。为保障桃果的内在品质和商品价值，务必要高度重视病虫害的绿色防控技术措施，减少或避免化学农药的使用，努力将农药残留降低到最小的指标范围内，确保在提高经济效益的同时，果品质量安全。

## 一、桃树常见病虫害的识别与防治

### (一) 炭疽病

该病主要为害果实、新梢和叶片。

1. 虫害症状

果实膨大期发病，病斑初期淡褐色，水渍状，以后逐渐扩大，呈红褐色，圆形或椭圆形，显著凹陷。果实将近成熟时染病，开始是在果面产生淡褐色小斑点，逐渐扩大，成为圆形或椭圆形的红褐色病斑，显著凹陷，其上散生橘红色小粒点，并有明显的同心环状皱纹。果实上的病斑有一个至数个不等，常互相愈合成不规则形的大病斑。最后病果软化腐败，多数脱落，亦有干缩成为僵果，悬挂在枝条上。新梢受害，初在表面产生暗褐色水渍状、长椭圆的病斑，后渐变为褐色，边缘带红褐色，略凹陷，表面也长有橘红色的小粒点。病梢多向一侧弯曲。发病严重时，病梢多枯死。叶片发病，产生近圆形或不整形淡褐色的病斑，病、健分界明显，后病斑中部褪成灰褐色或灰白色，在褪色部分，有橘红色至黑色的小粒点长出。最后病组织干枯，脱落，造成叶片穿孔。叶缘两侧向正面纵卷，嫩叶可卷成圆筒形。

2. 发病规律

病菌以菌丝在树上病梢组织和僵果上越冬，翌年早春产生分生孢子，随风、雨、昆虫传播，侵染新梢和幼果，引起初侵染。以后在新生病斑上产生分生孢子，引起再侵染。桃的整个生育期都可感病，不同品种抗病性有很大差异。管理粗放，留枝过密，土壤黏重，地势低洼，排水不良及树势衰弱的果园发病都较重。桃树开花及幼果期多雨，果实成熟期遇温暖、高湿的环境，发病较重。

3. 防治要点

(1) 农业防治。

结合冬季修剪，彻底清除树上枯枝、僵果及落果，以减少越冬菌源；及时剪除生长期出现的枯枝和病果，防止再次侵染；增施磷、钾肥，增强树势，提高抗病力；及时排除果园积水，适时在夏季修剪，疏除过密枝，使树冠通风透光良好，降低果园湿度。

(2) 药剂防治。

在芽萌动期，用 3 ~ 5%Be 石硫合剂或 1∶1∶100 倍波尔多液喷布全树枝干，谢花后 7 天开始，每隔 10 ~ 15 天喷 1 次 50% 多菌灵可湿性粉剂 600 倍液或 70% 甲基托布津可湿性粉剂 700 倍液、70% 代森锰锌可湿性粉剂 800 ~ 1000 倍液、25% 三唑酮可湿性粉剂 1000 ~ 1500 倍液、75% 百菌清可湿性粉剂 500 倍液。

### (二) 桃斑蛾

该虫又名红褐星毛虫、杏叶斑蛾，为害桃叶、芽和花。

1. 虫害症状

幼虫啃食芽后致芽枯死，食叶成孔洞或缺刻，严重时叶片被吃光。

2. 发生规律

该虫 1 年发生 1 代。以初龄幼虫在树皮缝、枝杈及贴枝叶下结茧越冬。桃芽萌动时幼虫出蛰活动，先蛀芽，后危害蕾、花及嫩叶。幼虫 3 龄后白天下树，潜伏到树干基部附近的土中，石块及枯草落叶下，树皮缝中，晚上上树取食叶片。5 月中旬幼虫老熟后在树干周围和各种植被下、皮缝中结茧化蛹。至 6 月上旬成虫羽化。卵多块产在树冠中及下部老叶背面，卵期 10 ~ 11 天。第 1 代幼虫于 6 月中旬出现，啃食叶片表皮或叶肉，致被害叶呈纱网状斑痕。幼虫受惊扰后吐丝下垂。7 月上旬幼虫结茧越冬。天敌有金光小寄蝇、常怯寄蝇、梨星毛虫黑卵蜂、潜蛾姬小蜂等。

3. 防治要点

（1）农业防治。果树休眠期彻底刮除树体粗皮、翘皮、剪锯口周围死皮，消灭越冬幼虫；幼虫发生期在树干基部铺瓦片、碎砖等诱集幼虫，集中杀灭。

（2）利用天敌防治。

（3）药剂防治。在落叶后，用 80% 敌敌畏乳油或 50% 马拉硫磷乳油 200 倍液封闭剪锯口和树皮裂缝，消灭越冬幼虫。在幼虫危害期，于日落前在树干周围喷洒 48% 乐斯本乳油 500 倍液或 50% 丙硫磷乳油 800 倍液。树上喷洒 50% 马拉硫磷乳油或 40% 辛硫磷乳油 1000 倍液，2% 罗速发乳油或 20% 速灭杀丁乳油 1500 ~ 2000 倍液。

### (三) 丽绿刺蛾

丽绿刺蛾又名绿刺蛾，危害桃叶、芽。

1. 虫害症状

以幼虫蚕食为害叶片。低龄幼虫取食表皮或叶肉，致叶片呈半透明枯黄色斑块。大龄幼虫食叶呈较平直缺刻，严重的把叶片全部吃光。

2. 发生规律

该虫1年发生2代，以老熟幼虫在枝干上结茧越冬。翌年4月下旬—5月上旬化蛹，第1代成虫于5月末—6月上旬羽化并产卵，第1代幼虫为害期为6—7月。第2代成虫于8月中下旬羽化，第2代幼虫于8月下旬—9月发生。成虫有趋光性，雌蛾喜欢晚上把卵产在叶背上，10多粒或数十粒排列成鱼鳞状卵块，上覆一层浅黄色胶状物。每次产卵期2~3天，产卵量100~200粒。低龄幼虫群集性强，3~4龄开始分散。10月上旬老熟幼虫在树干上结茧化蛹。天敌有爪哇刺蛾、寄生蝇。

3. 防治要点

（1）农业防治：冬春季清洁果园，消灭树枝上的越冬茧，集中烧毁。

（2）捕杀初龄幼虫：及时摘除初孵幼虫群集危害的叶片。

（3）药剂防治：幼虫危害初期喷洒90%晶体敌百虫或50%敌敌畏乳油800~1000倍液或2.5%敌杀死乳油3000~4000倍液。

### （四）桃天蛾

桃天蛾又名枣桃六点天蛾，为害桃叶。

1. 虫害症状

幼龄幼虫将叶片啃食成孔洞或缺刻；严重时叶片被吃掉大半或吃光。

2. 发生规律

该虫每年发生2代，以蛹在土里越冬。

5月中旬—6月中旬羽化，第1代幼虫5月下旬—7月发生；第2代成虫7月发生，每2代幼虫7月下旬发生，为害至9月，入土化蛹越冬。成虫昼伏夜出，有趋光性。卵多产于树皮裂缝中。幼虫体大，食量也大，暴食叶片。老熟幼虫多在树冠下疏松土壤4~7cm深处做土室化蛹，幼虫天敌有寄生蜂等。

3. 防治要点

（1）农业防治：冬春季节深翻树盘，利用低温或鸟食消灭土中越冬蛹；幼虫发生期常检查，发现危害及时捕捉消灭；成虫发生期设置黑光灯诱杀成虫。

（2）药剂防治：在幼虫初孵期及时喷洒50%杀螟松乳油或48%乐斯本乳油、70%马拉硫磷乳油1000倍液或20%速灭杀丁3000~3500倍液，52.25%农地乐乳油1500倍液防治。

## 二、桃树病虫害的绿色防控综合技术

### （一）植物检疫执法

当地检疫人员要严格按照《植物检疫条例》和《检疫技术规程》的要求，对当地林果产业进行检疫执法。一是加强桃园的产地检疫，从源头上对病虫害进行有效预防和控制，防患于未然。二是加大桃树及其产品的调运检疫，调运前必须实施现场检疫，防止美国白蛾、食心虫等有害生物在异地之间进行传播蔓延。

### (二) 农业防治技术

农业防治技术是指调整果树的生长环境，增强果树的抗逆能力，创造不利于病虫害传播的外部环境条件，使病虫的危害保持在最小范围之内的技术措施。一是选用抗病虫品种、栽植健康种苗、合理施肥浇水、科学修枝整形等。二是在栽培中实行高垄种植有利于土壤透气，布设地膜覆盖可提高地温，修剪果树、清洁果园使其通风透光条件良好，可降低环境湿度等。三是果实套袋可有效阻隔病虫危害，也可在桃树上捆绑草把，诱导害虫前来，集中消灭。四是桃园生草为天敌繁衍提供场所，应改善生物群落结构，扩大天敌种类，增加天敌数量，丰富生物多样性，从而有效控制桃园病虫害的种群数量，起到生物防治的效果。

### (三) 生态防治技术

#### 1. 果园混养家禽

4月开始在桃园放养鸡、鹅、鸭等家禽，根据实际情况，一亩地放养量10～30只不等。家禽啄食害虫、青草，保证了桃果质量和禽类质量的安全，家禽粪便返田利用，等于给果树施肥，可谓是一举多得。此林下放养模式节约了人力、物力和财力，具有省时省力、高效便捷的生态防治效果。

#### 2. 加强果园管理

适时清理烂果、病果、虫果，剪除枯枝、乱枝，清除病残枝、病虫斑枝、乱草杂草等，集中转移运至园外进行焚烧或深埋，保持果园清洁干净，以此降低虫卵和病菌基数，改善通风透光条件，为实现果树优质高产打下良好基础。此外，应种植"蜜源"植物。种植"蜜源"植物能够吸引捕食螨、寄生蜂、瓢虫、草蛉等病虫害的天敌前来，对桃园内的蚜虫、螨类、食心虫等虫害可起到一定的控制作用。

### (四) 物理防治技术

物理防治技术简单易行，是利用简单工具及借助光热、电能、温度、声波等各种物理因素对病虫害进行防治的措施。一是覆盖防虫网、遮阳网等，阻止害虫侵入桃园进行危害。二是利用害虫对灯光的趋向性，在桃园安装频振式杀虫灯，用于夜间诱杀卷叶蛾等害虫成虫，诱杀效果较好。三是利用害虫对颜色的趋向性，挂置黄板诱杀蚜虫、粉虱、叶蝉等；挂置蓝板诱杀种蝇、蓟马等；在地面覆盖银灰色塑料膜，用于驱赶和防避蚜虫等。四是利用害虫对气味较强的趋向性，布置糖醋液诱杀飞蛾，降低成虫基数。五是使用性信息素对食心虫成虫进行迷向诱杀，也可收到较好的防治效果。

### （五）生物防治技术

生物防治技术主要包括以虫治虫和以菌治虫。此防治技术对生态环境无破坏，对人畜植物安全，对果实无农药残留，防控效果持久稳定。

一是保护和利用赤眼蜂、黄眶离缘姬蜂等天敌，用于防治桃蛀螟等害虫。

二是释放赤眼蜂等天敌进行后代繁育，用于防治梨小食心虫等害虫。

三是借助昆虫激素、细菌、真菌、病毒等微生物与其代谢产物，对桃园病虫害进行可持续控制。

四是使用生物农药进行防治，在冬季整枝后、春季萌芽前，用5波美度的石硫合剂喷洒树体，消灭病虫菌源。落花后15天，全园喷洒植物源农药苦参碱，用于防治蚜虫、红蜘蛛等害虫。在展叶后的新梢快速生长期、结果期，可使用微生物农药、植物源农药、矿物源农药等生物制剂进行病虫害防治，效果较好。

在桃树病虫害的防治中，要结合桃园的生态环境、病虫害的发生动态，贯彻落实"绿色防控"的治理措施，制订针对性强的绿色防控综合技术方案，采取农业防控为主要手段，人工、物理、生物等绿色防控技术为辅助手段，对桃树病虫害进行预防和控制。在病虫集中危害期间，可采取使用植物源、矿物源等非化学合成农药进行有效防治，这样可保障桃果的质量安全，提高市场竞争力，满足消费者对绿色果品的需求，并最终实现桃产业的健康长久发展。

## 第四节　梨树病虫害的识别与防治策略

在进行梨树的栽培与种植过程中，病虫害的出现将会带来十分严重的威胁，不仅会降低梨树产量和品质，还会影响到果农的经济效益。现阶段，很多果农并没有对病虫害防治树立科学认识，只注重药物防治、不注重预防管理，进而也会导致梨树种植区域的化学药物污染，限制了梨树种植产业的可持续发展。因此，果农应针对梨树常见病虫害树立科学的防治理念，并结合其危害特点提出有针对性的防治措施。

## 一、梨树病虫害防治原则

梨树在种植过程中，其产量与质量往往会受到病虫害、温度、气温等多种因素的影响，为保证品质，病虫害防治工作应贯彻梨树的整个生长过程，并落实于种植、培养以及果实采摘等各个环节当中。在此过程中，果农应充分遵循"预防为主、综合防治"的原则，同时充分结合梨树的种植特点与病虫害的发生规律建立完善的病虫害预测与防治制度，一方面应注重低毒、高效农药的适期合理使用；另一方面需要进一步对操作流程加以规范，从而起到控制农药用量、减少用药成本、削弱农药影响以及改善梨树品质的重要作用。

## 二、梨树常见的病害及其防治措施

### (一) 梨黑星病

梨黑星病也称疮痂病、梨雾病、梨斑病，是大多数梨树常会发生的病害，由梨黑星病菌引发，对于叶片、叶柄、果实、果台等多部位都会造成影响。在发病后，发病部位会出现黑色霉菌斑，在叶片上呈现多角形或椭圆形黄色斑点，并在叶片背后产生大量霉菌层，随着病害加重就会引发病叶大量脱落，幼果在受到侵染后会呈现畸形，不能正常生长，第二年梨树结果明显减少。梨黑星病的防治方法主要是农业防治和化学防治。农业防治需要清楚梨黑星病的发病规律和特点，梨黑星病是流行性病害，在多雨时节容易发生，4月下旬就可能出现病芽梢，直至6、7月雨季发生病菌大规模侵染梨芽现象。在农业管理中应于秋末冬初整枝，修剪病梢，及时清理落叶、病果、杂草。每年4、5月剪除病芽、病梢、病果，防止病菌扩大蔓延。

雨季来临前要经常检查，发现病菌侵染情况要及时处理。梨黑星病在萌芽期主要潜藏在病芽之中越冬，可喷洒40%福星或其他内吸性杀菌剂来防治梨黑星病。进入幼叶、幼果期，该时期属于高度感病时期，是药剂防治的关键时期，从初见病梢后开始喷药，可喷施1次1∶2∶244波尔多液或者1∶2∶200波尔多液，用药3次，每次间隔15~20天，可保护幼叶幼果不会被病菌侵染。成果期，抗病性较差，越接近成熟的果实，越容易感染梨黑星病，在采收前一两个月需要喷药3~4次，可以选择使用1∶2∶200波尔多液，或50%多菌灵可湿性粉剂800倍液，或20%氟硅唑可湿性粉剂6000倍液，喷雾防治。并且根据降雨情况，在采收前1周必须喷药1次。

### (二) 梨锈病

梨锈病是由梨锈病菌所引起的，主要危害叶片和新梢，在严重时也会危害幼果和果柄。在发病初期，叶片正面会出现橙黄色小点，扩大后形成近圆形病斑，斑上出现针尖大小黄色小点，之后病斑中部会变为黑褐色，背后病斑略微凸起，长出黄褐色毛状物，幼果发病会造成果实畸形和早落问题。梨锈病的防治也主要以农业和化学两种方式为主。梨锈病菌是一种转主寄生菌，必须在梨和桧柏两种寄主上才能完成侵染循环，如果种植区域没有桧柏，梨树基本上不会发生锈病。因此，在梨园周围不要有桧柏，根据风向判断传播距离，至少5km内不应有桧柏、龙柏等转主寄生，能够彻底有效地规避梨锈病的发生。若桧柏等转主寄生无法及时清除，则需要向桧柏树上喷洒农药，并剪除病瘿。化学防治则是向梨树喷药，在3、4月发现叶片出现橙黄色病斑后要及时喷药，这个时期也是锈孢子传播侵染的关键阶段，可以采用25%粉锈灵可湿性粉剂1000倍液，能够控制锈病的发生。若依然有锈病出现，则可追加20%氟硅唑·咪鲜胺800倍液。还可在梨树发芽后、落花后各喷药一次，防止空气传播锈孢子，需要注意在开花期不能喷药，避免产生药害问题。

### （三）梨黑斑病

梨黑斑病的传播方式是冬季病菌在枝梢、树芽、叶子等部分过冬，第二年的春天在以分生孢子形式传播，从而造成梨黑斑病的初次感染。在感染之后，梨黑斑病菌的孢子数量会持续增加，并对果实、叶片、新梢等位置造成严重侵蚀。在发病初期，梨树的叶子上会出现针头大、近圆形的黑点，并逐步演变扩大成不规则黑斑，黑斑的边缘呈黑褐色而中心为灰色，这就是病菌分生孢子所演变出来的黑色霉层。梨树不同的部位在感染梨黑斑病以后其出现的症状也是不同的，叶片上出现不规则黑斑之后会导致落叶；果实上在出现黑色圆形病斑之后会逐步凹陷，并产生裂缝，最深的时候可以达到果心的位置。同时，在裂缝处也会产生黑霉，并最终导致病果的脱落；新梢在出现黑色病斑以后会出现枝梢干枯凹陷、龟裂翘起的症状。对于梨黑斑病的防治可以分阶段进行，在落花前后可以喷洒波尔多液，次数控制在2~3次；在危害较为显著的时候可以在5~7月加喷2~3次。与此同时，可以通过加强果园管理的方法预防梨黑斑病，强化院内清洁，为梨树提供更好的生长环境。

### （四）梨轮纹病

梨树在感染梨轮纹病之后主要危害的部位为枝干和果实，其次对于叶片也会产生一定危害。其症状主要包括枝干出现近圆形褐色病斑，其边缘呈龟裂状，而在病症严重的时候会因病斑数量增多而导致枝干表面粗糙，所以也称粗皮病。该病一般集中在成熟期或贮藏期为害果实，发病初期病果会出现褐色近圆形的斑点，其中有明显的同心轮纹，同时更易腐烂。梨轮纹病对于叶片的侵蚀较轻，起初会出现同心轮纹，严重时会导致叶片干枯早落。通常情况下，该病是由于病原真菌侵染而引发，冬季病菌会在病枝干上越冬，并在第二年春天传播。轮纹病对果实和枝干的侵染期很长，因此梨树的整体生长发育阶段都应充分做好对梨轮纹病的防治工作。对于梨轮纹病的防治主要可以集中在以下几方面：第一，在选苗的时候应注重选择无病菌苗。第二，优化栽培管理，施肥过程中应适当缩减无机氮肥的比例，提升梨树对病害的抵抗力。冬季的时候应做好果树越冬工作，对于病枝、落叶等可以进行集中烧毁，避免来年春季传播。第三，应对梨树的枝干进行科学修剪，通过调节枝干、叶片以及花芽的比例来改善通风透光条件，并确保梨树的合理负载。第四，6—8月是梨轮纹病防治的关键时期，可以采用35%轮纹净可湿性粉剂600倍液、50%多菌灵可湿性粉剂1000～2000倍液等药剂，每隔10～15天喷药1次，并保证对不同药剂的交替喷施。

### 三、梨树常见的虫害及其防治措施

#### (一) 梨小食心虫

梨小食心虫对于梨树的危害比较严重，通常虫害会集中在每年的4—7月出现，幼虫蛀食新梢之后会导致其枯萎，从而影响正常的生长发育，直至枯死。梨树在感染梨小食心虫之后，其蛀孔外部会存在大量粪便，同时会从果肩或萼洼等位置延伸到梨树的最深处。与此同时，蛀孔周围还会出现大量腐烂病斑，并逐渐形成黑膏药状。对于梨小食心虫的防治可以采用设置雌性激素诱捕器的方法来诱捕雄虫，注意诱捕器应高低错落均匀排列，高度控制在距离地面1.8～2.8m。在杀灭虫害的时候还应考虑到其羽化时间，将配置比例为1∶4∶1∶16的糖醋液放在饮料瓶中，将其悬挂在距离地面1.5m处的枝干上，也可以起到有效的诱杀作用。进入秋冬季节以后，还可以对树皮进行刮除，这样不仅可以降低虫口密度，对于腐烂病的防治还可以起到一定作用。此外，还可以通过喷施高效氯氟氰菊酯1000倍液或阿维菌素3000倍液等药剂来起到对梨小食心虫的防控作用。

#### (二) 梨木虱

梨木虱也是现阶段较为广泛的梨树虫害，成虫在冬季的时候会在杂草、土壤、石缝等位置越冬，第二年春季危害树木。梨木虱在3月会将卵产在梨树发芽前的枝叶痕处，在虫害规模较大的时候会在树冠间聚集型分布。

梨木虱对梨树直接造成危害的时间集中于6—7月，在7—8月雨季到来的时候，梨木虱分泌物还会吸引杂菌，进而造成叶片的霉变与坏死。与此同时，梨木虱分泌的黏液还会造成叶片的黏连与扭曲，并影响光合作用的正常进行，导致梨树果实质量的降低。对于梨木虱的防治应集中在梨树落花 70%～80% 的时间段，此时分泌黏液量最少，梨木虱卵比较暴露，因此也是喷药杀灭梨木虱的最佳时期。具体的防治措施主要包括以下几方面：第一，做好果园的落叶、杂草清理工作，并在秋冬时期及时刮除梨树老树皮。第二，在进行果园管理工作的时候注意增施磷钾肥，避免梨树的徒长问题。第三，可以通过喷施 10% 吡虫啉 4000～6000 倍液以及 3.2% 阿维菌素 5000～8000 倍液等药剂来起到对梨木虱的防治作用。

### （三）梨树蚜虫

梨树蚜虫会对梨树的正常健康生长造成十分严重的威胁，就当前的梨树种植情况来看，为害梨树的蚜虫主要包括梨黄粉蚜与梨二叉蚜。现阶段，很多果农并没有树立科学杀灭梨树蚜虫的意识，为进一步保证梨树高产高效，应有效采取综合性的防治措施。在通常情况下，梨黄粉蚜的成虫和若虫会在果实低洼处取食并大量繁殖，梨树被其侵蚀以后，虫果会出现黄色凹陷小斑，并逐步扩大变黑，出现病斑龟裂。梨黄粉蚜还会进一步加剧果实的腐烂，最终失去商品价值。梨二叉蚜的危害主要集中在叶片，感染梨二叉蚜之后叶片会出现褐斑，直至枯死。梨黄粉蚜与梨二叉蚜的发生规律存在差异，其中梨黄粉蚜的为害盛期在每年的 7—8 月，而梨二叉蚜的为害盛期则在每年的 4—5 月和 10 月。在防治梨树蚜虫的时候主要可以从两方面入手，第一可以在春季刮翘皮，将其中的虫卵杀灭；第二可以在若虫阶段喷洒 2.5% 溴氰菊酯 2000～2500 倍液等进行防治，同时到 4 月下旬的时候还可以再加施 2 次。

### （四）梨花网蝽

梨花网蝽还可以叫作梨军配虫，也是危害梨树正常生长的主要害虫。梨树在感染梨花网蝽以后，其成虫和若虫会在叶片上吸食汁液，进而导致叶片正面出现白色斑点，而背面则布满粪便。在症状较为严重的时候，叶片还会在短时间内出现枯萎、掉落的问题，对梨树的生长质量与果实产量都会造成十分严重的威胁。梨花网蝽在冬季的时候在落叶、杂草、土壤缝隙等位置越冬，第二年 4 月的时候开始活动产卵，4 月下旬至 5 月上旬是虫量大规模增加的时期。5 月以后，梨花网蝽开始呈现出多样化虫态，并在 8 月全部羽化成虫。对于梨花网蝽的综合防治措施主要集中在以下几方面：第一，在 9 月初成虫下树越冬的时候进行诱捕，并集中杀灭。第二，在日常进行果园管理的时候，可以通过刮树皮、深翻园地等方法来破坏梨花网蝽的越冬环境。第三，可以采用喷洒药物的方法进行杀灭，在 4—5 月的时候可以通过喷洒 50% 马拉硫磷乳油 1500 倍液等药剂来起到毒杀幼虫和成虫的作用。

### （五）梨茎蜂

梨茎蜂曾是梨树的次要害虫，但随着其他害虫防治效果提升，逐渐成为梨树的主要害虫。梨茎蜂俗称剪枝虫、折梢虫等，一年发生一代，幼虫会蛀食芽梢髓部，被害梢将逐渐变黑直至枯死。在梨树初花期，成虫会将嫩梢咬伤，并在伤口处的髓部产卵，被害位置逐渐萎蔫，从上至下慢慢干缩，造成叶片不能成形。成虫一般在4月上中旬开始产卵，卵期1周，幼虫孵化后向下蛀食，一个月后幼虫还会蛀入二年生小枝继续取食，直至进入休眠。梨茎蜂的防治以物理防治和农业防治为主，在发生虫害后采用化学防治的方法。由于成虫具有假死性、群集性特点，很容易被发现，可在清晨不活动时进行振落捕杀，也可以在梨树初花期悬挂黄色双面黏虫板，均匀设置在2至3年生枝条上，利用黄色光波引诱成虫。幼虫侵害的断梢容易发现，及时剪掉下部短梢即可，也要注意处理梢内的休眠幼虫。在成虫盛发期，可采用硫磷乳油2000倍和菊酯2000倍混合液喷洒，要全面均匀喷洒在梨树树冠内外，并在成虫中午活动之前喷洒完毕。

### （六）梨刺蛾

梨刺蛾主要是幼虫啃食叶肉，残留表皮和叶脉，会使叶片出现缺刻与空洞，虫害严重时会造成大量叶片被吃光，只留有叶柄和主脉。梨刺蛾的防治方法以农业和生物防治为主，在秋冬季修剪时枝叶时，击破、摘除越冬虫茧，结合冬耕深翻，消灭虫源。梨刺蛾的天敌主要是寄生蜂，虫茧上有针孔状小孔，则表明虫茧已被寄生，可留下部分被寄生的虫茧，等待寄生蜂成长。在幼虫侵害发生时期，则需要运用灭幼脲3号1500～2000倍液配合辛硫磷，按比例兑水进行喷洒防治。

综上所述，病虫害的出现会在很大程度上影响到梨树的健康生长，因此为推动重视梨树产业的可持续发展，应充分做好梨树的病虫害防治工作。在此过程中，果农应遵循"预防为主、防治结合"的原则，同时结合梨树的生长特点实现对物理防治、化学防治以及生物防治等多元化防治技术的综合运用。此外，还应对农药的使用量进行严格控制，一方面避免产生耐药性，另一方面也防止农药污染问题的出现。

## 第五节 杏、李、柿病虫害的识别与防治策略

### 一、杏树病虫害的识别与防治策略

#### (一)病要病害

1. 杏树流胶病

(1)病害症状。

该病多发生在主干、主枝上，受害枝流出琥珀色树胶，干后成块，严重时树皮干裂、坏死，造成死树。

(2)发病原因。

第一，生理性病害，物理伤害和栽培措施不当可诱发杏树流胶病，如雹伤、虫伤、冻伤、日光灼伤、机械创伤、高接换种和大枝更新等常易引起流胶病；夏季修剪过重，施肥不当，土质黏重，土壤酸性过强，农药使用不当，造成药害，果园排水不畅，浇水过多，拉枝绑绳解除不彻底等均可诱发杏树流胶病。

第二，真菌类病原菌对杏树流胶有致病性，该病原菌是因杏树的生理病变造成流胶后而侵入的腐生菌，又使流胶现象加重。

2. 杏褐腐病

(1)病害症状。

该病主要为害果实，也侵染花和叶片，果实从幼果到成熟期均可感病。发病初期果面出现褐色圆形病斑稍凹陷，病斑扩展迅速，变软腐烂。后期病斑表面产生黄褐色绒状颗粒，病果腐烂，后形成僵果或脱落。

(2)发病原因。

病菌在病僵果中越冬，翌春产生分生孢子，借风雨或昆虫从皮孔、伤口侵入果树发病，花期低温多雨，易引起花腐和叶腐，果实成熟期多雨时，易发生大量果实腐烂。

3. 杏细菌性穿孔病

(1)病害症状。

该病为害叶片，也为害果实和新梢。叶片受害后，病斑初期为水渍状小点，以后扩大成圆形或不规则形病斑，周围似水渍状，略带黄绿色晕环，空气湿润时，病斑背面有黄色菌脓，病健组织交界处发生一圈裂纹，病死组织干枯脱落，形成穿孔。

(2)发病原因。

病原菌在病枝上越冬，第二年春细菌从病组织渗出，借风雨，从叶片气孔，枝

条的皮孔侵入发病。雨水频繁或多雾、树势弱、排水通风不良、偏施氮肥会使发病较重。

4. 杏疮痂病

(1) 病害症状。

该病主要为害果实和新梢，染病果多在肩部产生淡褐色圆形斑点，直径 2 ~ 3mm，病斑后期变为紫褐色，表皮木栓化，发病严重时常多个小病斑连成一片，果面开裂，果皮粗糙。新梢上的病斑褐色，椭圆形，后病斑连成片，造成枝梢枯死。

(2) 发病规律。

杏疮痂病是由真菌引起的病害。病菌在病枝中越冬，第二年春天借风雨传播。雨水较多的春季和初夏发病重，树冠下部果比上部果发病重，树冠郁闭、通风条件不好的果园，发病重。

**(二) 主要虫害**

1. 蚜虫类

为害杏树的蚜虫主要有三种：桃蚜、桃粉蚜和桃瘤蚜，三种蚜虫均以卵在杏的腋芽处越冬。出蛰后均以成虫和若虫群聚在幼芽、嫩梢和叶背刺吸汁液为害，为害叶片向叶背卷曲，严重者卷成绳索状，逐渐干枯。

2. 螨类

螨类主要是山楂叶螨和苹果红蜘蛛，以受精雌成螨，在主干、主枝和侧枝的翘皮、裂缝、根茎周围土缝、落叶及杂草根部越冬，3月下旬出蛰为害，一般多集中于树冠内膛局部危害，以后逐渐向外堂扩散。山楂叶螨常群集叶背危害，有吐丝拉网习性。苹果红蜘蛛在叶片正面危害，受害叶片布满黄白色斑点，重者叶片全部枯焦。9月下旬受精雌成螨越冬。高温干旱条件下发病较重。

3. 蚧壳虫类

蚧壳虫类主要是桑白蚧和杏球蚧，桑白蚧一年两代，以受精雌成虫在枝条上越冬，杏球蚧一年一代，以2龄若虫于1 ~ 2年生枝群集越冬。蚧壳虫类，在翌年树液开始流动后为害，以成虫和若虫群聚固定在枝条上吸食汁液，严重时枝条上蚧壳密布重叠，成灰白色，凹凸不平，受害树衰弱，甚至造成枝条或全树死亡。

4. 食心虫类

食心虫类主要是桃小食心虫和梨小食心虫。幼虫孵化后在果面爬行，寻找适当部位，啃破果皮蛀入果内危害，造成杏果失去商品价值。

### （三）高效安全及无公害农药筛选

农用抗生素如海正灭虫灵、克菌康、农抗120、浏阳霉素、多氧霉素等；昆虫生长调节剂杀铃脲、灭幼脲；植物源杀虫剂苦参碱；高效、低毒、低残留的化学农药吡虫啉、螨死净、哒螨灵、福星、大生等对杏树主要病虫害均有较高的防治效果。

3%克菌康可湿性粉剂和80%大生M-45可湿性粉剂混用，对杏树穿孔病和疮痂病的防治有明显增效作用，与单剂相比，既降低了使用浓度，又提高了防效。3%克菌康800倍、80%大生M-45可湿性粉剂800倍防治杏树穿孔病和疮痂病的效果均在87%以上。

1%海正灭虫灵6000倍防治螨类、蚜虫类、钻心虫类害虫的效果均在90%以上。25%灭幼脲3号1500倍防治鳞翅目的幼虫更正死亡率达96.85%，3%杀铃脲1000～1500倍防治钻心虫类杀卵效果和虫果减少率均达85%左右，10%吡虫啉5000倍防治蚜虫类的效果达95%。

以上筛选出的药剂的效果均相当于或明显好于常用药剂，通过在生产上的推广应用，果品中的农药残留量符合国家无公害果品标准。

## 二、李树病虫害的识别与防治策略

### （一）李树主要病害的识别

#### 1. 细菌性穿孔病

细菌性穿孔病是由黄单胞杆菌属致病变种引起，为锦屏县李树上最常见、为害最重的一种病害，它的侵染为害期从3月开始可一直延续到10月，对叶片、枝干和果实均能造成为害。叶片受害先是产生多角形水浸状斑点，后扩大为圆形或不规则褐色病斑，边缘水浸状，后期病斑干枯脱落，形成穿孔；果实受害，先在果面上产生水浸状小点，后期病斑扩大变色，形成近圆形暗紫色、边缘有水浸状晕环、中间稍凹陷、表面硬化粗糙、呈现不规则裂缝的病斑，产生裂果，且有黄白色菌脓溢出；枝干受害最开始出现在当年生枝上，初期出现水浸状不规则形斑点，继而形成椭圆形黑紫色稍凹陷病斑，后期病斑中部纵裂直达木质部，病斑周边痂状突起，有黄白色胶液流出，枝梢枯死，叶片也直接枯死在枝条上，后期为害短果枝，短果枝连同叶片一起枯死。3月随雨季的到来和温度的回升，下旬叶片开始发病，4月上中旬后进入病害流行期，中旬后幼果和春梢开始感病，5月下旬至6月中下旬降雨集中，气温升高，染病的叶片、枝梢、果实上的病原物互相交叉感染，病害进入为害高峰期，7月上旬摘果后病菌继续侵染枝干和夏梢致使发病。

## 2. 褐腐病

褐腐病是由病原子囊菌亚门串孢盘菌属引起的锦屏县李树上常见的病害，主要侵染为害枝梢和果实，其中以果实受害较重．嫩枝染病形成长圆形溃疡斑，中央稍凹陷，灰褐色，边缘紫褐色，天气潮湿时，产生灰色霉丛，病斑绕枝 1 周后引起上部枝梢枯死；果实自幼果至成熟期均可受害，以成熟期果实受害最重，初为褐色圆形病斑，后迅速扩展全果变褐软腐，斑面上生同心轮状排列灰褐色霉丛，腐烂果多脱落，部分失水缩变为深褐色或黑色果，落地或挂在枝上。4 月上旬病菌开始入侵寄主致使发病，6 月中旬后高温多雨天气病害开始流行，下旬果实成熟期进入为害盛期，2019 年调查发现个别树体嫩枝被害部位全部枯死，不能挂果，成熟期病果率达 5％左右。该病发生面积占种植面积的 30％以上．

## 3. 缩叶病

缩叶病是子囊菌亚门外囊菌属畸形外囊菌引起的在李树上亦常发生的一种病害，主要为害李树的叶片和枝干。叶片染病，展叶期卷曲变为黄色，叶面肿胀皱缩不平，变脆，严重时干枯；枝梢受害，呈灰色，略膨胀，弯曲畸形，组织松软，后期湿度大时，病梢表面长出 1 层银白色粉状物，秋后枯死。病害始见期 5 月上旬，5 月中下旬即进入了流行盛期，发生面积占种植面积的 10％左右。

## 4. 炭疽病

炭疽病是围小从壳菌感染所致，其无性态为胶孢炭疽病，李树上常发生的一种病害，主要在果实成熟期造成为害，影响商品率，被害果面长出浅褐色水浸状的病斑，后病斑变成红褐色圆形至椭圆形的凹陷斑，染病后期病斑上长出轮纹状排列的小粒点，空气湿度大时病部出现橙红色的点状黏质物和黑色的毛刺。6 月上旬病菌开始发生侵染，6 月下旬果实成熟期进入病害为害盛期。2019 年调查该病的病果率达 2％左右，发生面积占种植面积的 15％左右。

## 5. 流胶病

流胶病是由座囊葡萄座腔菌真菌引起的李树上常见的一种病害，主要为害李树的枝干，受害后枝干皮层隆起，之后流出透明的树胶，后变成红褐色或茶褐色，干后成硬块，受害部位皮层和木质部坏死，导致枝干枯死。3 月下旬随气温逐步回升枝干开始发病，6 月上旬至中下旬进入病害为害盛期，发生面积占种植面积的 20％以上。

## 6. 裂果

裂果在李树生产上较为常见，尤其在雨水多的年份发生严重，裂果后极易引发病虫为害和果实腐烂。6 月上旬果实接近成熟期便开始逐渐发生，中旬后降雨集中，果园湿度大，裂果现象加剧，6 月底成熟期达最高值。调查发现，裂果以青脆李发生较重，其他品种相对较轻，裂果发生面积占种植面积的 25％以上。

### （二）李树主要虫害的识别

**1. 蚜虫**

蚜虫是李树生产中发生普遍、为害比较严重的虫害之一，它主要为害李树的新梢和叶片。新梢被害严重时，生长不良，严重时枯死；叶片被害时，卷曲失绿，失去功能，严重时脱落，影响光合作用，影响花芽形成及产量，大大削弱树势。3月上旬开始发生，3月中下旬至4月下旬进入盛发期，5月后雨水对蚜虫的发生影响较大，雨水丰富蚜虫发生受阻，雨水偏少，蚜虫大量繁殖为害。2018年因5—7月雨水相对偏少，蚜虫持续发生，新梢、叶片大量枯死。发生面积占种植面积的60%以上。

**2. 李小食心虫**

李小食心虫是李树生产中常见的虫害之一，以幼虫蛀食嫩梢和果实为害，嫩梢被害逐渐枯萎，俗称"折梢"。果实被害，幼果期易脱落，落果易干缩，且早期蛀果的幼虫有转果为害的习性；果实膨大期后被害果实一般不会脱落，常在入果孔处流出"泪滴"状果胶，后果实变成紫红色，呈"豆沙馅"不可食用，幼虫无转果为害习性；采摘期果内常发现有幼虫。在锦屏县李小食心虫1年发生2代，第1代于4月上中旬李树幼果发育期发生为害，4月下旬果实膨大期进入为害盛期；第2代6月上旬开始发生为害，6月下旬果实成熟期进入为害盛期，2019年调查被害果率3%左右，李小食心虫发生面积占种植面积的30%以上。

### （三）李树病虫害防治策略

**1. 农业防治与生态调控**

（1）秋季深翻。

果园没有深翻，土壤严重板结，恶化了土壤的通透气状况，严重地影响了果树根系的生长。秋季深翻能使受伤的根系伤口及时愈合，并长出少量新根吸收营养，增加树体的贮藏营养，达到最佳的效果。深翻前全园每株撒施石灰1~1.5kg，石灰不仅能够调节土壤酸碱度，更重要的是能补充土壤钙元素供给。

（2）冬季清园。

每年的11—12月要彻底剪除李树的病虫枝、交叉枝、过密枝、干枯枝和细弱枝等，并集中烧毁。然后再使用3波美度石硫合剂进行全面喷雾，可以有效减少虫源。

（3）合理修剪。

成年树以疏枝和短截相结合，对结果枝要去弱留强，以提高坐果率和单果重。初投产树中长果枝如果数量太多，影响树势也应适当疏剪。衰老树采用短截、回缩骨干枝等办法更新主侧枝，培养新的结果枝组。通过修剪，改善果园通风透光条件。

（4）配方施肥，改良土壤。

通过施加有机肥，可以有效改良土壤的营养成分，从而增加李树的抗病能力。李树年施肥量中一半以上需要施用有机肥，改良土壤结构，增强土壤保肥蓄水能力，实现全年土壤营养的均衡供应。

（5）销毁虫果、落果。

落果初期，及时清除地上落果和树上虫果，每3天进行1次；落果盛期至末期加快清除频率，1次/天。然后集中埋入深度超过50cm以上土坑中，并用土盖实，或倒入沤肥的水池中长期浸泡处理，或用50%灭蝇胺可湿性粉剂7500倍浸泡2～3天。

（6）加强果园排水抗旱管理。

在雨季发现有积水的果园应及时挖好排水沟，做到雨天不积水。山地果园可在台面后侧挖竹节沟，使之发挥雨季排水、旱季蓄水的功能；对易发生干旱的果园，要及时准备稻草、芦苇、农作物秸秆，在施肥后进行覆盖。既能保持水土，减少土壤水分蒸发，又可增加土壤有机质含量，对壮树增产有明显作用。

2. 生物防治

李树有绒茧蜂、赤眼蜂、草蛉、瓢虫、食蚜蝇、蜘蛛和鸟类等很多天敌。初期主要是通过有益的生物资源进行合理控制，可以利用其代谢产物有效抑制虫害。一般采用核型多角体病毒制剂、Bt杀虫剂、苦参碱、农用链霉素等防治多种病虫害。

3. 物理防治机械防治

（1）色板引诱。

害虫中有部分对黄色有一定的趋性，可以把黄色的化学物品塑料板上来诱杀害虫。在3—5月，开始悬挂寒色诱杀板，通常每亩需要悬挂25cm×40cm有色黏虫板20～30片，使用2～5次。

（2）杀虫灯诱杀。

该方法主要是利用害虫的趋光性，这一过程所采用的工具有频振式杀虫灯、太阳能杀虫灯，从4—9月为害虫盛发期，于夜间9：00—11：00，利用频振式杀虫灯或太阳能杀虫灯开始点灯诱杀，同时要在灯旁设立3～5个塑料黏板，这种方式可以有效消灭桃小食心虫的成虫。

（3）"聪绿"果实蝇饵剂诱杀。

从5月上旬开始，在1.5～2m内的李树杈上涂抹"聪绿"果实蝇饵剂（或距离树梢往下1/3处），每月涂一次，每亩涂抹40个点，每个点用量2mL，诱杀桔小实蝇雌雄成虫。

（4）人工防治。

在冬季，为了减少李树枝条上害虫的基数，可以使用硬刷子或钢丝刷对枝条进行洗刷。

（5）性诱剂诱杀

每年的4—10月，是桔小实蝇为害最严重的时期，可以利用废弃塑料瓶等容器中放入蘸有甲基丁香酚的诱蝇醚，制成诱捕器，还可以在诱捕器中加入适量的肥皂水。每亩悬挂4个，每月换1次诱芯。可有效抑制桔小实蝇的繁衍。

（6）树干涂白

选用石硫合剂或杀虫涂白剂对树干进行刷干，可杀死越冬虫源。

（7）养鸡除虫

利用果实蝇老熟幼虫在落烂果中跳入土表2~3cm化蛹的习性，在果园放养毛脚鸡，啄食土表的老熟幼虫及蛹。

4.科学使用农药

认真做好李树病虫害预测预报，在虫害到来时，及时选用氯虫苯甲酰胺悬浮剂、甲氨基阿维菌素苯甲酸盐乳油、吡蚜酮可湿性粉剂。病害选用苯醚甲环唑水分散粒剂、唑醚·代森联可湿性粉剂、络合态代森锰锌可湿性粉剂、苯醚甲环唑·丙环唑可湿性粉剂、爱苗乳油、腐霉利可湿性粉剂等高效、低毒、低残留的农药进行防治。

## 三、柿子常见病虫害的识别与防治策略

柿子是我国的原产树种，属于柿树科的原叶乔木，最高能长至15m左右，在我国各地区实现了广泛种植。柿子果实大多数都在秋天成熟，大约为9月和10月，其种植面积较大，整体产量较高，具有广阔的市场销售前景。

近些年来，病虫害的侵袭致使柿子种植质量不断降低，也限制了种植效益的提升，所以当前需要探析柿子主要病虫害防治技术，从常见病虫害产生根源出发，拟定应对措施，促进柿子种植效益的提升。

### （一）柿子主要病害的识别与防治

#### 1.柿角斑病、圆斑病

柿子角斑病主要为害柿树叶片和果蒂。病菌会吸附在植株上过冬，等到生长阶段的第二年，会借助雨水传播等外部因素扩大传染范围，将会导致柿子树出现早期落叶和落果的现象。叶片受到病菌感染的正面出现不同形态的病斑，呈现出不规则分布，病斑叶内叶脉会随着时间推移逐步变黑，病斑上夹杂着密集的小颗粒状物。叶片背面颜色逐步变淡，而后颜色会不断加深，呈现出黑褐色。病斑从出现一直到定型需要经过30天左右的时间，随着斑病从叶蒂向四周扩散，对于柿子种植品质构

成了极大威胁，对于种植整体效益也产生了不利影响[1]。

针对柿角斑病、圆斑病，需要采取有针对性的应对防治措施。首先，种植管理人员需要加强日常管理维护，发现病叶、病蒂后要及时清除，杀灭越冬病原体，清除落叶以及枝条上残留的病蒂，从而降低污染源的传播扩散。其次，在柿子树开花后的20天内，需要在病菌传播之前喷洒相应浓度的波尔多液，根据实际病情适量选取喷洒次数。柿子叶片对铜离子较为敏感，所以可以通过石灰多量式波尔多液进行喷洒。加强种植区域管理，提高通风透光性，降低排水湿度[2]。

### 2. 柿子炭疽病

在柿子炭疽病发病初期，柿子果实表面上会出现不同规格的斑点，大多数病斑会逐步扩展，形成圆形凹陷状，在果实中部密生黑色颗粒状小点，即分生孢子盘。等到生长环境处于高温或是潮湿的情况下，分生孢子盘的果肉会变为黑色硬块。大多初生新梢在患病初期会感染黑色圆点，中部出现不同形状的裂痕，病斑实际长度较大。一般新生树梢患病之后容易枯死和折断。叶片发病大多数集中在叶脉和叶柄上，发病初期呈现为黄褐色，随着时间推移，颜色逐步加深变为黑色。炭疽病病原体大多数都集中在树梢病斑中进行越冬，也有部分病菌能够集中在病果和枝芽中越冬，对于柿子种植的危害较大[3]。

对于柿子炭疽病防治，相关种植管理人员及时消除患病的病叶、病梢，并进行无害化处理，集中深埋或是进行焚烧。在柿子未发芽之前，喷洒5波美度的石硫合剂。在6月、7月、8月各喷多量式波尔多液[4]。

### (二) 柿子常见病害的识别与防治

#### 1. 柿蒂虫

柿蒂虫是当前柿子种植中最常见也是为害较大的虫害，主要为害柿子果实，导致柿子果实在成长早期阶段外体发红，整体质量变软后脱落。柿蒂虫主要是幼虫为害柿子果实，柿蒂虫幼虫注入柿子果实中，大多数柿子幼果被蛀之后在生长早期阶段都会变黄、变软，如果虫害暴发较为严重，会导致大量果实从树上不断脱落，柿子总体产量降低。现阶段，此类害虫在长江流域一年主要生两代，大多数幼虫会在柿子粗糙的枝干夹缝中越冬。在夏季的时候，该虫产卵在果柄和果蒂之间，由果蒂

① 赵京献，郭伟珍，毕君，等．柿树病虫无公害防治技术研究 [J]. 安徽农学通报，2010，16(19)：126-127.
② 王祥．浅析柿子树的病虫害防治技术 [J]. 美与时代·城市，2013(11)：39.
③ 程国华，魏红，王建兴，等．柿子树的病虫害防治方法 [J]. 农业开发与装备，2015(11)：116-117.
④ 吕鋆翔．柿子树常见病虫害防治技术要点 [J]. 中国果菜，2012(9)：53.

底部不断向果实内部扩散[①]。

柿蒂虫防治措施主要是在冬季或是早春，采取刮树皮的方式，从而破坏柿蒂虫的越冬场所，消除一部分害虫。等到晚秋时节，种植人员需要及时摘除干柿蒂，这样能够消灭幼虫。在6—8月需要对柿子果实进行管理，及时摘除病果和干柿子、黄柿子。在7月中旬到8月中旬，可以适量采取药物预防治理措施，在成年虫生长旺盛季节可以选取适量的喷菊酯类药剂或是有磷药剂倍液进行防治。

2. 介壳虫

柿子介壳虫主要有柿绵蚧、龟蜡蚧、红蜡蚧等，此类害虫大多数汲取叶片、果实、树梢的汁液，使得树木整体生长态势不断降低，会诱发煤污病的产生，将会致使果实早期脱落，严重影响实际种植产量。

对于柿子树介壳虫的防治，需要做好全面防治措施。在害虫密集处，集中树枝需要及时清除，轻刮树皮，初冬时节喷洒石硫合剂，或是相应浓度的柴油乳液，能够有效杀灭害虫病原体。此外，当大多数害虫还未形成蜡壳时，可以喷相应浓度的敌敌畏溶液或是石硫合剂。当害虫情况严重时，每隔10天左右便喷洒2次能够起到良好的防治效果。在害虫天敌生长盛期可以避开用药，对柿子的采收时间根据实际要求进行拟定。当前成熟柿子中具有较高糖分，对于受到病虫害侵害后的残次果实能够进行发酵制酒，能够提高经济价值，降低病虫害带来的损失[②]。

3. 柿小叶蝉

柿小叶蝉大多都是成虫和若虫积聚在柿树叶片背面吸取汁液，叶面呈现出苍白色斑点，病斑较为密集。柿小叶蝉一年生三代，虫卵在柿树枝条皮层下越冬。到4月之后虫卵开始逐步孵化。5月下旬开始产生第一代成虫，而后的7月和9月逐步产生第二代和第三代成虫。

柿小叶蝉防治可以定期清除柿子树下的杂草，减少可以成功越冬的虫源，在第一代若虫成长阶段喷洒菊酯类农药倍液，而后连续喷洒功夫菊酯和马拉硫磷倍液，能够起到良好防治效果。

柿子自身具有良好的种植价值，且市场销售前景广阔。所以当前需要根据实际种植区域环境等要素的差异，分析柿子种植过程中形成不同的病虫害，采取综合性防治措施，加强人工管理，适量采取药物防治，全面抑制病虫害实际发生概率，提高柿子种植品质，使得柿子种植效益得到有效保障。

---

① 许俊新，李建队. 磨盘柿主要病虫害防治措施 [J]. 河北果树，2016(6)：54-55.
② 孟玲. 富平县柿树角斑病发生与防治 [J]. 陕西林业科技，2016(3)：96-97.

# 第六节　枣病虫害的识别与防治策略

枣树是我国部分区域的标志性农作物，对部分区域农业经济发展起到了推动促进作用。当前枣树种植面积不断扩大，枣树病虫害问题已经成为困扰种植人员高效管理的重要因素。为了有效防治枣树病虫害，应解决生态环境的破坏问题，降低由于生态环境污染所带来的枣树经济损失，同时做好枣树的病虫害无公害防治工作，提升枣树的生产数量进而提升当地枣农的经济收益。

## 一、枣树分布地区的常见病虫害

我国枣树的种植历史悠久，枣农种植技术精湛，不同区域的枣树种植方法也存在一定的差异性。目前枣树种植主要集中在河北、山东、河南以及陕西境内，在东北以及西北海拔 200 m 以下的区域也有少量枣树种植，由此可见枣树种植生存环境要求并不高，再加上枣树种植后的经济收益可观，因此我国多数农民愿意种植枣树。

### (一) 叶螨类型

我国内地枣树的病虫害主要以叶螨为主，常见的叶螨主要是由二斑叶螨以及朱砂叶螨构成，枣树上的叶螨虫也被称为枣树红蜘蛛，该类型病虫害也常常出现在新疆枣树中。

### (二) 枣锈病类型

枣树高发的病虫害种类之一就是枣锈病，枣锈病高发期在 7、8 月。病虫害发病初期主要表现为叶片背面会逐步出现绿色小点，病虫害疾病恶化加重，枣树叶子背面绿色点将转变为灰褐色，逐步斑凸起成为黄褐色，一旦病斑延伸至叶脉两侧以及叶片根部时，枣树果子成熟后大枣也会出现皱缩问题，影响大枣的口感以及营养价值，也会影响到大枣销量。

### (三) 病菌侵染类型

枣树一旦受到病菌侵染，将会导致枣类发生病变，由于病菌浸染类型的病虫害疾病难以治疗，染病速度极快，因此一旦枣树被病菌所侵染，对枣农的经济收益将会造成巨大的损伤。如常见的"枣浆烂果病"以及"枣缩果病"等都是由病菌侵染造成，只有研究出科学有效的防治手段，才能降低枣类病虫害对枣类的影响。

## 二、枣树病虫害无公害防治优势

### (一) 避免农药对人体的影响

农药喷洒作业的开展能够有效杀死枣树表面的越冬虫类，还能对未来可能出现的病虫害进行防治。但农药残留问题，会直接影响到大枣的食用口感，且枣树结果生长过程中雨水无法将农药残留完全冲刷干净，消费者购买回家后，也无法彻底清洗干净。因此，必须利用无公害病虫害防治技术，避免发生农药残留物的出现，提升枣果食用的口感，同时达到种植生产绿色食品的目标。

### (二) 降低农药对环境的影响

传统病虫害防治技术不仅会对人类机体造成影响，也会对枣树种植环境造成负面影响。这是由于化学农药中的药物元素不易被微生物以及阳光所分解，再加上化学药物元素不会挥发以及难溶于水，因此化学药物能够长时间残留在土壤之中，长时间应用化学药物将会导致该环境区域无法种植其他类型植物。应用病虫害无公害防治技术能改变枣树周边的生态环境，实现区域枣树种植产业的可持续发展，符合我国绿色发展理念。

## 三、枣树病虫害无公害防治技术的具体应用

### (一) 农业防治技术

1. 枣树种植管理

加强对种植区域的管理，全面提升枣树的抗病虫害能力。枣树属于喜光树种，因此要选取视野开阔的向阳区域。在平原地区种植枣树，应增加枣树与枣树之间的行距，将枣树修剪成为透光性极强的树形，避免枣树出现密枝、重叠枝等问题。

2. 枣树选苗

枣树选苗，确保枣树苗为无病虫害树苗。枣树病虫害的出现可经由枣苗、种子等进行传播，因此应对枣苗进行严格把关，有效预防枣树病虫害的发生。

3. 枣树养护

（1）越冬前，对枣树的种植区域进行翻土处理，以破坏枣园土壤内的蛹巢，有效降低枣园内越冬虫口密度，同时对枣园内的深翻区域进行浇水处理，进而有效降低越冬虫害数量。

（2）越冬期间，利用石灰水对树木进行涂白，预防病虫害在树干上越冬，进而

有效降低越冬病虫害的数量。

（3）开春后，对枣树进行刮粗翘皮，对病枝落叶进行处理。这是由于开春后枣树上的虫害纷纷苏醒，对枣树的树干以及大树权上的虫蛀皮等进行集中清理，可减少越冬病虫害源的数量。

### （二）物理防治技术

#### 1. 塑料膜及草绳

对于存在病虫害的枣园，在开春季节至清明期间，借助塑料薄膜将枣树树干缠住，同时利用草绳将缠住的塑料薄膜进行紧扎，树干部位所缠绕的草绳，能够诱使害虫将卵产于草绳之上，避免大灰象甲以及食芽象甲等病虫害对枣树的侵害。可10天更换一次草绳，同时将更换下的草绳及时进行焚烧处理，以清除枣树上的残存害虫。

#### 2. 黏虫胶

枣树发芽前应利用无公害黏虫胶涂抹于枣树的主干分权区域以及枣树的下部分区域。每隔两个月涂抹黏虫胶，以阻止害虫上树对枣树的侵蚀。在日常管理中，留意观察黏虫胶表面是否覆盖尘土，对于表面失去黏胶效力的树木进行再次涂抹。

#### 3. 覆盖地膜

对于存在虫害的枣园，应将塑料薄膜直接铺盖在地面上，避免越冬虫害出土上树对枣树造成危害。

#### 4. 虫害补杀

对天牛以及枣黏虫等虫害进行防治处理时，可对其进行人工捕杀，如在害虫产卵期对其进行处理捕杀。

#### 5. 虫害诱杀

（1）在进行虫害诱杀过程中，可以利用棉铃虫的特性，在枣园中利用黑光灯对棉铃虫进行捕杀。

（2）蚜虫以及粉虱对于黄色有着趋向性，因此可利用涂满凡士林的塑料薄膜包裹于黄色木板之上，将木板插入枣园土壤上，以捕杀蚜虫及粉虱。

### （三）生物防治技术

生物防治技术主要是采用以虫治虫、以菌治虫以及多种类型生物制剂等进行防治。生物防治技术的应用不会对枣树的种植环境造成影响，同时枣树上的害虫也不易产生抗药性，可有效解决枣树的病虫害问题。

（1）利用枣树害虫的天敌解决枣树病虫害问题。对枣园内的蚂蚁、青蛙等有益动物进行保护，同时可选取虫害天敌昆虫所喜欢栖息的农作物进行种植，借助天敌昆虫对枣树虫害进行防治。

（2）利用生物制剂进行病虫害的生物防治，解决枣树上发生的病虫害问题。如利用农用链霉素解决枣树上细菌性缩果病的侵害。

枣树种植能够保持水土，也可有效提升枣农的经济收益，因此应大力推广病虫害无公害防治技术，全面提升枣树的生产质量。对枣树病虫害进行深入研究，降低农药对于人体和环境的影响，提升枣果食用的口感，改变枣树周边的生态环境，实现区域枣树种植产业的可持续发展，达到种植、生产绿色食品的目标。

## 第七节　樱桃病虫害的识别与防治策略

樱桃为蔷薇科樱属植物，又称车厘子、桃樱等。樱桃不仅营养价值丰富，医用价值也很高，含有丰富的樱桃维生素、铁元素，具有养颜驻容、健脾、祛风湿、促进消化等功效。

病虫害也是大樱桃实现优质生产的主要障碍，借助病虫预警监测系统，能够掌握大樱桃不同病虫害的发生规律，制定绿色防控技术，做到"预防为主，综合管理"，有利于生产更加优质的大樱桃，并为大樱桃生产农户的增产、增收提供科学指导。

### 一、樱桃树主要病害的识别与防治

#### （一）树干病害

1. 流胶病

流胶病是樱桃树的一种常见病害，其致病菌为真菌。土壤、栽培管理、树势以及根呼吸等因素均会影响病菌的侵入。樱桃树因缺钙、硼或坏死环斑病毒会造成皮下溃疡，溃烂处可引起病菌侵染，从而引发流胶。流胶病在樱桃整个生长期都有发生，一般从春季树液流动开始发生，主要发生在主干和主枝，严重时枝干枯死。防治方法：加强田间管理，提高树势，增强树体的抗病能力；同时注意合理施用肥料，增施有机肥；此外在流胶处涂刷高浓度杀菌剂也有治疗作用。

2. 木腐病

木腐病的致病菌为担子真菌。致病菌从大的剪锯口侵入，进而破坏木质部纤维组织，造成营养输导困难，树枝易折。防治方法：及时涂抹油漆、乳胶漆来保护伤口，其中混加戊唑醇和三唑类药剂的效果更好，浓度为生长季节喷雾浓度的

5 ~ 10 倍。

## (二) 叶片病害

### 1. 褐斑病

褐斑病在 6 月下旬或 7 月初开始发病，7 月下旬进入发病高峰期，防治的关键期为 6 月中旬。防治方法：可利用化学药剂进行防治，如丙森锌、代森锰锌、咪鲜胺、戊唑醇、苯醚甲环唑、氟硅唑、醚菌酯及吡唑醚菌酯等有效药剂。

### 2. 黑斑病

裂果是引起黑斑病的主要原因，7 月后降雨量大是叶片病害发生严重的重要因素。初次防治关键期为 6 月中旬。防治方法：利用多抗霉素、异菌脲、戊唑醇、己唑醇、醚菌酯、吡唑醚菌酯、丙森锌及代森锰锌等有效药剂进行防治。

### 3. 炭疽病

病菌在病梢和落叶中越冬，下年春季产生分生孢子，侵染新梢、幼果和叶片，以后叶片会发生多次再侵染。防治方法：利用福美锌、丙森锌、代森锰锌、戊唑醇、咪鲜胺、醚菌酯和吡唑醚菌酯等有效药剂进行防治。

### 4. 细菌性穿孔病

细菌性穿孔病的致病菌会在上年受害的枝条上越冬，春季出芽展叶时随风雨传播到新的叶片、新梢上引起发病。防治方法：可用中生菌素、噻唑锌、喹啉铜、代森锰锌、福美锌以及福美双在出芽展叶后喷施。

## (三) 果实病害

### 1. 褐腐病

褐腐病的致病菌主要以菌丝形式在僵果及枝梢溃疡斑中越冬，来年会产生大量的分生孢子，由分生孢子侵染花、果、叶，再蔓延到枝上。花期低温多雨潮湿，易引起花腐，后期温暖多雨多雾易引起果腐。防治方法：加强田间管理，消灭越冬病原菌，彻底清除病僵果、病枝，并集中烧毁；分别在谢花后至采果前喷 70% 代森锰锌 WP600 倍液，或 75% 百菌清 600 ~ 800 倍液，采果后喷 2 ~ 3 次 200 ~ 240 倍等量式波尔多液。

### 2. 灰霉病

灰霉病的致病菌为灰葡萄孢霉，主要为害幼果及成熟果，果实会变成褐色，然后在病部表面会密生灰色霉层，最后病果干缩脱落，并在表面形成黑色小菌核。防治方法如下。

（1）及时清除病果，集中深埋或烧毁，减少枝量，使树体普见阳光，大棚栽植的要尽量降低棚内湿度。

（2）落花后及时喷施70%代森锰锌可湿性粉剂600倍液、50%多菌灵可湿性粉剂1000倍液、50%速克灵可湿性粉剂2000倍液、50%扑海因可湿性粉剂1000～1500倍液以及65%抗霉威可湿性粉剂1000～1500倍液。

（3）对已发过病的大棚，在扣棚升温后用烟雾剂熏蒸大棚；未发病的大棚可在大樱桃末花期开始熏蒸，每日大棚用10%速克灵烟雾剂400g，在树的行间分10个点燃烧，封棚2小时以上再通风，熏蒸2～3次即可。用烟雾剂进行早期防治是关键。

3. 病毒病

发病后叶片出现花叶、斑驳、扭曲、卷叶和丛生，主枝或整株死亡，坐果少、果子小。防治方法：目前尚没有可以治疗病毒病的有效药剂，注意不能从有严重症状表现的树上取接穗，栽植脱度苗，或高接更换品种。

### （四）根部病害

1. 根癌病

根癌病主要发生在根颈部、侧根及接穗和砧木的接合处，有时也为害主根。发病初期，被害处形成灰白色的小型瘤状物，以后瘤体逐渐长大，表面变为褐色，表面粗糙、龟裂，表层细胞枯死，内部木质化。发病后，植株矮小，树势衰弱，叶片黄化、早落，结果晚，果实小。

防治方法：培育幼苗时可用K84（根癌灵）进行拌种，苗木定植前蘸根是最有效的方法。树患病后再应用K84（根癌灵）是没有效果的。患病后应刨除并刮掉病瘤（瘤子处理掉）。增施土杂肥、增施有机肥、改善土质和提高树势是最有效的方法。

2. 圆斑根腐病

受害果树先从须根开始发病，在须根的基部形成红褐色圆斑，随后病斑不断扩展，可深达木质部，致使整段变黑死亡；因根部受病菌侵染，地上部长势衰弱，叶小变黄，枝叶萎蔫，发病严重时叶缘枯焦或坏死。

防治方法有以下几种：①农业措施。秋季全园深翻，增施有机肥，深化土层。肥力差的果园，可多种绿肥，增施钾肥。及时中耕锄草及保墒。注意排水防涝。合理修剪，控制大小年，保持树势健壮。②土壤消毒（生石灰）。③灌根。当发现树冠叶片出现萎蔫或新梢顶端嫩叶有干尖和焦边时，立即挖开树干周围的土壤，露出大根，刮治病部或截除病根，然后用恶霉灵水溶液灌根（每10g恶霉灵兑水10kg），7天再灌1次，然后用新地表土回填。④换土。从病树根颈部挖开，换入新土，1年进行2次。

## 二、樱桃树主要虫害的识别与防治

### (一) 枝干虫害

1. 桃红颈天牛

桃红颈天牛属鞘翅目，天牛科。体黑色，有光亮；前胸背板红色，背面有4个光滑疣突，具角状侧枝刺；鞘翅翅面光滑，基部比前胸宽，端部渐狭；雄虫触角超过体长的4~5节，雌虫超过1~2节。红颈天牛每3年完成一代，6月中旬至7月中旬羽化产卵。

防治方法：①人工捕杀。②及时扒除或用50%敌敌畏乳油100倍液喷幼虫危害部后包扎塑料膜熏杀幼虫。

2. 桑白蚧

桑白蚧是盾蚧科拟白轮盾介属的一种昆虫，又名桑盾蚧、桃介壳虫。雌成虫为橙黄或橙红色，体扁平卵圆形，长约1mm，腹部分节明显。

防治方法：萌芽前和卵孵化期是关键的防治时期。萌芽前用3~5%Be石硫合剂喷"干枝"，或95%机油乳剂50~70倍液加50%氟啶虫胺腈水分散粒剂6000倍液。卵孵化期（鲁西5月上旬、7月上旬、9月初）用24%螺虫乙酯悬浮剂3000倍液或50%氟啶虫胺水分散粒剂6000倍液，均匀喷施枝干和叶片。

### (二) 叶片虫害

1. 梨小食心虫

梨小食心虫是卷蛾科、小食心虫属的一种昆虫。梨小食心虫在果树上主要以幼虫为害果实为主，部分也为害嫩梢、花穗、果穗。梨小食心虫在幼虫期的前期会对果树的树梢处的嫩叶产生危害，后期会为害果树的果实。被为害的果实易脱落，不耐贮藏，会影响樱桃品质。

梨小食心虫以老熟幼虫在主干或根茎部的树皮缝越冬。桃芽萌动期越冬代成虫开始羽化，花盛期为成虫羽化盛期，产卵于新生桃梢。为害特点：第一代幼虫只为害桃树的嫩梢，不为害幼果；第二代开始为害桃果；桃果在第三、四代时受害严重；第三代开始为害苹果和梨果实。

防治方法有以下几种。①农业防治。建园时，尽可能避免桃、梨、苹果、樱桃混栽或近距离栽培。②人工防治。在幼虫发生初期，要及时剪除被害梢集中烧毁，及时摘除有虫果集中销毁。果实采收后要进行清园，消灭虫源。③利用趋性进行防治，可利用糖醋液诱杀检测器。梨小食心虫对糖醋液（蔗糖∶醋酸∶酒精

=30：0.3：10）具有趋向取食习性，可诱扑大量成虫。但是，取食者多为产卵后的雌虫，用于控制为害意义不大。④信息素诱杀，对雄成虫有明显的诱杀效果，能够有效降低雄性虫口密度。迷向剂在越冬代成虫羽化前（芽萌动期）释放最为有效，其次也可在第一代成虫羽化前释放。

使用膏剂时，若为7月中旬以后，成熟的樱桃应在第一代成虫羽化前再施一次。（注意事项：释放迷向剂，大面积联防，孤立的无论大或小果园都可取得很好防治效果，剂量过低，将达不到应有效果）。⑤化学防治。结合虫情检测，掌握各代成虫产卵孵化高峰期进行喷药。一般每代应施药2次，间隔10天。目前，效果较好的药剂有氯虫苯甲酰胺、溴氰虫酰胺、甲维盐、啶虫脒以及高效氟氯氰菊酯。

2. 山楂红蜘蛛

发生规律：该虫一年发生6～9代，以受精雌成螨在树皮缝隙、树干基部土缝中，以及落叶、枯草等处越冬；翌春果树萌芽时，开始出蛰上树危害芽和新展叶片，夏至开始蛰伏越冬。防治的关键时期：花序分离期出蛰盛期、谢花后第一代卵盛期、麦收前群体数量爆发期以及麦收后为害盛期。有效药剂有噻螨酮、哒螨灵、阿维菌素、三唑锡、螺螨酯及联苯肼酯等。

3. 二斑叶螨

防治的关键时期：花序分离期出蛰盛期、谢花后第一代卵盛期、麦收前群体数量爆发期和麦收后为害盛期。有效药剂有阿维菌素、三唑锡、螺螨酯和联苯肼酯。

### (三) 果实虫害

果蝇主要为害樱桃的果实，成虫将卵产在樱桃果实的皮下，孵化后，幼虫先在果实皮下蛀食，然后向果心蛀食，随着为害程度不断加深，果肉逐渐变软，变褐，慢慢腐烂。每年5月下旬至6月上旬是果蝇危害最严重的时期，此时是樱桃的幼果成熟期，也是樱桃果蝇预防的关键防治期。

防治措施有以下几种。第一，品种布局要合理。第二，加强果园管理，及时采收成熟果实。第三，物理防治，可利用果蝇成虫的趋化性，用糖醋液诱杀成虫，糖醋液的配置比例为敌百虫：糖：醋：酒：清水=1：5：10：1：20；使用性诱或者悬挂黏虫板（黑板）。第四，化学防治，防治重点区域应以果蝇成虫集中活动的树冠内堂和地面的草丛为主。

具体来说要做好以下工作。①一般5月中旬左右在果园地面全面喷洒1次40%的毒死蜱乳油或者50%辛硫磷400倍液，杀灭脱果幼虫或出土成虫，间隔15天左右再喷1次，共喷2～3次。②在樱桃果实膨大和着色至成熟期前，选有1.8%胺氰菊酯烟雾剂按1：1兑水，用烟雾机顺风对地面进行熏烟，熏杀成虫。③在樱桃果实成熟前的 15 天左右，果园放置糖醋液，树上喷洒植物性杀虫剂清园保 (0.6% 苦内脂) 水剂 1000 倍液，重点喷施树冠内堂，每隔 7 天喷 1 次，连喷 2~3 次即可。④蛀虫果液对果蝇有较强的趋避性，是目前预防果蝇虫害最有效的技术措施；将蛀虫果检回，放在瓷钢里，用适量的水浸泡 7 天后，捣烂蛀虫果进行过滤，然后装在容器内，悬挂在园区周围，可有效预防果蝇发生。⑤在果园草埂杂草上喷施无公害农药，如除虫菊 800 倍液、氯氰菊酯 1000 倍液、10% 的歼灭 1000 倍或者辛硫磷 1000 倍液，每隔 7 天喷 1 次。

# 第八节　猕猴桃病虫害的识别与防治策略

猕猴桃含有丰富的维生素 C、膳食纤维和多种矿物质，在清肠健胃等方面发挥着重要的功效，深受消费者青睐。猕猴桃种植业已经成为一些地区的主要支柱产业，其种植面积和种植范围不断扩大。然而随着猕猴桃种植面积增长，病虫害每年呈高发趋势，病虫害防控工作成为当地种植户必须面临的问题。

## 一、猕猴桃主要病虫害及防治技术

### (一) 萌芽期主要病虫害及防治方法

在猕猴桃萌芽期会受溃疡病影响。该种病害是一种毁灭性的细菌性病害，影响猕猴桃产业健康发展。调查研究显示，当前没有找到能够彻底根除溃疡病的方法。溃疡病是一种低温性病害，在 2℃~15℃ 环境下，病菌生长速度快、传播范围广；当温度在 15℃ 以上时传播速度变慢；当温度在 25℃ 以上时病菌基本会停止生长。猕猴桃溃疡病的病原菌是一种腐生性较强的弱寄生菌，同时传染能力弱，如果猕猴桃植株体表有剪口伤、冻伤和冰雹伤等新伤，会造成病原菌入侵，该病也会通过旧伤直接入侵，之后病菌开始迅速繁殖和扩散，此时病菌进入繁殖高发期，感染枝条部位会出现大量病菌，发病后患病部位松软、腐烂，并且枝叶萎蔫，严重时会导致枝叶干枯，为害猕猴桃。

在猕猴桃萌芽期出现溃疡病后，要采用化学防治和农业防治方式。在日常管理中要做好科学施肥和栽培措施工作，提高果树抗病能力。在日常种植中要定期观察是否出现溃疡病，有病症后及时处理，将患病枝条剪除干净，选择药物涂抹伤口，能够起到杀菌效果。果树萌芽后，可以选择药剂喷洒防治，选择 1.5% 噻霉酮 800 倍液或者氢氧化铜 800 倍液，连续喷洒 2~3 次，可以有效清除残留的病菌。

### (二) 花期主要病虫害及防治方法

猕猴桃开花期的主要病害包括花腐病和灰霉病,其中花腐病主要由细菌感染引起,花蕾期发病严重,盛花期为染病高发期。相关调查研究显示,花腐病主要传播方式为人工授粉或者降水传播,是一种低温性病害。在开花期,温度较低会增加发病概率。一般情况下,病菌主要为害花蕾和花柄部位,导致患病部位直接腐烂,并且直接影响猕猴桃正常开花和结果,严重时会落果,影响猕猴桃产量和质量。猕猴桃灰霉病是一种真菌性病害,病菌适合在18℃~25℃的环境下生长,如果湿度达到80%以上会感染病菌。在高温和高湿的环境下会产上大量的分生孢子,并且通过风雨传播,如果花期降水过多和湿度过大会增加发病概率,病菌入侵花体部位会导致花瓣掉落,带菌花瓣会导致叶片感染,一旦落在果实上会导致果实腐烂。

要做好该时期花腐病和灰霉病防治工作,主要采用农业防治和化学防治方法。一是可以采取人工授粉,保证花粉健康。二是做好开花期施肥和水分管理工作,在降水后要及时排出果园内的积水,防止内涝,增强植株抗病能力。三是在猕猴桃花蕾期选择药物喷洒防治,可以选择2%重生素菌可湿性粉剂800倍液、20%叶枯唑可湿性粉剂1000倍液防治。

猕猴桃发生灰霉病后,要保证果园的通风透光性,及时清理果树周边杂草,严格控制施肥量和灌溉量,控制果园温湿度。在降水前可用药剂喷洒防治,选择异菌脲和嘧菌酯交替轮换使用。

叶蝉是一种杂食性害虫,成虫和若虫主要为害猕猴桃的枝梢和茎叶等,在发病初期,患病部位会出现白色斑点,后期病斑逐渐扩大,会造成叶片发黄、干枯、脱落,导致植株生长能力下降。叶蝉为害时间在中午,此时温度较高,具有明显的趋光性。防治金龟子和叶蝉应采取物理防治和化学防治方法。该类害虫有明显的趋光性特点,可以利用该特点选择灯光诱杀,使用频振式杀虫灯诱杀害虫。金龟子为害时间在傍晚和第2天清晨,具有一定的假死性,在清晨应及时抖动树体,害虫能够落到地面上,将其消灭即可。为害初期,可选择用药喷洒治疗,施用40%辛硫磷乳油500~600倍液灭杀金龟子。成虫高发期选择25%敌杀死3000倍液,杀灭叶蝉。

### (三) 果实生长期主要病虫害及防治方法

果实生长期会出现灰霉病、根腐病和褐斑病。

灰霉病主要为害幼果,果实感染该病后呈水渍状,然后果实表面会出现大量灰白色霉状物,直接导致果实腐烂和变味。根腐病主要是由真菌引起的一种毁灭性病害,7—8月是高发期,病菌直接从根部伤口或者根尖入侵,如果害虫在地下活动会加剧病菌传播和扩散，病菌适宜在高温高湿环境下生长。褐斑病是由真菌感染引起的一种病害，6月是感染期，7—8月是高发期，通过气流和降水进行传播，直接通过伤口进入到入侵部位，病菌适宜在高温高湿环境下生长。枝干感染该病害后呈褐色，并且使枝干表皮粗糙和木质部腐烂，造成枝干干枯死亡。

针对灰霉病应及时清理患病部位，并且统一带出果园，深埋或者焚烧处理。开花末期和结果初期选择药物喷洒防治，施用50%多菌灵可湿性粉剂800倍液或者80%代森锰锌可湿性粉剂800倍液，每隔7～10天用药1次，连续用药3次，交替轮换施用药剂，提高防治效果。针对根腐病应做好苗木运输工作，防止引进带菌苗木。苗木移栽时要做好检查工作，同时在运输过程中避免猕猴桃机械性损伤。加强水肥管理，避免果园积水，控制好施肥量。

为了降低根腐病的发生概率，可以选择40%安民乐乳油或者40%好劳力乳油消毒土壤，能够有效灭杀地下害虫，防止病害扩散和传播。针对褐斑病，应做好果园排水工作，采取科学施肥管理措施提高树木抗病能力，加强果园通风透光性。出现褐斑病后可选择70%甲基托布津可湿性粉剂1000倍液或者80%代森锰锌1000倍液喷洒防治，发病初期防治效果较好，每隔7～10天用药1次，连续用药3次。

桑白蚧主要为害果实和枝条，导致树体呈灰白色，影响树木健康生长，甚至造成枝条干枯死亡。在若虫孵化后直接取食枝蔓，经过5～7天会分泌白色蜡粉。椿象是一种杂食性的害虫，主要为害猕猴桃果实和枝叶，叶片受害后会出现黄色病斑，病果受害后会导致落果，并且果实表面会出现小黑点，严重影响果实生长质量，导致产量下降。椿象的飞行能力较强，喜欢在下午活动，受到惊吓会飞离，具有明显的趋光性和假死性的特点。

针对桑白蚧，要做好移栽苗木的检查工作，避免苗木远距离传播。做好日常果园管理工作，及时剪除被害枝条，防止虫害扩散和蔓延。可以选择药剂喷洒防治，施用10%氯氰菊酯乳油1000倍液喷洒，能够取得很好的防治效果。针对椿象，采取果实套袋的手段，避免害虫与果实直接接触。可以利用害虫假死性在清晨摇晃树体，然后人工捕杀成虫。害虫卵块会附着在叶面背部，可以通过人工方式灭杀。在害虫高发期，可以选择药剂喷洒防治，施用10%氯氰菊酯乳油1500倍液均匀喷雾防治，能够取得很好的效果。

### (四) 冬季休眠期主要病虫害及防治方法

在猕猴桃冬季休眠期，不仅要防治细菌性溃疡病、灰霉病和软腐病等病害，还要防治金龟子和叶蝉虫害。

在猕猴桃冬季休眠期防治病虫害时，应做好果园清理工作，并且配合化学防治技术。在冬季要整形修剪果树，科学修剪可以控制枝蔓生长，减少无效的营养消耗，保证猕猴桃的产量和质量。在修剪过程中集中处理病虫害枝条和果实，采取深埋或者焚烧的方式，有效杀灭病原菌和越冬虫源，减少第二年病原体数量。及时修剪猕猴桃主干粗糙的树皮，但是不要伤及主干部位，可破坏害虫越冬环境。或者使用刷子清理树干和树枝的虫卵，之后集中销毁处理，清理果园后要选择杀虫剂和杀菌剂交替喷洒，能够进一步清理越冬害虫和病原菌。该时期要做好地下害虫防治工作，可以深翻土壤，使得土壤中的害虫或者幼虫暴露在表面，将其有效灭杀。另外，为了提高防治效果，可以选择涂白剂或者防冻剂，涂干处理猕猴桃枝干，这在预防病虫害方面发挥着重要的作用。针对溃疡病比较严重的果园，清理果园后可选择药剂喷洒防治，选择4%春雷霉素500倍液或者5%菌毒清400倍液，能够取得很好的防治效果。

## 二、猕猴桃收获期主要病害及防治措施

### （一）主要病害

猕猴桃收获期主要病害有软腐病和灰霉病，尤其在果实贮藏、运输和销售时，发病率高达20%～30%，甚至达到50%以上，严重影响猕猴桃产量和质量，给种植户带来很大的经济损失。从研究结果来看，猕猴桃软腐病称为熟腐病，是猕猴桃收获期、贮藏期的主要病害，发病后，果实部位会出现圆形或者椭圆形的褐色病斑，内部果肉呈乳白色，健康部位和患病部位交界处的果肉会出现水渍状，患病后期会导致果实腐烂。软腐病主要由多种致病菌引起，在春季气温回暖后病菌释放子囊孢子或者分生孢子，然后借助风雨传播，直接为害幼果。在运输过程中防治该病害非常关键，应避免猕猴桃出现机械性伤口，否则会增加该病害的发生概率。猕猴桃灰霉病也是该时期的主要病害，该病菌生命力较强、潜伏性强，贮藏期会导致病菌直接为害果肉，造成果实腐烂。

### （二）主要防治方法

猕猴桃收获期应该做好采收前防治工作和采收后管理工作。采收前以冬季清园为主，修剪干净虫果和病果，与此同时清理干净果园周边杂草，集中带到果园外销毁处理，降低病菌感染率。此外，做好水肥管理工作，施用有机肥可改善土壤性能，增强树木抵抗能力，让果实吸收更多的养分，提高果实和树体的抗病能力。果实膨大期可以选择药剂喷洒防治，施用80%甲基硫菌灵可湿性粉剂1000倍液、50%退菌特500倍液喷洒，防治果实软腐病效果显著。

研究表明，选择木霉菌能够很好地控制软腐病病原菌菌丝体的生长，选择短梗酶菌株能够减少病菌萌发数量，同时在预防猕猴桃灰霉病方面发挥着重要的作用。该方法能够刺激新氨基酸形成，保证猕猴桃品质。

### （三）采摘后的保鲜

在猕猴桃采摘完成后，选择优良的保鲜技术能降低病虫害的发生概率，可以延长贮藏期。选择在晴天采摘，坚持轻拿轻放的原则，避免果实表面出现伤口，否则会增加病菌发病概率。仔细挑选没有病菌的果实，并贮藏。

果实采收完成后，可以将其放在温度为15℃、湿度为95%的环境中预冷，时间为48h，以降低贮藏期灰霉病的发生概率。另外，在果实贮藏期可以选择二氧化氯保鲜，其是一种优良的保鲜剂，经过处理之后，能够灭杀果实表面的致病菌和微生物，可以提高保鲜效果。

### （四）病虫害的综合防治技术

#### 1. 物理防治技术

利用害虫假死性和群体性的特点，采取人工捕虫的方式杀灭害虫。有些害虫有明显的趋光性和趋色性，可以利用频振式杀虫灯或者黑光灯诱杀，或者使用糖醋液和黄板诱杀。在果树休眠期，可以人工刮除枝条上的越冬虫源，能够减少越冬害虫基数。刮除干净患病部位，并且涂抹药物保护枝干，能够提高防治效果。在猕猴桃开花30天左右，要采取果实套袋技术，降低病虫害的发生概率，减轻降水天气对果实品质的影响，保证种植户经济收入。

#### 2. 生物防治技术

有些猕猴桃害虫可以选择生物防治技术防治，主要包括以虫治虫技术、利用天敌捕食性和寄生性防治害虫、选择低毒和低残留农药加强对天敌的保护等。在果园周围可以为害虫天敌设置越冬场所，提高防治效果。可以选择施用微生物原农药和植物源农药，利用苏云金杆菌可以防治鳞翅目害虫，利用白僵菌能够有效防治越冬害虫。

#### 3. 坚持"预防为主、综合防治"的原则，做好品种选择和苗木挑选工作

针对引进的苗木必须彻底检查后才能进入果园，杜绝外来病虫害进入。在日常管理中要开展科学的水肥管理工作，可以适当增加有机肥料，并且控制好肥料比例。果实膨大期要做好补充叶面肥工作。合理灌溉和排水，在降水后要及时排涝。冬季要清理果园，将病虫枝和病虫果清理干净，并且统一焚烧或者深埋处理。要做好果树修剪工作，提高果园内通风透光性，让果实有充足的光照。

猕猴桃在生长过程中会遇到多种类型的病虫害，严重影响猕猴桃的产量和质量，制约着猕猴桃产业健康发展。猕猴桃营养价值较高，受到许多消费者的喜爱，伴随种植面积的不断扩大，会造成病虫害扩散和蔓延。为此，要重点关注猕猴桃不同生长期遇到的病虫害，分析病虫害种类、发病规律和特点，并提出针对性防治技术。为了提高病虫害防治效果，应综合应用农业防治技术、物理防治技术、生物防治技术和化学防治技术，提高病虫害防治效果，推动猕猴桃产业健康发展。

## 第九节　葡萄病虫害的识别与防治策略

葡萄具有非常高的营养价值，在经过加工处理之后，可以得到酒类、食品和干果产品等，受到了消费者的青睐。现阶段，葡萄的种植范围一直在不断扩大，葡萄的栽培技术流程和种植方法等也在不断完善和优化。为提升葡萄的种植质量和产量，必须合理应用葡萄种植技术，更为重要的是，要妥善处理葡萄种植过程中的病虫害。种植技术人员要对葡萄果园展开全面的分析，对其中的病虫害进行监测，保证葡萄作物的质量和产量得到提升。同时，种植技术人员还要结合现有的仪器设备，实现对葡萄种植过程的监测和分析，保证种植人员可以准确地识别和查找葡萄种植中的病虫害类别，以此提出有针对性的防治对策，提高葡萄种植的质量和产量。

### 一、葡萄常见病虫害的识别

#### （一）炭疽病

炭疽病是葡萄种植中比较常见的一种病害类型，一般集中出现在葡萄的成熟期，每年的 5 月是葡萄炭疽病的高发期。葡萄的炭疽病受到季节的变化影响，每年的 7—8 月被看作葡萄炭疽病的盛行期。在此阶段的葡萄一旦患有炭疽病，整个发病进程和演变速度非常快，病程的控制难度也比较大，直接威胁葡萄的果实质量。此时，如果无法对葡萄炭疽病采取有效防治对策进行治理，则葡萄的颗粒会呈现出不同的萎缩性，甚至会出现严重的腐烂。在葡萄的着色期，炭疽病的整个发展进程很快，葡萄粒上也会出现大小不一的病斑，严重影响果实质量。此外，葡萄炭疽病在传播时很容易受到风、雨等介质的影响，其传播速度、范围都非常大。

#### （二）霜霉病

葡萄的霜霉病与葡萄的炭疽病有相似之处，两种病害都是通过风、雨传播，这也是葡萄霜霉病集中出现在夏季雨季的主要原因。葡萄霜霉病通常集中在每年的6—7月，而在进入8、9月之后就是该病害的盛行期。葡萄一旦受到霜霉病的影响，芽或者叶片等都会受到不良影响，在感染霜霉病之后，叶片也会呈现出半透明状态的病斑，新芽会逐渐形成一层乳白色的霜层，对新芽的生长产生严重的抑制影响。如果霜霉病发生在并没有成熟的果实上，则会给果实的质量带来不良影响，甚至出现严重的脱落问题。

### （三）黑痘病

黑痘病也是葡萄种植中比较常见的一种病害类型，这种病害主要为害葡萄枝蔓当中最娇嫩的部位，尤其是针对新芽或者幼果的枝蔓。众所周知，在葡萄叶片感染了黑痘病之后，叶片上会呈现出比较小的圆斑，而在该病害病情不断演变的同时，小斑点会直接从黄颜色转变成为周边都会有晕圈的深灰色斑点。在整个黑痘病感染之后，叶片也会逐渐呈现出萎缩变形等状态，对患病的幼果来说，其表面会出现黑色的斑点等。

### （四）白腐病

白腐病是目前葡萄种植中较为常见的一种病害类型，会严重威胁葡萄已经成熟的果实或者是枝丫等。在白腐病发生之后，葡萄的果实表面呈现出不同程度的腐烂斑点。而在白腐病病情不断加重的形势下，果实也会逐渐萎缩，颜色也会发生变化，甚至还有可能会出现严重的脱落问题，无法为葡萄的成长提供基本保障。结合葡萄白腐病的发展进程和特征，其主要针对枝丫伤口位置，果实的主体会逐渐呈现出水样、溃疡状的瘢痕。在葡萄白腐病病程不断推进和演变的过程中，颜色会发生变化，叶片的周边或者伤口位置处也会出现黑色斑点，该病害的整个发病率比较高。

### （五）蚜虫

蚜虫会严重威胁葡萄的叶和梢，尤其在葡萄叶片的背面，对幼芽体的枝叶产生非常严重的影响，蚜虫会随意啃食幼芽。经过蚜虫啃食之后的幼芽会出现黄色或者红色的小斑点，这些小斑点颜色也会发生一系列的变化。如果蚜虫的啃食情况越来越严重，则叶片会逐渐凋落，会给葡萄的质量和产量等带来不良影响。

## 二、葡萄常见病虫害绿色防治技术

### （一）综合应用农业管理技术

1. 植物检疫

植物检疫是指通过行政或者法律等相关技术手段，对其中具有危险性的植物病虫等起到良好的预防性效果，同时可以对杂草等进行处理，避免大范围传播，这也是保证农业生产安全的前提条件[①]。在葡萄栽培和种植过程中，要加强对检疫工作的重视，同时要对葡萄的苗木进行脱毒处理。通过这种方式，保证葡萄植株的质量和安全性，避免病虫害带来不良影响，保证绿色无公害防治技术的应用水平得到提升。

2. 科学建园

为保证葡萄种植技术的合理利用，同时实现对病虫害的有效防治，要保证葡萄种植园的合理选址和建设。在葡萄基地选择葡萄栽培土壤时，应尽可能选择地势比较平坦或者是稍微倾斜、土层厚度超过 1m 的土壤，同时要保证土壤的疏松程度和肥沃性。在葡萄的种植过程中，要保证土壤和空气等不受任何的污染，需要注意的是，在定植时，可以选择利用南北的定行方式。

3. 优化栽培技术

首先，要不断完善和优化种植方式，通常可以选择利用 M 型的架子，对葡萄架进行搭设处理，这样有利于增加其行距，同时可以保证上下枝的高度得到提升，保证新生长出来的嫩梢可以自然下垂，这样有利于为果实提供更多的生长空间，保证提高果实的质量和产量。同时，还可以提升枝干的高度，以此规避病虫害等问题。

其次，每年冬季要对基地的葡萄植株等进行修剪处理，在修剪的过程中，需要将衰老枝叶、病虫枝叶等彻底处理干净，同时清除藤蔓上的病斑等，带出果园统一进行销毁处理。需要注意的是，在修剪过程中，必须保证每亩果园的母枝数量控制在 ≤ 3000 的范围之内，每亩果园冬芽数量应控制在 ≤ 9000 范围之内。同时，严格按照每亩果园的葡萄产量，对枝条进行修剪处理，同时及时处理病枝、残枝等，增强葡萄植株抵御病害的能力，为植株的健康生长提供基本保障。

4. 控制产量

应对葡萄的种植和日常培育予以重视，合理控制葡萄母枝的数量，对葡萄母枝展开负载处理，这样做的目的是保证植株在整个生长过程中可以维持相对良好的平衡和稳定状态。更为重要的是，植株在抵御病害时的能力也可以得到提升。

---

① 韦初举. 浅析葡萄主要病虫害症状及绿色防控技术 [J]. 中国农业文摘－农业工程，2018，30（4）：68-69.

5. 搭建避雨棚

通常在每年的 5 月中旬，雨季来临之前，及时搭建遮雨棚。通常遮雨棚会搭建在葡萄树的上方，棚膜与葡萄叶片之间的距离控制在 30 ~ 50cm 范围内即可。每年都需要搭建不同面积大小的避雨棚，避免雨水淋湿葡萄，避免对葡萄的生长状态产生不良影响。

6. 果实套袋技术

通过合理应用葡萄果实套袋技术，可以避免病虫害的大范围传播，为葡萄产品的质量和产量提供基本保障。在对葡萄进行套袋处理时，要保证套袋的科学性、合理性，同时要保证套袋的规范化，以避免套袋后影响葡萄的正常生长状态。在套袋方式上，要保证科学性、合理性，根据葡萄植株生长的基本要求、状态以及实际情况，合理利用杀菌剂，为葡萄营造相对良好的生长环境。在采摘完葡萄之后，塑料薄膜的回收难度比较大，长此以往，会对葡萄园的生态环境产生不良影响。基于此，要加强对纸质材料的合理利用，以果实套袋技术避免病虫害的随意传播，果实套袋使用后还可以及时回收，有利于提高葡萄种植和培育的效益，保护好周边的生态环境。

### (二) 生物防治技术

1. 以菌治菌

以菌治菌通常是指某些可以促使有害生物致病或者是对其他微生物起到一定限制作用的药剂，如枯草芽孢杆菌制剂。这种类型的制剂在蔓枯病菌的防治过程中具有非常重要的作用。在葡萄栽培过程中，依天得等都是比较常见的生物制剂。

2. 以菌治虫

白僵菌等生物制剂在防治病虫害时具有非常好的效果，比如，BT 杀虫剂对防治鳞翅目害虫具有非常好的效果。通过合理利用葡萄车天蛾病毒，可以对葡萄车天蛾起到良好的防治效果。除此之外，还可以通过对鱼藤酮的合理利用，对害虫的代谢可以达到良好的阻断效果，从而达到防治病虫害的目的。

3. 以虫治虫

以虫治虫的生物防治手段主要是通过合理利用天敌来达到治疗害虫的目的。在栽培葡萄时，常见的害虫天敌主要可以分为两种不同的类型，包括捕食性昆虫，如螳螂、瓢虫等，这种类型的昆虫主要通过捕杀害虫实现对虫害的治理。除此之外，还有一种则是寄生性的昆虫，常见的包括寄生蜂，这种类型的昆虫多数都是直接通过寄生在有害虫体的内部，实现对有害虫生长的抑制，以此形成有效防治。

### (三) 物理防治技术

物理防治技术主要是借助温度、放射能等物理因素实现对虫害的防治。比如,可以利用诱捕害虫的方式,这种类型的防治手段主要是通过合理利用性诱剂,直接消灭害虫。还可以利用虫害的羽化期,安装杀虫灯等捕杀成虫。比如,葡萄透蛾这种类型的害虫具有趋光性,所以可以在果园的内部悬挂黑光灯,然后进行诱捕和集中处理,避免虫害对葡萄产生不良影响。

在葡萄种植过程中,许多病虫害会带来不良影响,不利于葡萄的规模化种植,甚至造成葡萄种植成果转化率低。因此,要合理应用葡萄种植技术,还要做好对葡萄病虫害的防治,以农业防治为主,树立良好的绿色防控意识,做好病虫害的预防控制,为葡萄的质量和产量提高提供保障。

# 第十节　草莓病虫害的识别与防治策略

## 一、草莓常见病害的识别

### (一) 灰霉病

灰霉病属于真菌病害,是当前草莓实际种植过程中威胁较大的病害之一。此病症分布范围较广,在全国范围内此病均有发生。灰霉病主要对草莓花朵和果实产生危害,开花之后,病害便会发生,最终导致花朵干枯。在早期种植过程中,病菌会侵染草莓叶柄、叶片、花朵、果实。草莓果实发病大多都是接近成熟期,发病之后果实表面会出现形态不同的水渍状病斑,等到成长后期便会变成黑褐色,使得果实不断变软后发生腐烂。灰霉病需要具备一定发生条件,目前在适宜温度和高湿条件下容易大量滋生,病菌会随着伤口不断浸入,逐步形成此病。

灰霉病的实际防治需要控制氮肥和浇水量,在种植栽培过程中需要严格控制种植密度,避免环境因素为灰霉病滋生提供条件。在种植过程中,发现病果后需要及时摘除,并且进行烧毁和深埋。在出现花蕾之前需要通过速克灵、多满灵、百菌清等溶液进行综合性防治。根据实际病情拟定喷药次数,并且交替使用药物,防止病菌产生抗药性。用药之后植株能够逐步趋于稳定生长,种植人员需要及时清除枯叶和病果,进行集中销毁。

### (二) 白粉病

白粉病也是草莓种植过程中较为常见的病害。此病主要为害叶片，对于浆果和叶柄也均有不同程度损伤。叶背面会出现类似于薄霜的粉末，随着病情发展扩散到全株，会不断加重病情。白粉病属于低温型病害，目前，致病温度大概在15℃。白粉病病菌主要是依靠空气进行传播，此病在草莓生长期之内都会发生。防止白粉病可以采取合理密植，在施肥过程中控制氮肥的实际添加量等措施。种植栽培人员需要及时清除病叶和病果，并且采取集中深埋。在发病初期可以通过相应浓度的粉锈宁可湿性粉剂、甲基托布津粉剂、多菌灵隔周进行喷药，并且药物需要交替使用，在开花之后选择停药。防治之后需要掌握露地栽培技术，确保种植密度不能过大，控制氮肥的使用。草莓患病叶的粉末会消散，受病害程度不严重的浆果会恢复生长趋势。

### (三) 轮斑病

轮斑病主要为害叶片，随着病情的发展也会为害叶柄，患病之后的叶面上大多会出现紫红色的小斑点，随着病情加重不断扩大，会呈现出椭圆状，向叶脉深处进行扩散。随着病斑不断拓展，叶片病斑中心部位会呈现出黑褐色，边缘处呈现出红色且轮纹较为明显。轮斑病属于高温型病害，在28℃左右的环境中都能诱发此病，且病菌是借助空气进行传播。轮斑病防治方法是需要清除病叶，并且集中消除病原体。对于养殖环境温度进行调节，降温降湿。在轮斑病发病初期需要用甲基托布津可湿性粉剂、退菌特、多菌灵粉剂等进行喷药。药剂需要交替使用，等到果实开花之后就能够停药，大多数患病较严重的叶片会恢复健康生长状态，叶脉处的严重病害区域会逐步消散。

### (四) 叶斑病

叶斑病主要对草莓叶片构成威胁，在叶斑病发病初期叶子背面会出现不同形状的紫红色斑点，随着病情不断扩散会呈现出圆形病斑。叶斑病属于高温型病害，在28℃左右的环境中都会诱发此病。对于叶斑病需要及时处理病叶和病果，并且集中清除。在种植期间需要加大水分管理，控制氮肥的实际投入量，在种植中需要控制湿度问题。在发病初期需要通过甲基托布津粉剂、多菌灵倍液进行防治。用药防治后，患病叶片上的病斑会逐步消散，叶片逐步趋于伸直状态。

## 二、草莓常见虫害的识别

### (一) 蚜虫

蚜虫是草莓种植过程中常见的害虫，对草莓品质损害较大，目前蚜虫主要有桃蚜和棉蚜。蚜虫主要是群集在草莓新生嫩叶上，汲取汁液，被吸食后的叶片大多都会呈现褪绿的斑点，导致叶片不断弯曲，阻碍叶片进行光合作用。此外，蚜虫还是多种病害的主要传播者。蚜虫在草莓植株生长期中都会发生，处于高温环境下实际繁殖速度较快，对于草莓生长造成了较大危害。随着秋季的温度不断降低，叶片会逐渐枯萎，有的蚜虫便会在枯枝落叶上进行产卵越冬。

蚜虫的防治首先需要摘除枯叶，铲除种植区域的杂草，确保种植园区的清洁干净，减少蚜虫进行繁殖产卵的场所。可以在种植区域内放置七星瓢虫等生物，此类生物天敌防治方法具有一定效果。在开花前进行喷药，实际喷药次数根据草莓生长情况进行控制。在采果前15天时间内需要停止用药，所选的药剂主要有敌敌畏、抗蚜威、蚜满净倍液。药物使用之后，大多数蚜虫生长速率能够受到控制，大多繁殖场所被铲除，以此可降低蚜虫危害程度。

### (二) 红蜘蛛

红蜘蛛主要吸食草莓未展开的嫩叶，使得草莓组织以及叶绿素受到破坏，致使叶片实际生长发育时间变得迟缓，严重情况下还会导致叶片出现铁锈色和红色。红蜘蛛虫害大多数发生在春旱、伏旱较为严重的区域，在温度较高的环境下实际发病较为严重。大多数红蜘蛛磁虫会栖息在草莓老叶上和种植土块缝隙中。

对红蜘蛛进行防治需要及时摘除老叶并铲除种植区杂草，控制红蜘蛛进行越冬的场所。此外需要完善水分管理，这样能够避免生成干旱的生长环境。在种植区域内放置草蛉等红蜘蛛天敌，这样能够有效控制红蜘蛛的发生，具有良好效果。在果实开花之前需要喷洒三氯杀螨醇乳剂倍液、蚜满净倍液等，在实际采果之前需要喷洒阿维菌素。草莓生长发育周期稳定，大多种植区域土块缝隙中的红蜘蛛可被消除，种植人员需要相应的技术摘除老叶。

### (三) 盲蝽象

盲蝽象主要对草莓果实进行危害。盲蝽象会吸食草莓果实种子的汁液，使得种子发生畸形，降低果实商品价值。盲蝽象成年害虫飞行能力较强，大多都是越冬寄生。第一代幼虫在越冬寄生虫上生活，化作成年虫之后，飞到草莓果实上进行为害，此虫害在潮湿的环境下发生概率较高。

盲蝽象防治需要及时摘除老叶和患病果实，并且铲除种植区域周边的杂草，确保园区的清洁卫生，控制虫害主要活动场所。对于虫害严重的种植区域需要在初春和秋末时，在越冬场所捕杀盲蝽。在果实还未开花之前需要用鱼藤精倍液对害虫进行防治。用药之后，种植区域的杂草内的盲蝽象能够被消除，稳定草莓生长。

### 三、草莓病虫害绿色防控技术

草莓是一种喜光照的草本植物，其营养价值高、酸甜可口，可称得上是"水果皇后"，深受人们喜爱。为保证草莓的食用安全品质，满足消费者的需求，在草莓栽培过程中应从品种选择、健康栽培入手，注重全程绿色防控，综合应用生态调控、生物防治、物理防治等手段，从根源上杜绝农药残留，实现绿色生产。

草莓病虫害绿色防控技术如下。

#### (一) 健康栽培

1. 合理选择草莓品种

应优先选用抗病性强的草莓品种，如甜查理、章姬、红颊、宁玉，淘汰一些劣势品种。选好品种后，应选择优质脱毒苗或者农民自留的无病壮苗进行栽培。

2. 合理选地

草莓园要选在交通便利的地方，而且周边有配套沟渠，能随时排灌。通常，以选择水旱轮作的地块为宜，土壤偏酸性或中性，或介于两者之间，也可选择轻黏土地块。另外，可实施轮作，但草莓不宜与番茄、马铃薯、青椒、茄子等茄科蔬菜及瓜果类农作物轮作，可以与水稻轮作，轮作期以两三年为宜。

3. 深耕土壤

对于无法实施轮作的地块，需要在秋季定植前深耕土壤。一般将土壤深挖20～25cm，深埋落叶、枯枝、病虫残体，深耕后可覆盖一层塑料膜来提高土地温度。

4. 注重田园清洁

在草莓种植过程中，如果发现叶片或者果实遭受病虫害危害，要及时将其拔除，带出田间集中进行烧毁或深埋，以免感染其他叶片或果实。及时清除园内杂草，以免杂草诱发病虫害。如果发现有叶片缺刻或者断苗现象，应及时在坏苗附近寻找幼虫如地老虎、蛴螬，并及时消灭；如果发现斜纹夜蛾等食叶害虫，可人工采卵或者捕捉低龄幼虫，及时清除这些食叶害虫[1]。

---

[1]　李靖. 设施蔬菜病虫害绿色防控技术与应用分析 [J]. 现代园艺，2021(1)：105-106.

**5. 合理施肥**

增施饼肥或厩肥能增加土壤透气性，有效改良土壤性能，便于土壤内微生物活动，促进根系快速发育，培育壮苗。另外，避免氮肥施用过多，否则会造成草莓苗徒长，出现茎秆细弱、叶柄变细、易倒伏，并且叶片过多使通风透光性变差，易使中下部叶片早衰。

**6. 科学浇灌**

对草莓进行浇灌时，要禁止漫灌或串灌。因为浇水过多、过勤会导致草莓吸收过多的水分，消耗光合营养和矿质营养，分配到果实、根系、花芽的营养相对减少，果实难以长大，花芽难以形成，根系生长受到抑制，后期花枝也会伸长。

### （二）生态防治

**1. 育苗田的生态防控**

在育苗方式上，尽量选择盛夏遮阳育苗、基质育苗及避雨育苗等方式。对于章姬、红颊这些易感染病菌的品种，可以采用避雨育苗法，搭棚盖膜，降低生长环境湿度，进入盛夏高温期（约6月底）前，苗田覆盖60%的遮阳网，进行降温。对于连作田，应选用无病基质苗，及时隔离带病土壤进行育苗。育苗时，要控制幼苗密度，当子苗达到每公顷60万株时，要及时拔除育苗母株；在育苗后期，根据具体情况可用15%多效唑可湿性粉剂1500～2500倍液、12.5%烯唑醇可湿性粉剂3000～4000倍液等来抑制幼苗生长，以保证健壮苗株数在每公顷75万株以内[①]。另外，做好植株清理工作，及时清除病叶、老叶、发病植株与匍匐茎。同时，开好沟渠，保证雨后田间不存在明水。

**2. 采果田的生态防控**

平衡施肥，大棚周边可采用无滴农膜，以保持棚内通透；采用滴灌方式补充水分，雨后做好排水工作，降低土壤湿度；草莓生长期间要及时清除病果、落叶，拔除带病植株与匍匐茎。

### （三）物理防治

**1. 利用色板诱杀**

可以购置专用的蓝板与黄板，也可用纤维板或废旧纸板制作色板，在其正反面涂上蓝色和黄色，待颜料干后再涂抹凡士林加机油，将蓝板与黄板悬挂在草莓行间或者插入田间。利用蓝板主要是诱杀蓟马，每个标准棚室悬挂25cm×30cm的蓝板

---

① 戴思远. 优质强筋小麦病虫害绿色防控技术 [J]. 中国农业文摘 (农业工程), 2021(1)：80-83.

30块，视情况定期更换。在9月草莓缓苗时，开始使用蓝板诱杀蓟马，连续使用3个月，待蓝板沾满蓟马时及时更换。利用黄板主要是诱杀蚜虫、粉虱、斑潜蝇等小型害虫，在草莓植株上方15~20cm处悬挂黄板，每个标准棚室悬挂25cm×30cm的黄板30块，视情况进行更换。

**2. 采用杀虫灯诱杀**

部分害虫具有趋光性，可充分利用这一点，使用杀虫灯将其集中消灭。通常，2.0~3.3hm² 悬挂1盏30W佳多频振式杀虫灯，可有效减少害虫数量。

**3. 采用硫黄熏蒸器预防虫害**

草莓白粉病可在草莓整个生长周期发生，是威胁草莓生长的重要病害之一。采用硫黄熏蒸器可有效预防白粉病。11月，可悬挂硫黄熏蒸器进行防控，前期预防时可减少硫黄用量，在发病期要加大硫黄用量。

**4. 糖醋液诱杀**

在地老虎、夜蛾等成虫发生期，按照糖：醋：酒：水 =1：4：1：16的比例配制糖醋液，可以每亩结合悬挂性诱剂6个，高度为1.5m左右，定时清除诱集的害虫，7天更换一次糖醋液，能有效诱杀地老虎、夜蛾等越冬成虫[①]。

**5. 太阳能高温消毒**

可在夏季将草莓棚覆盖一层农膜，垄沟内保证水分充足，将地膜四周的壅土压实，以防空气流入，使地表土壤温度升至50℃以上，以杀灭土壤中的病原菌。高温消毒持续约30天后将覆盖在地表的薄膜揭掉，耕翻土壤。

**6. 性诱剂诱杀**

性诱剂诱杀害虫技术，是通过释放人工合成雌蛾性成熟后释放的性信息素，吸引田间同种寻求交配的雄蛾，将其诱杀在诱捕器中，使雌虫失去交配机会，降低后代种群数量而达到防治的目的。例如，在斜纹夜蛾成虫发生期，在高于草莓植株顶部20~30cm处，每亩悬挂1个斜纹夜蛾专用诱捕器，每个诱捕器内放置斜纹夜蛾性诱剂1粒，每隔20天更换诱芯1次，可有效防治斜纹夜蛾。

**(四) 生物防治**

围绕农药使用量负增长这一行动目标，提倡使用生物药剂替代化学农药，以减少化学农药的使用量与残留量，将绿色防控真正落到实处。

**1. 利用天敌诱杀**

利用天敌灭杀害虫，既能减少农药使用量，还能有效杀灭害虫，可谓是一举两

---

① 童欣.2021年农作物病虫害绿色防控重点技术 [N]. 江苏农业科技报，2021-01-06(004) .

得。红蜘蛛对草莓果实危害极大，一般在高温、干旱时出现，对其可利用捕食螨进行防控。红蜘蛛虫害发生前，每平米预防性释放巴氏钝绥螨50～150头或智利小植绥螨3～6头；红蜘蛛虫害发生后，在中心株受害初期，每平米防治性释放巴氏钝绥螨250～500头或智利小植绥螨20头。在草莓开花结果期，按照益害比释放捕食螨杀灭红蜘蛛，释放比例为1∶（10～30）。丽蚜小蜂是寄生蚜虫、粉虱低龄若虫的天敌，每头丽蚜小蜂成虫能寄生杀死100～120头蚜虫、粉虱若虫；丽蚜小蜂分为四五次释放，隔7～10天释放一次，每亩每次释放2000～3000头小蜂 [1]。

2.利用生物药剂防治虫害

在草莓生长发育期，可使用生物药剂（如植物源农药或低毒性的微生物农药）来代替化学药剂防治病虫害，微生物农药最好是在傍晚或者阴天使用。例如，防治土传病害，如根腐病、黄萎病、枯萎病，可以选用每克100亿活芽孢多黏芽孢杆菌可湿性粉剂500倍液、每克1000亿活芽孢枯草芽孢菌可湿性粉剂500～1000倍液；防治炭疽病、白粉病灰霉病等病害，可选用每克3亿活孢子哈茨木霉菌可湿性粉剂600倍液、每克1000亿活孢子枯草芽孢杆菌可湿性粉剂500～1000倍液；防治蓟马、蚜虫等害虫，可选用0.3%苦参碱水剂800～1000倍液、60g/L乙基多杀菌素悬浮剂1500～2000倍液。

总而言之，当前需要根据草莓病虫害发生的规律进行分析，采取生物防治和药物防治等综合性防治措施。在病虫害多发季节，需要确保种植园区的环境卫生以及温湿度，控制病害发生概率，确保草莓种植质量。

# 第十一节　石榴病虫害的识别与防治策略

石榴是生活中常见的一种水果，一般生产于6—9月，成熟期的石榴，内部的果实饱满且多汁，受到众多消费者的欢迎。但是在石榴生长的过程中，一旦遭受到病虫害的威胁，会严重影响石榴的成长。因此，在日常的养护过程中，种植人员需要定期对石榴的生长情况进行观察检测，从叶片到根茎部位，都需要进行全面的检查，一旦发现病虫害问题，立即采取相应的解决措施，避免问题加重化，影响到石榴的正常生长。

---

① 王中林.蛀干害虫象甲的发生规律与绿色防控技术[J].科学种养，2021（1）：39-40.

## 一、石榴主要病虫害的识别

### (一) 蚜虫

蚜虫是石榴生长过程中常见的一种虫害，常发于石榴萌芽生长期，主要原因是石榴内部水分不足，而根茎部位营养较多。蚜虫一旦出现，不仅会直接吸取掉根茎部位的营养，还会严重破会石榴的根茎部位，进而影响植株的正常生长。

为此，在前期的生长过程中，种植人员必须严格记录每株植物的生长情况，一旦发现蚜虫，立即采取相应的防治措施，避免其影响到石榴的后期生长。另外，蚜虫会大量吸取根茎部位的营养。因此，在处理完蚜虫后，需要立即补充营养，促进石榴幼株的快速成长[①]。

### (二) 石榴根腐病

石榴根腐病发生时，主要表现为根茎腐败状，一般出现在石榴的生长期。但由于根腐病症状不明显，种植人员无法从表面上检查出来植株是否患病，因此要加强对植株的监测，做到早发现、早治疗。

### (三) 石榴干腐病

干腐病在石榴的生长期十分的常见，与根腐病不同的是，干腐病主要是由于干燥所导致的根茎腐败，干腐病对石榴的叶片、果实、根茎等，都有较为严重的影响。干腐病发生初期，叶片逐渐变成枯黄色，叶片开始落败，果实停止生长，植物表面出现凹凸不平的情况，严重时会影响植物的正常生长，甚至导致植物死亡。因此，种植人员要积极采取预防措施，并实时记录石榴的生长情况，防止干腐病的发生。

## 二、石榴病虫害的防治策略

### (一) 农业技术处理

农业技术的应用主要集中在萌芽阶段，喷洒农药可以直接将虫卵清除，有效避免对植株后期生长的影响。另外，在换季过程中，需要再次对植物进行全面的药物喷洒，有效降低植物出现病虫害的概率。例如，在换季期间，种植人员首先对石榴的种植土壤进行松土处理，然后再施加定量的肥料，确保石榴的幼株能够健康成长。

---

① 陈小红，赵利英，周磊，等.赣北地区景观石榴树主要病虫害的发生及综合防控 [J]. 现代园艺，2016(1)：90−91.

种植人员需要观察幼株的成长情况，进行害虫的处理。在发现幼株的成长受到害虫的侵害时，立即喷洒农药，降低害虫对于幼株的侵害[①]。

## （二）物理防治

物理防治在当下石榴病虫害的治理过程中较为常见，这种方式不仅治疗范围大，而且防治流程简单，防治效果有效。例如，采用黑光灯防治病虫害。农民在种植石榴时，将幼株埋入土中，然后浇灌肥料。当幼株成长到一定阶段后，利用黑光灯对一些成虫进行处理，全年定期进行照射，能够有效控制住病虫害，降低其对于植物的伤害，促使植物能够在结果期，顺利地开花结果。

## （三）生物防治

生物防治是比较传统的一种防治技术，主要是利用鸡、鸭等生物，对植物的病虫害、虫卵进行处理。生物防治技术在应用的过程中，不会产生环境污染的问题，并且使鸡、鸭等生物也获得了食物。另外，在利用生物技术处理虫卵时，还需要将剪除的病株、虫卵等进行专业的处理，进一步保障该区域内的植物健康生长。

在石榴的种植过程中，病虫害问题对于植物的生长影响较大。为此，应当加强对于植物病虫害问题的处理，确保植物健康生长。文章通过分析石榴的生长情况，研究蚜虫、干腐病、根腐病等常见病虫害的症状，提出应用农业防治技术、生物防治技术、物理防治等多种措施防治病虫害，确保植物能够健康成长。

---

① 马银川，马丹丹，李娜 . 郑州地区石榴主要病虫害发生规律及防治研究 [J]. 果农之友，2013 (1)：30.

# 结束语

中国经济的快速发展给人们带来了新的生活面貌，随着生活质量越来越好，大众更加关注自身健康问题。而农产品则是影响居民身体健康的直接因素，因此大众对农产品质量要求越发严格。绿色植保理念的推出明显解决了农产品的质量问题，本书的主要内容就是基于绿色植保理念探寻农业病虫害防治工作路径，进一步改善农作物质量，扩大农作物产量。以下是本书整理的以绿色植保理念为指导的病虫害防治策略。

## (一) 加强农田基础设施建设

高效的绿色植保工作离不开完善的农业基础设施，借助农业基础设施可以显著提升病虫害防治工作成效，增强其科学性。现如今，中国前后投入了大量资金用于建设农业基础设施，政府部门应科学地使用这些资金，严格按照国家基础设施建设要求完成建设目标。为实现现代化农业发展需求，还应积极使用各类现代化技术，将其应用于绿色植保环节当中。

## (二) 提升物理与生物防治技术水平

以科学的种植思想作为农作物病虫害防治工作的指导方针，实施正确合理的种植方法，对各时期下病虫害问题开展有针对性的防治措施。如农作物初遇病虫害时，可适当使用少量化学药剂，这一过程尤其要注意化学药剂的使用计量与数量，发挥化学药剂应有的防治作用。如果农田病虫害面积过大，则应统一采取措施予以消灭，并且种植人员在此期间应及时观察农作物生长情况，如果出现病虫害问题需要立即处理。另外，对于病虫害防治问题，可以采取生物防治技术或是物理防治技术。首先，物理防治技术的优势在于保证农作物的安全性，避免牲畜和人类受到毒害，食用起来更加安全。种植人员需要严格管控农作物生长温度，建议使用诱杀剂或是杀虫灯来抑制病虫害问题。其次，生物防治属于现代化防治技术，并不会影响农作物自身生长。这项技术在使用过程中要求种植人员对各类农作物病虫害有一个充分认识和了解，可有意扩大其天敌数量，利用天敌捕杀病虫害，以此抑制农作物病虫害的影响，这样既可以促进农作物的健康生长，又有利于生态系统的建立，扩大农作物产量。

### （三）规模化种植农作物，营造绿色专业防病虫害环境

现如今大规模种植田多是依据绿色种植理念作为种植思想指导，很少用于家庭种植区域，不难发现绿色种植理念并未真正推广开来。对此政府部门需要尽快调整思想，基于传统土地承包政策要求，积极宣传绿色植保理念，主张实施科学的种植方法，提升绿色植保的应用能力，改变传统家庭农药喷洒法，将其转化为更有效、科学的种植方式。另外，借助一些合理手段创建能够有效抑制农作物病虫害的外部环境。

现如今农作物病虫害问题日益严峻，其特点为频率高、类型多，病虫害问题已经严重影响到农作物的正常生长与发育，造成削减农作物产量，降低农产品品质。对于病虫害的防治问题，要调整传统的农药使用法，不能长时间依赖农药，应关注绿色防控手段，改善病虫害防治成效。政府部门应主动创建绿色防治环境，支持建立规模化种植模式，以绿色病虫害防治措施作为防治手段，不断优化和升级现代农业基础设施，实现绿色防控工作与信息化技术的有效应用，增强防控成效。最后，政府部门应与新媒体传媒平台合作，大力宣传绿色植保理念，让更多农民了解绿色植保理念，认识到该理念的重要意义，并能够做到合理应用。

# 参考文献

[1] 单鑫蓓，陈玲，储啸燕，等.浅谈水稻病虫害绿色防控技术在松江区的应用[J].上海农业科技，2023（06）：26-27，46.

[2] 张艳春，张洪波.基于小麦病虫害化控中植保无人机应用研究[J].现代化农业，2023（11）：12-14.

[3] 张欣欣，明珂，冯国忠.水稻病虫害生物防治应用研究进展[J].中国稻米，2023，29（06）：16-20.

[4] 廉雨乐.玉米病虫害防治及合理使用农药的措施[J].世界热带农业信息，2023（10）：33-34.

[5] 伍兰萍.水稻病虫害全程简约化绿色防控技术的集成与推广[J].种子科技，2023，41（19）：105-107.

[6] 姜雅.小麦高产种植技术及病虫害防治[J].种子科技，2023，41（19）：115-117.

[7] 黄乐成，陈玉华.大棚草莓种植技术及病虫害防治[J].安徽农学通报，2023，29（19）：33-35.

[8] 蒋明库.小麦高产栽培及病虫害绿色防控技术[J].农村实用技术，2023（10）：91-92.

[9] 赵培跃.菏泽地区玉米病虫害绿色防控策略[J].特种经济动植物，2023，26（10）：131-133.

[10] 代敏.草莓种植生育期科学管理及病虫害防治技术[J].河南农业，2023（28）：15.

[11] 路璐.玉米栽培新技术及病虫害防治策略[J].世界热带农业信息，2023（09）：17-18.

[12] 李遂琴.温室草莓栽培与病虫害防治技术要点[J].世界热带农业信息，2023（09）：30-31.

[13] 孔令霞.玉米高产种植技术及病虫害防治方法[J].世界热带农业信息，2023（09）：33.

[14] 刘林锋，陈松，陆松艳，等.小麦主要病虫害发生特点及防治技术[J].种子

科技，2023，41（18）：115-117.

[15] 伊成霞. 玉米病虫害发病原因及防治方法[J]. 种子科技，2023，41（18）：118-120.

[16] 丁香萍. 无公害农产品推广绿色植保技术思考[J]. 农业开发与装备，2023（09）：239-240.

[17] 李建永. 小麦种植技术的优化及病虫害防治[J]. 当代农机，2023（09）：47，49.

[18] 吴海燕. 玉米病虫害的发生与防治[J]. 农业技术与装备，2023（09）：181-182，185.

[19] 朱亮，张凡，汪华，等. 十堰地区茄科蔬菜主要病虫害发生情况调查[J]. 现代农业科技，2023（18）：104-106.

[20] 施霞. 石榴栽培管理与病虫害防治技术初探[J]. 国土绿化，2023（09）：57-59.

[21] 李林江，杨国良，陆英燕，等. 水稻病虫害绿色防控技术与应用[J]. 种子科技，2023，41（17）：109-111.

[22] 朱承昌. 水稻病虫害绿色防控技术推广对策探讨[J]. 农村实用技术，2023（09）：105-106.

[23] 韩仇先. 无公害鲜食葡萄的病虫害综合防治[J]. 新农业，2023（17）：25-26.

[24] 庄绪静，刘霞. 大棚草莓绿色种植技术要点[J]. 农村新技术，2023（09）：20-21.

[25] 李晓敏，杨涛，白晓红，等. 小麦病虫害综合防治技术集成试验示范[J]. 农业科技与信息，2023（08）：115-118.

[26] 张秀玲. 植保无人机在小麦病虫害防治中应用分析[J]. 农业开发与装备，2023（08）：42-43.

[27] 丁香萍. 绿色植保技术在农业生产中的推广运用探究[J]. 农业开发与装备，2023（08）：194-195.

[28] 李军强. 绿色植保技术在农业生产中的推广应用研究[J]. 河北农机，2023（15）：55-57.

[29] 李戈. 石榴栽培新技术及病虫害防治策略[J]. 农业科技与信息，2023（07）：115-117，126.

[30] 曹杨. 实施绿色防控加快现代农业植保建设步伐[J]. 新农业，2023（14）：69-71.

[31] 张宝廷. 草莓育苗管理及病虫害防治技术[J]. 现代农村科技，2023（07）：55-56.

[32] 马起林，杨东，吕云飞，等. 鲜食葡萄病虫害防治注意事项[J]. 烟台果树，2023（03）：46.

[33] 兰芳. 绿色植保技术在种植业生产上的推广应用探讨[J]. 种子科技，2023，41（13）：132-134.

[34] 任雪峰，谢春莲，韩笑. 绿色植保技术在农业生产中的推广应用分析[J]. 农业开发与装备，2023（06）：118-119.

[35] 张宝廷. 大棚葡萄栽培管理和病虫害防治技术[J]. 现代农村科技，2023（06）：53-55.

[36] 闫玉芳. 绿色植保技术在农业生产中的应用分析[J]. 种子科技，2023，41（11）：92-94.

[37] 夏杰，杜云飞，张祥海. 小麦绿色植保种植模式与智能化技术的应用[J]. 农业工程技术，2023，43（17）：58-59.

[38] 孟迪. 设施蔬菜植保绿色防控技术[J]. 种子科技，2023，41（10）：124-126.

[39] 张宝廷. 草莓棚室栽培和病虫害防治[J]. 河北农业，2023（05）：84-85.

[40] 刘建文，刘宁，姜婷. 农药绿色营销及绿色植保技术[J]. 现代园艺，2023，46（10）：51-53.

[41] 李振亭. 葡萄种植常见病虫害及绿色防治技术[J]. 农业灾害研究，2023，13（04）：13-15.

[42] 王欢. 让绿色植保成为农业可持续发展的守护者[J]. 中国农业会计，2023，33（07）：121.

[43] 耿丰华. 绿色植保理念下小麦病虫害防治技术[J]. 农业开发与装备，2023（03）：145-146.

[44] 冼秀丽. 绿色植保理念下农作物病虫害防治对策分析[J]. 农业开发与装备，2023（03）：235-236.

[45] 亢菊侠，王壮，仲颜怡. 设施草莓主要病虫害全程生物防控技术集成[J]. 现代园艺，2023，46（06）：64-65，68.

[46] 崔海峰. 绿色植保理念下农作物病虫害防治对策初探[J]. 世界热带农业信息，2023（06）：42-44.

[47] 杜贵勇，罗芳宇，欧阳维婷. 当前设施蔬菜植保绿色防控技术要点探讨[J]. 种子科技，2023，41（03）：97-99.

[48] 黄文碧. 葡萄种植技术与病虫害防治措施[J]. 河北农机，2023（03）：94-96.

[49] 潘鸿，韩薇，王曰军. 葡萄树常见病虫害的防治技术[J]. 农业灾害研究，2023，13（01）：10-12.

[50] 贺晶. 设施农业中绿色植保技术的应用[J]. 现代农村科技，2023（01）：39.

[51] 王曼琳. 草莓设施无公害栽培技术[J]. 农家参谋，2022（24）：145-147.

[52] 张少波，崔贺雨. 水稻健身防病绿色植保技术研究[J]. 现代化农业，2022（12）：14-16.

[53] 陈丽. 葡萄种植技术与病虫害防治措施[J]. 新农业，2022（23）：43-45.

[54] 袁和和. 绿色植保技术体系创新措施探析[J]. 农业装备技术，2022，48（06）：57-59，61.

[55] 贺晶. 绿色植保技术在种植业生产上的推广应用[J]. 现代农村科技，2022（12）：23.

[56] 姚振刚. 基于人工智能的葡萄病虫害检测系统研究[J]. 中国食品工业，2022（22）：98-101.

[57] 仵佳伟. 葡萄采收后病虫害防治莫忽视[N]. 农业科技报，2022-11-07（005）.

[58] 罗月越，吴琳，吴国顺，等. 句容市葡萄主要病虫害及绿色防控措施[J]. 农业装备技术，2022，48（05）：31-33，35.

[59] 罗新才. 绿色植保技术在农业生产中的推广运用探究[J]. 种子科技，2022，40（18）：97-99.

[60] 宣立锋，杨东风，崔乐军，等. 葡萄病虫害的综合防治[J]. 现代农村科技，2022（09）：40.

[61] 张欣禹. 绿色植保助推我市生态农业走上快车道[N]. 长春日报，2022-07-29（006）.

[62] 石艳. 绿色植保理念下农作物病虫害防治对策浅析[J]. 农业开发与装备，2022（07）：102-103.

[63] 盘丰平，杨通管，韦荣福，等. 热区葡萄病虫害的发生规律及绿色防控措施[J]. 中外葡萄与葡萄酒，2022（04）：63-68.

[64] 蔡文. 当前设施蔬菜植保绿色防控技术[J]. 农家参谋，2022（09）：43-45.

[65] 范秀妮，叶淄. 绿色植保技术在农业生产中的应用探究[J]. 河北农业，2022（05）：55-56.

[66] 李艳敏. 绿色植保理念下农作物病虫害防治策略研究[J]. 农村实用技术，2022（05）：95-96.

[67] 张雪英，孙学文. 绿色植保技术在设施栽培中的集成应用分析[J]. 中国农机监理，2022（04）：38-40.

[68] 杨滨齐，周慧，马春辉. 葡萄病虫害防治关键技术要点[J]. 宁夏农林科技，2022，63（03）：77.

[69] 迟涛德. 绿色植保技术在农业生产中的推广应用[J]. 农村经济与科技，2022，33（04）：65-67，87.

[70] 徐敏. 葡萄的病虫害防治与田间管理技术[J]. 农业灾害研究，2022，12（01）：10-12.

[71] 方涛. 葡萄病虫害无公害综合防治技术[J]. 种子科技，2021，39（23）：109-110.

[72] 张怡. 酿酒葡萄病虫害绿色防控技术研究[Z]. 宁夏回族自治区，宁夏农林科学院植物保护研究所，2021-12-08.

[73] 任伟春. 绿色植保技术体系创新措施探析[J]. 世界热带农业信息，2022（01）：37-38.

[74] 舒媛媛. 葡萄病虫害防治与田间管理措施[J]. 乡村科技，2021，12（26）：60-62.

[75] 李瑞. 石榴主要病虫害发生规律及其防治技术[J]. 农业灾害研究，2021，11（08）：174-175.

[76] 甘晓静. 南宁地区葡萄病虫害绿色防控技术[J]. 中国农业文摘-农业工程，2021，33（04）：81-83.

[77] 姜铄松. 石榴主要病虫害发生规律及防治技术[J]. 农业技术与装备，2021（05）：154，156.

[78] 马临红. 浅谈设施蔬菜种植技术及病虫害防治措施[J]. 农家参谋，2021（09）：45-46.

[79] 郝建宇. 葡萄病虫害绿色防控技术集成与示范[Z]. 河北省，张家口市农业科学院，2021-04-29.

[80] 郑桂珠. 葡萄病虫害绿色防控配套技术的应用[J]. 南方农业，2021，15（08）：38-39.

[81] 王刚，刘公清，巩鹏. 有机石榴病虫害综合防控技术[J]. 农技服务，2020，37（09）：79-80.

[82] 荣生龙，王伟良. 石榴病虫害防治技术要点[J]. 农业知识，2020（15）：

22-24.

[83] 徐晨光. 日光节能温室茄果类蔬菜病虫害防治方法探究[J]. 农民致富之友，2016（12）：90.

[84] 刘中良，郑建利，高俊杰. 茄果类蔬菜病虫害绿色防控技术[J]. 长江蔬菜，2016（07）：52-53.

[85] 闫春红. 茄果类蔬菜常见病虫害及防治措施[J]. 吉林农业，2015（24）：81.

[86] 韩春晓. 茄果类蔬菜病虫害综合防治措施[J]. 吉林蔬菜，2015（09）：26.

[87] 吕爱环. 茄果类蔬菜苗期常见病害及无公害防治办法[J]. 北京农业，2014（15）：113.

[88] 赵昕. 种植茄果类蔬菜效益好[J]. 农家致富，2014（10）：6-7.

[89] 李国. 茄果类蔬菜病虫害综合防治措施[J]. 吉林蔬菜，2014（05）：23.